普通高校本科计算机专业特色教材精选·算法与程序设计

计算智能

张　军　詹志辉　陈伟能　钟竞辉
陈　霓　龚月姣　许瑞填　官　兆　编著

清华大学出版社
北京

内容简介

本书对计算智能领域的主要算法进行介绍,重点讨论各种算法的思想来源、流程结构、发展改进、参数设置和相关应用,内容包括绪论以及神经网络、模糊逻辑、遗传算法、蚁群优化算法、粒子群优化算法、免疫算法、分布估计算法、Memetic算法、模拟退火算法和禁忌搜索算法等计算智能领域的典型算法。本书通俗易懂,图文并茂,深入浅出,没有其他算法书中大量公式、定理、证明等难懂的内容,而是通过大量的图表示例对各个算法进行说明和介绍。本书不但提供了算法实现的流程图和伪代码,而且通过具体的应用举例对算法的使用方法和使用过程进行说明,同时提供了大量经典而重要的参考资料,为读者进一步深入学习和理解算法提供方便。

本书适合作为相关专业本科生和研究生的选修课教材,特别适合作为入门教材以满足算法初学者了解和学习计算智能算法的入门需求,同时还能够作为广大算法研究者和工程技术人员进一步学习的参考书和工具书。

本书封面贴有清华大学出版社防伪标签,无标签者不得销售。
版权所有,侵权必究。举报: 010-62782989,beiqinquan@tup.tsinghua.edu.cn。

图书在版编目(CIP)数据

计算智能/张军,詹志辉,陈伟能等编著. 一北京:清华大学出版社,2009.11(2025.3重印)
(普通高校本科计算机专业特色教材精选・算法与程序设计)
ISBN 978-7-302-20844-0

Ⅰ.计… Ⅱ.①张… ②詹… ③陈… Ⅲ.人工智能-计算-高等学校-教材 Ⅳ.TP183

中国版本图书馆 CIP 数据核字(2009)第 157794 号

责任编辑:袁勤勇 李玮琪
责任校对:白 蕾
责任印制:宋 林

出版发行:清华大学出版社
网 址:https://www.tup.com.cn,https://www.wqxuetang.com
地 址:北京清华大学学研大厦 A 座   邮 编:100084
社 总 机:010-83470000   邮 购:010-62786544
投稿与读者服务:010-62776969,c-service@tup.tsinghua.edu.cn
质 量 反 馈:010-62772015,zhiliang@tup.tsinghua.edu.cn

印 装 者:三河市龙大印装有限公司
经 销:全国新华书店
开 本:185mm×260mm   印 张:14.5   字 数:334 千字
版 次:2009 年 11 月第 1 版   印 次:2025 年 3 月第 16 次印刷
定 价:48.00 元

产品编号:030165-04

普通高校本科计算机专业 特色 教材精选

前言

PREFACE

自计算机问世以来,人工智能(Artificial Intelligence,AI)一直是计算机科学家追求的目标之一。作为人工智能的一个重要领域,计算智能(Computational Intelligence,CI)因其智能性、并行性和健壮性,具有很好的自适应能力和很强的全局搜索能力,得到了众多研究者的广泛关注,目前已经在算法理论和算法性能方面取得了很多突破性的进展,并且已经被广泛应用于各种领域,在科学研究和生产实践中发挥着重要的作用。

计算智能是受到大自然智慧和人类智慧的启发而设计出的一类算法的统称。随着技术的进步,在科学研究和工程实践中遇到的问题变得越来越复杂,采用传统的计算方法来解决这些问题面临着计算复杂度高、计算时间长等问题,特别是对于一些NP(Non-deterministic Polynomial)难问题,传统算法根本无法在可以忍受的时间内求出精确的解。因此,为了在求解时间和求解精度上取得平衡,计算机科学家提出了很多具有启发式特征的计算智能算法。这些算法或模仿生物界的进化过程,或模仿生物的生理构造和身体机能,或模仿动物的群体行为,或模仿人类的思维、语言和记忆过程的特性,或模仿自然界的物理现象,希望通过模拟大自然和人类的智慧实现对问题的优化求解,在可接受的时间内求解出可以接受的解。这些算法共同组成了计算智能优化算法。

目前,计算智能算法在国内外得到广泛的关注,已经成为人工智能以及计算机科学的重要研究方向。计算智能还处于不断发展和完善的过程,目前还没有牢固的数学基础,国内外众多研究者也是在不断的探索中前进。计算智能技术在自身性能的提高和应用范围的拓展中不断完善。计算智能的研究、发展与应用,无论是研究队伍的规模、发表的论文数量,还是网上的信息资源,发展速度都很快,已经得到了国际学术界的广泛认可,并且在优化计算、模式识别、图像处理、自动控制、经济管理、机械工程、电气工程、通信网络和生物医学等多个领域取得了成功的应用,应用领域涉及国防、科技、经济、工业和农业等各个方面。

相关的国际会议和学术期刊为计算智能的研究提供了良好的学术环境和研究氛围。1994年，IEEE 神经网络委员会主持召开了第一届进化计算国际会议，并成立了 IEEE 进化计算委员会，此会议每2年与 IEEE 神经网络国际会议、IEEE 模糊系统国际会议在同一地点先后连续举行，合称为 IEEE 计算智能国际会议。认识、了解和学习计算智能算法已经成为广大理工科大学生和研究生的迫切需要；掌握计算智能相关算法的基本知识，熟练地运用这些算法去解决实际应用中遇到的问题，也已经成为广大科学工作者和工程技术人员的必备技能。

本书介绍典型的计算智能方法，重点讨论各种算法的思想来源、流程结构、发展改进、参数设置和相关应用，内容共分10章。第1章是绪论，主要是对计算智能一些背景知识及其分类与理论、研究与发展、特征与应用等进行概要介绍；第2章介绍神经网络（Neural Network, NN）；第3章介绍模糊逻辑（Fuzzy Logic, FL）；第4章介绍遗传算法（Genetic Algorithm, GA）；第5章介绍蚁群优化算法（Ant Colony Optimization, ACO）；第6章介绍粒子群优化算法（Particle Swarm Optimization, PSO）；第7章介绍免疫算法（Immune Algorithm, IA）；第8章介绍分布估计算法（Estimation of Distribution Algorithm, EDA）；第9章介绍 Memetic 算法（Memetic Algorithm, MA）；第10章介绍模拟退火（Simulated Annealing, SA）以及禁忌搜索（Tabu Search, TS）算法。

计算智能算法本身是对自然界智慧和人类智慧的模仿，其思想来源和基本原理本来就不是高深晦涩的理论，因此本书在对各种算法进行介绍的时候，力求做到通俗易懂，图文并茂，深入浅出。本书的每一章都以生动的图示开头，尝试用最直观、最通俗的形式去展示各种算法的思想原理和基本特征，有助于读者快速、形象、深刻地对算法进行认识和把握。在叙述的过程中，本书没有其他算法书中大量公式、定理、证明等难懂的内容，而是通过大量的图表示例对各个算法的思想来源、流程结构、发展改进、参数设置和相关应用等方面进行说明和介绍，不但提供了算法实现的流程图和伪代码，而且通过具体的应用举例对算法的使用方法和使用过程进行说明，同时提供了大量经典而重要的参考资料，为读者进一步深入学习和理解算法提供方便。本书的部分插图来源于网络的自由资源和 Microsoft Office 软件提供的剪贴板画，我们对此表示感谢。

本书编写的分工如下：中山大学的张军教授负责全书的编写与统稿工作，詹志辉参与编写了第1、2、6、10章，陈霓参与编写了第3章，许瑞填参与编写了第4章，龚月姣参与编写了第5章，官兆参与编写了第7章，钟竞辉参与编写了第8章，陈伟能参与编写了第9章。

由于编者水平有限，书中难免存在错误或疏漏之处，希望广大读者批评指正。

张军
2009年6月
于中山大学

目 录

第1章 绪 论 ……………………………………………… 1
1.1 最优化问题 …………………………………………… 2
　1.1.1 函数优化问题 ………………………………… 3
　1.1.2 组合优化问题 ………………………………… 3
1.2 计算复杂性及 NP 理论 ……………………………… 4
　1.2.1 计算复杂性 …………………………………… 4
　1.2.2 NP 理论 ……………………………………… 5
1.3 智能优化计算方法：计算智能算法 ………………… 6
　1.3.1 计算智能的分类与理论 ……………………… 7
　1.3.2 计算智能的研究与发展 ……………………… 9
　1.3.3 计算智能的特征与应用 ……………………… 10
1.4 本章习题 ……………………………………………… 11
本章参考文献 ……………………………………………… 11

第2章 神经网络 ………………………………………… 13
2.1 神经网络简介 ………………………………………… 14
　2.1.1 神经网络的基本原理 ………………………… 14
　2.1.2 神经网络的研究进展 ………………………… 15
2.2 神经网络的典型结构 ………………………………… 17
　2.2.1 单层感知器网络 ……………………………… 17
　2.2.2 前馈型网络 …………………………………… 18
　2.2.3 前馈内层互联网络 …………………………… 19
　2.2.4 反馈型网络 …………………………………… 19
　2.2.5 全互联网络 …………………………………… 20
2.3 神经网络的学习算法 ………………………………… 20
　2.3.1 学习方法 ……………………………………… 20
　2.3.2 学习规则 ……………………………………… 21

2.4 BP神经网络 ··· 23
   2.4.1 基本思想 ··· 23
   2.4.2 算法流程 ··· 24
   2.4.3 应用举例 ··· 25
2.5 进化神经网络 ··· 27
2.6 神经网络的应用 ··· 27
2.7 本章习题 ·· 30
本章参考文献 ·· 30

第3章 模糊逻辑

3.1 模糊逻辑简介 ··· 34
   3.1.1 模糊逻辑的基本原理 ·· 34
   3.1.2 模糊逻辑与模糊系统的发展历程 ······································ 35
3.2 模糊集合与模糊逻辑 ·· 36
   3.2.1 模糊集合与隶属度函数 ·· 36
   3.2.2 模糊集合上的运算 ·· 39
   3.2.3 模糊逻辑 ··· 40
   3.2.4 模糊关系及其合成运算 ·· 41
3.3 模糊逻辑推理 ··· 42
   3.3.1 模糊规则、语言变量和语言算子 ······································ 42
   3.3.2 模糊推理 ··· 43
3.4 模糊计算的流程 ··· 45
   3.4.1 基本思想 ··· 46
   3.4.2 算法流程 ··· 46
3.5 模糊逻辑的应用 ··· 48
3.6 本章习题 ·· 50
本章参考文献 ·· 50

第4章 遗传算法

4.1 遗传算法简介 ··· 54
   4.1.1 基本原理 ··· 54
   4.1.2 研究进展 ··· 57
4.2 遗传算法的流程 ··· 58
   4.2.1 流程结构 ··· 58
   4.2.2 应用举例 ··· 63
4.3 遗传算法的改进 ··· 65
   4.3.1 算子选择 ··· 65
   4.3.2 参数设置 ··· 66

		4.3.3 混合遗传算法	68
		4.3.4 并行遗传算法	68
	4.4	遗传算法的应用	71
	4.5	本章习题	73
	本章参考文献		73

第5章 蚁群优化算法 — 81

- 5.1 蚁群优化算法简介 — 82
  - 5.1.1 基本原理 — 82
  - 5.1.2 研究进展 — 84
- 5.2 蚁群优化算法的基本流程 — 85
  - 5.2.1 基本流程 — 85
  - 5.2.2 应用举例 — 87
- 5.3 蚁群优化算法的改进版本 — 88
  - 5.3.1 精华蚂蚁系统 — 89
  - 5.3.2 基于排列的蚂蚁系统 — 89
  - 5.3.3 最大最小蚂蚁系统 — 90
  - 5.3.4 蚁群系统 — 91
  - 5.3.5 蚁群算法的其他改进版本 — 94
- 5.4 蚁群优化算法的相关应用 — 96
- 5.5 蚁群优化算法的参数设置 — 98
- 5.6 本章习题 — 100
- 本章参考文献 — 100

第6章 粒子群优化算法 — 107

- 6.1 粒子群优化算法简介 — 108
  - 6.1.1 思想来源 — 108
  - 6.1.2 基本原理 — 109
- 6.2 粒子群优化算法的基本流程 — 111
  - 6.2.1 基本流程 — 111
  - 6.2.2 应用举例 — 113
- 6.3 粒子群优化算法的改进研究 — 113
  - 6.3.1 理论研究改进 — 115
  - 6.3.2 拓扑结构改进 — 116
  - 6.3.3 混合算法改进 — 119
  - 6.3.4 离散版本改进 — 121
- 6.4 粒子群优化算法的相关应用 — 121
  - 6.4.1 优化与设计应用 — 121

6.4.2　调度与规划应用 …………………………………………… 122
　　6.4.3　其他方面的应用 …………………………………………… 123
6.5　粒子群优化算法的参数设置 …………………………………………… 123
6.6　本章习题 …………………………………………………………… 124
本章参考文献 …………………………………………………………… 125

第7章　免疫算法 …………………………………………………… 131
7.1　免疫算法简介 …………………………………………………… 132
　　7.1.1　思想来源 ……………………………………………………… 132
　　7.1.2　免疫系统的生物学原理简介 ………………………………… 133
　　7.1.3　二进制模型 …………………………………………………… 134
7.2　免疫算法的基本流程 …………………………………………… 137
　　7.2.1　基本流程 ……………………………………………………… 137
　　7.2.2　更一般化的基本免疫算法 …………………………………… 139
7.3　常用免疫算法 …………………………………………………… 141
　　7.3.1　负选择算法 …………………………………………………… 141
　　7.3.2　克隆选择算法 ………………………………………………… 142
　　7.3.3　免疫算法和进化计算 ………………………………………… 146
7.4　免疫算法的相关应用 …………………………………………… 148
　　7.4.1　识别和分类应用 ……………………………………………… 148
　　7.4.2　优化应用 ……………………………………………………… 148
　　7.4.3　其他方面的应用 ……………………………………………… 149
7.5　本章习题 …………………………………………………………… 149
本章参考文献 …………………………………………………………… 150

第8章　分布估计算法 ……………………………………………… 155
8.1　分布估计算法简介 ……………………………………………… 156
　　8.1.1　分布估计算法产生的背景 …………………………………… 156
　　8.1.2　分布估计算法的发展历史 …………………………………… 157
8.2　分布估计算法的基本流程 ……………………………………… 158
　　8.2.1　基本的分布估计算法 ………………………………………… 158
　　8.2.2　一个简单分布估计算法的例子 ……………………………… 160
8.3　分布估计算法的改进及理论研究 ……………………………… 161
　　8.3.1　概率模型的改进 ……………………………………………… 161
　　8.3.2　混合分布估计算法 …………………………………………… 166
　　8.3.3　并行分布估计算法 …………………………………………… 167
　　8.3.4　分布估计算法的理论研究 …………………………………… 169

8.4 分布估计算法的应用 …………………………………………………………… 169
8.5 本章习题 ……………………………………………………………………… 171
本章参考文献 ……………………………………………………………………… 172

第 9 章 Memetic 算法 177
9.1 Memetic 算法的基本思想 ……………………………………………………… 178
9.2 Memetic 算法的基本框架 ……………………………………………………… 179
9.3 静态 Memetic 算法 …………………………………………………………… 182
  9.3.1 局部搜索的位置 ………………………………………………………… 182
  9.3.2 Lamarckian 模式和 Baldwinian 模式 …………………………………… 183
9.4 动态 Memetic 算法 …………………………………………………………… 183
  9.4.1 动态 MA 的简介与分类 ………………………………………………… 183
  9.4.2 Meta-Lamarckian 学习型 MA …………………………………………… 185
  9.4.3 超启发式 MA …………………………………………………………… 186
  9.4.4 协同进化 MA …………………………………………………………… 187
9.5 Memetic 算法的理论与应用研究展望 ………………………………………… 189
9.6 本章习题 ……………………………………………………………………… 190
本章参考文献 ……………………………………………………………………… 191

第 10 章 模拟退火与禁忌搜索 195
10.1 模拟退火算法 ………………………………………………………………… 196
  10.1.1 算法思想 ……………………………………………………………… 196
  10.1.2 基本流程 ……………………………………………………………… 198
  10.1.3 应用举例 ……………………………………………………………… 200
10.2 禁忌搜索算法 ………………………………………………………………… 201
  10.2.1 算法思想 ……………………………………………………………… 201
  10.2.2 基本流程 ……………………………………………………………… 203
  10.2.3 应用举例 ……………………………………………………………… 204
10.3 本章习题 ……………………………………………………………………… 206
本章参考文献 ……………………………………………………………………… 206

附录 A 索引 209

普通高校本科计算机专业 特色 教材精选

第 1 章 绪 论

在很多情况下，这些都是非常难解的问题。

在生产实践、科学研究、经济管理、日常生活中，我们经常会遇到形形色色的最优化问题。

例如要在最短的时间内完成最多的工作量；要用更少的资源完成更多的任务；要合理安排每一项工作使得效益最大……

面对这种组合爆炸的最优化问题，传统方法的求解速度太慢，怎么办？

在这种情况下，我们可以尝试使用计算智能优化方法，对这些难解问题进行优化求解。以求在可以接受的时间内得到令人满意的求解结果。

计算智能 (Computational Intelligence, CI) 方法主要包括：
- 神经网络 (Neural Network, NN);
- 模糊逻辑 (Fuzzy Logic, FL),
- 遗传算法 (Genetic Algorithm, GA);
- 蚁群优化算法 (Ant Colony Optimization , ACO);
- 粒子群优化算法 (Particle Swarm Optimization , PSO);
- 免疫算法 (Immune Algorithm, IA);
- 分布估计算法 (Estimation of Distribution Algorithm, EDA);
- Memetic 算法 (Memetic Algorithm, MA);
- 模拟退火 (Simulated Annealing, SA);
- 禁忌搜索 (Tabu Search,TS)。

随着技术的进步,在工程实践中遇到的问题变得越来越复杂,采用传统的计算方法来解决这些问题面临着计算复杂度高、计算时间长等问题,特别是对于一些 NP(Non-deterministic Polynomial)难问题,传统算法根本无法在可以忍受的时间内求出精确的解。因此,为了在求解时间和求解精度上取得平衡,计算机科学家们提出了很多具有启发式特征的计算智能方法。这些算法或模仿生物界的进化过程,或模仿生物的生理构造和身体机能,或模仿动物的群体行为,或模仿人类的思维、语言和记忆过程的特性,或模仿自然界的物理现象,希望通过模拟大自然和人类的智慧实现对问题的优化求解,在可接受的时间内求解出可接受的解。这些算法共同组成了计算智能优化算法。计算智能因其智能性、并行性和健壮性,具有很好的自适应性和很强的全局搜索能力,得到了众多研究者的广泛关注,已经在算法理论和算法性能方面取得了很多突破性的进展,而且已经被广泛应用于各种领域,在科学研究和生产实践中发挥着重要的作用。

本章是绪论,目的是给读者展现计算智能算法的整体面貌。本章将从计算智能算法的分类与理论、研究与发展,以及特征与应用等几个方面进行介绍,使读者对整个计算智能领域有一个初步的认识和了解。计算智能算法主要包括模糊逻辑、神经网络、遗传算法、蚁群优化算法、粒子群优化算法、免疫算法、分布估计算法、Memetic 算法、模拟退火算法和禁忌搜索算法等,我们将在后面的章节对每个算法进行深入学习。本章的具体内容如下。

(1) 最优化问题。
(2) 计算复杂性及 NP 理论。
(3) 智能优化计算方法:
 • 计算智能方法;
 • 计算智能的分类与理论;
 • 计算智能的研究与发展;
 • 计算智能的特征与应用。

1.1 最优化问题

最优化问题是人们在科学研究和生产实践中经常遇到的问题[1][2]。人类所从事的一切生产或社会活动均是有目的的,其行为总是在特定的价值观念或审美取向的支配下进行的,因此经常面临求解一个可行的甚至是最优的方案的决策问题,这就是所谓的**最优化问题**(Optimization Problem)。

最优化问题的求解模型如公式(1.1)所示。

$$\min f(X), \quad X \in D \tag{1.1}$$

其中 D 是问题的解空间,X 是 D 中的一个合法解。一般可将 X 表示为 $X=(x_1,x_2,\cdots,x_n)$,表示一组决策变量。最优化问题就是在解空间中寻找一个合法的解 X(一组最佳的决策变量),使得 X 对应的函数映射值 $f(X)$ 最小(最大)。

根据决策变量 x_i 的取值类型,可以将最优化问题分为**函数优化问题**和**组合优化问题**两大类。我们称决策变量均为连续变量的最优化问题为函数优化问题;若一个最优化问题的全部决策变量均离散取值,则称为组合优化问题。当然,也有许多应用问题的数学模型表现为混合类型,即模型的部分决策变量为连续型,部分决策变量为离散型。此外,根据最优化问题中的变量、约束、目标、问题性质、时间因素和函数关系等不同情况,最优化问题还可以分成多种类型,如表 1.1 所示。

表 1.1 最优化问题的分类

分类标志	变量个数	变量性质	约束条件	极值个数	目标个数	函数关系	问题性质	时间变化
类型	单变量	连续	无约束	单峰	单目标	线性	确定性	静态
		离散					随机性	
	多变量	混合	有约束	多峰	多目标	非线性	模糊性	动态

1.1.1 函数优化问题

函数优化问题对应的决策变量均为连续变量,如图 1.1 所示,优化问题 f 的目标函数值取决于其对应的连续变量 $x_1, x_2, \cdots, x_n$ 的取值。

很多科学实验参数配置和工农业生产实践都面临这种类型的最优化问题。例如在设计神经网络的过程中,需要确定神经元节点间的网络连接权重,从而使得网络性能达到最优。在这种问题中,需要优化的变量的取值是某个连续区间上的值,是一个实数。各个决策变量之间可能是独立的,也可能是相互关联、相互制约的,它们的取值组合构成

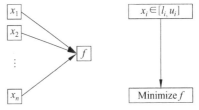

图 1.1 函数优化问题

了问题的一个解。由于决策变量是连续值,因此对每个变量进行枚举是不可能的。在这种情况下,必须借助最优化方法对问题进行求解。

1.1.2 组合优化问题

和函数优化问题不同,组合优化问题的决策变量是离散取值的,例如整数规划问题、0-1 规划问题等。很多离散组合优化问题都是从运筹学(Operations Research, OR)中演化出来的,其所研究的问题涉及信息技术、经济管理、工业工程、交通运输、通信网络等众多领域,在科学研究和生产实践中都起着重要的作用。

典型的组合优化问题包括**旅行商问题**(Traveling Salesman Problem, TSP)和 **0-1 背包问题**(Zero/One Knapsack Problem, ZKP/0-1KP/KP)。这两个问题分别是一种基于排序的组合优化问题和一种基于二进制取值的组合优化问题,代表了组合优化问题的两种重要类型。定义 1.1 和定义 1.2 分别给出了这两个问题的描述以及最优化模型。

定义 1.1 旅行商问题(Traveling Salesman Problem, TSP)

设有 n 个城市,任意两个城市之间的距离如矩阵 $\boldsymbol{D} = (d_{ij})_{n \times n} (i, j = 1, 2, \cdots, n)$ 所示,其中 d_{ij} 表示从城市 i 到城市 j 的距离。旅行商问题就是需要寻找这样的一种周游方案:周游路线从某个城市开始,经过每个城市一次且仅一次,最终回到出发城市,使得周游的

路线总长度最短。数学化之后就是求解如公式(1.2)所示的一个最小值问题。

$$f = \min \sum_{i=1}^{n} d_{\pi(i)\pi(i+1)} \tag{1.2}$$

其中 $\pi(i)$ 表示周游序列中第 i 个城市的编号,而且有 $\pi(n+1)=\pi(1)$。

一般的旅行商问题都是**对称旅行商问题**(Symmetrical TSP,STSP),即对任意 i,j 有 $d_{ij}=d_{ji}$;反之,如果存在某组 i,j 使得 $d_{ij} \neq d_{ji}$ 而且 $i \neq j$,则称为**非对称旅行商问题**(Asymmetrical TSP,ATSP)。

定义 1.2　0-1 背包问题(Zero/One Knapsack Problem,ZKP/0-1KP/KP)

给定一个装载量为 c 的背包和 n 个重量与价值分别为 w_i 和 v_i 的物品($1 \leqslant i \leqslant n$)。现要往背包放物品,在不超过背包装载量的条件下使装载物品的总价值最大。数学化之后就是求解如下的一个带约束条件的最大值问题。

$$z = \max \sum_{i=1}^{n} v_i x_i, \quad \text{其中 } x_i \in \{0,1\}$$

$$\text{且满足限制条件} \sum_{i=1}^{n} w_i x_i \leqslant c \tag{1.3}$$

其中 x_i 表示物品的选择情况,$x_i=1$ 代表选择第 i 个物品,$x_i=0$ 表示不选择。

从定义 1.1 可以看出,对于一个 n 城市的对称 TSP,如果通过枚举的方法,将会产生 $(n-1)!$ 个可能解;而定义 1.2 则反映了面对一个需要处理 n 物品的背包问题,如果采用枚举的方法确定对某个物品的取舍,那将会产生 2^n 个解。无论是 $(n-1)!$ 还是 2^n,它们都可以看作是规模 n 的指数函数,当 n 比较大的时候,我们所面对的将是非常庞大的解空间。因此,枚举的方法只能处理一些小规模的组合优化问题。对于大规模问题,我们通过借助智能优化计算方法,可以在合理的时间内求解得到令人满意的解,从而满足实践的需要。

1.2　计算复杂性及 NP 理论

1.2.1　计算复杂性

一般而言,最优化问题都是一些"难解"的问题。以前面给出的旅行商问题和 0-1 背包问题为例,虽然它们的定义非常简单易懂,但是需要为它们寻找到一个全局最优解并不是一件容易的事情。直观地看,旅行商问题就是 n 个城市的一个排序问题,如果使用蛮力法去枚举,我们需要进行 $(n-1)!$ 次的枚举;0-1 背包问题就是一个 n 位二进制的 0、1 取值问题,0 表示不选择,1 表示选择,因此有 2^n 种可能。可见,仅当问题的规模比较小(n 较小)的时候,枚举的方法才是可能的。由于问题的解空间随着规模的增大而呈指数级增长,因此,我们需要寻找其他有效而且高效的算法去解决这类问题的大规模实例。

在计算机科学中,我们常用**计算复杂性**(Computational Complexity)这个概念来描述问题的难易程度或者算法的执行效率[3]。对于算法的计算复杂性,我们一般很容易进行判断,例如使用蛮力法去枚举旅行商问题或者 0-1 背包问题的算法,就是具有指数计算复杂性的算法。但是，要对一个问题的计算复杂性进行判断就不是一件简单的事情了。

问题的计算复杂性是问题规模的函数，故需要首先定义问题的规模。例如对于矩阵运算，矩阵的阶数可被定义为问题的规模。如果求解一个问题需要的运算次数或步骤数是问题规模 n 的指数函数，则称该问题有指数时间复杂性；如果所需的运算次数是 n 的多项式函数，则称它有多项式时间复杂性。对于某个具体问题，其复杂性上界是已知求解该问题的最快算法的复杂性，而复杂性下界只能通过理论证明来建立。证明一个问题的复杂性下界需要证明不存在任何复杂性低于下界的算法。显然，建立下界要比确定上界困难得多。

例如，蛮力枚举算法作为求解旅行商问题和 0-1 背包问题的一种算法，算法是指数复杂性的（阶乘往往比指数的复杂性更高），因此，这两个问题的复杂性上界都是指数的。那么，是否存在一种多项式复杂性的算法对这两个问题进行求解呢？到目前为止，还没有找到，但是还不能证明其不存在。大多数计算机科学家都认为，这些问题是不存在多项式复杂性的求解算法的。对于这些问题，习惯称为 **NP 难**（Non-deterministic Polynomial Hard，NPH）问题，或者 **NP 完全**（Non-deterministic Polynomial Complete，NPC）问题。

从发展趋势来看，计算复杂性理论将深入到计算机科学的各个分支中去。计算机科学的发展，特别是新一代计算机系统和人工智能的研究，又会给计算复杂性理论提出许多新的课题。计算复杂性理论、描述复杂性理论、信息论、数理逻辑等学科将有可能更紧密地结合，得到有关信息加工或信息活动的一些深刻结论。

1.2.2 NP 理论

为了更好地研究问题的计算复杂性，计算机科学家提出了有关 NP 的理论[3]。下面对 P 类问题、NP 类问题、NP 难问题和 NP 完全问题进行定义和解释。

为了简化问题，我们只考虑一类简单的问题——判定性问题，即提出一个问题，只需要回答"是"或者"否"的问题。任何一般的最优化问题都可以转化为一系列判定性问题，例如求某个图中从 A 到 B 的最短路径，可以转化成：从 A 到 B 是否有长度为 1 的路径？从 A 到 B 是否有长度为 2 的路径？一直问到从 A 到 B 是否有长度为 k 的路径？如果问到了 k 的时候回答了"是"，则停止发问，我们可以说从 A 到 B 的最短路径就是 k。

定义 1.3　P 类问题（Polynomial Problem）

P 类问题是指一类能够用确定性算法在多项式时间内求解的判定问题。其实，在非正式的定义中，可以把那些在多项式时间内求解的问题当做 P 类问题。

为了定义 NP 类问题，首先要引入一个不确定性算法（Non-deterministic Algorithm）的概念。

定义 1.4　不确定性算法（Non-deterministic Algorithm）

一个不确定性算法包含两个阶段，它把一个判定问题的实例 l 作为它的输入，并进行如下的两步操作。

（1）非确定（"猜测"）阶段：生产一个任意串 S，把它当做给定实例 l 的一个候选解。

(2) 确定("验证")阶段：确定算法将 l 和 S 作为它的输入，如果 S 是 l 的一个解的话，则输出"是"。

如果一个不确定算法在验证阶段的时间复杂度是多项式级别的，我们称它为**不确定性多项式算法**。

现在，可以定义 NP 类问题了，如定义 1.5 所示。

定义 1.5　NP 类问题(Non-deterministic Polynomial Problem)

NP 类问题是指一类可以用不确定性多项式算法求解的判定问题。例如旅行商问题的判定版本就是一个 NP 类问题。虽然还不能找到一个多项式的确定性算法求解最小的周游路线，但是可以在一个多项式时间内对任意生成的一条"路线"判定是否合法（经过每个城市一次且仅仅一次）。

比较 P 类问题和 NP 类问题的定义，我们很容易得到一个结论：P⊆NP。但是，P＝NP 是否成立，至今还是计算机科学中的一个未解之谜。不过，由于类似旅行商问题和 0-1 背包问题这种难度很高的组合判定问题的存在，人们更倾向于相信 P 是不等于 NP 的，也就是说，NP 类问题除了 P 类问题之外，还包含一种问题，我们称之为 NP 完全问题，如定义 1.6 所示。

定义 1.6　NP 完全问题(NP Complete Problem)

一个判定问题 D 是 NP 完全问题的条件是：

(1) D 属于 NP 类；

(2) NP 中的任何问题都能够在多项式时间内转化为 D。

另外，在定义 1.6 中，一个满足条件(2)但不满足条件(1)的问题被称为 NP 难问题。也就是说，NP 难问题不一定是 NP 类问题，例如图灵停机问题。正式地说，一个 NP 难问题至少跟 NP 完全问题一样难，也许更难！例如在某些任意大的棋盘游戏走出必胜的下法，就是一个 NP 难的问题，这个问题甚至比那些 NP 完全问题还难。

图 1.2 给出了以上这些问题分类的关系示意图，该图反映了 NP 类问题是包含 P 类问题的（当然 NP 是否等于 P，这是一个至今还不能证明的难题）。NP 完全问题一定属于 NP 类问题，而且属于 NP 难问题，但 NP 难问题不一定是 NP 类问题。

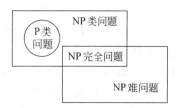

图 1.2　问题分类的关系示意图

1.3　智能优化计算方法：计算智能算法

随着技术的进步，工程实践问题变得越来越复杂，传统的计算方法面临着计算复杂度高、计算时间长等问题，特别是对于一些 NP 难和 NP 完全问题，设计用于求解这些问题的精确算法往往由于其指数级的计算复杂性而令人无法接受。对于这些难解问题，传统的精确算法根本无法在可以忍受的时间内求出解，因此，为了在求解时间和求解精度上取得平衡，计算机科学家们提出了形形色色具有启发式特征的计算方法，这些算法或模仿生物界的进化过程，或模仿生物的生理构造和身体机能，或模仿动物的群体行为,或模仿人类的思维、语言和记忆过程的特性,或模仿自然界的物理现象,希望通过模拟大自然和人类的智慧实现对问题的优化求解,在可接受的时间内求解得到可接受的解。这些算法就是智能优化计算方法,也叫**计算智能**(Computational Intelligence,CI)算法[4]。

计算智能是借助自然界(生物界)规律的启示,根据其规律,设计出求解问题的算法。物理学、化学、数学、生物学、心理学、生理学、神经科学和计算机科学等学科的现象与规律都可能成为计算智能算法的基础和思想来源。从关系上说,计算智能属于**人工智能**(Artificial Intelligence,AI)的一个分支[5][6]。如图 1.3 所示,不同的学者根据其对人工智能理解的不同,形成了**逻辑主义**、**行为主义**和**联结主义**三大学派。逻辑主义,又称为符号主义、心理学派或计算机学派,其原理主要为物理符号系统假设和有限合理性原理。这一学派认为人工智能源于数理逻辑,认为人工智能的研究方法应为功能模拟方法,通过分析人类认知系统所具备的功能和机能,然后用计算机模拟这些功能,实现人工智能。行为主义,又称控制论学派,其原理为控制论及感知—动作型控制系统。这一学派认为人工智能源于控制论,认为智能取决于感知和行动(所以被称为行为主义),提出智能行为的"感知—动作"模式。联结主义,又称为仿生学派或生理学派,其原理主要为神经网络及神经网络间的连接机制与学习算法。这一学派认为人工智能源于仿生学,特别是人脑模型的研究,包括神经网络[7]和模糊逻辑[8]等研究。此外,仿生学方面出现了进化计算[9][10],群体智能[11][12]等多种计算智能优化算法。

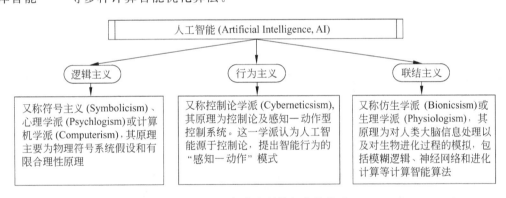

图 1.3 人工智能和计算智能的关系

本书将重点介绍其中的联结主义,也就是所谓的智能优化计算方法,或者称为计算智能算法。在这一节,首先对计算智能算法的分类与理论、研究与发展、特征与应用等方面进行一个概要的介绍,后面的章节将分别对各种典型的计算智能算法进行介绍。

1.3.1 计算智能的分类与理论

计算智能方法在模拟人脑的联想、记忆、发散思维、非线性推理、模糊概念等传统人工智能难以胜任的方面表现优异,并受到人们的广泛关注。计算智能方法也得到越来越多学者的研究和完善,并与传统的人工智能技术互相交叉、取长补短,使得人工智能研究与应用呈现出向上的发展趋势。

　　计算智能算法主要包括神经计算、模糊计算和进化计算三大部分。如图 1.4 所示，典型的计算智能算法包括神经计算中的人工神经网络算法[7]，模糊计算中的模糊逻辑[8]，进化计算中的遗传算法[13]、蚁群优化算法[14][15]、粒子群优化算法[16][17]、免疫算法[18]、分布估计算法[19]、Memetic 算法[20]，以及单点搜索技术例如模拟退火算法[21]、禁忌搜索算法[22][23]等。

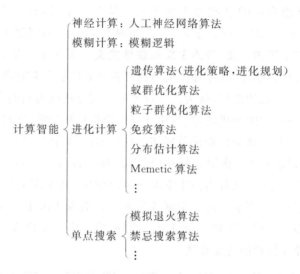

图 1.4　计算智能主要分类一览图

　　以上这些计算智能算法都有一个共同的特征就是通过模仿人类智能的某一个（某一些）方面而达到模拟人类智能，实现将生物智慧、自然界的规律计算机程序化，设计最优化算法的目的。然而计算智能的这些不同研究领域各有其特点，虽然它们具有模仿人类和其他生物智能的共同点，但是在具体方法上存在一些不同点。它们的主要特点如表 1.2 所示。

表 1.2　计算智能主要研究方向及其特点

研究领域	主要特点
人工神经网络	模仿人脑的生理构造和信息处理的过程，模拟人类的智慧
模糊逻辑（模糊系统）	模仿人类语言和思维中的模糊性概念，模拟人类的智慧
进化计算	模仿生物进化过程和群体智能过程，模拟大自然的智慧

　　然而在现阶段，计算智能的发展也面临严峻的挑战，其中一个重要原因就是计算智能目前还缺乏坚实的数学基础，还不能像物理、化学、天文等学科那样自如地运用数学工具解决各自的计算问题。虽然神经网络具有比较完善的理论基础，但是像进化计算等重要的计算智能技术还没有完善的数学基础。对计算智能算法的稳定性和收敛性的分析与证明还处于研究阶段。通过数值实验方法和具体应用手段检验计算智能算法的有效性和高效性是研究计算智能算法的重要方法。

从目前的研究来看,计算智能的主要理论基础包括数学基础、生物学基础和群体智能基础等,如表 1.3 所示。

表 1.3 计算智能理论基础一览表

数 学 基 础	生物学基础	群 体 智 能
• 马尔可夫过程 • 统计学习过程 • 随机过程 • 模式定理 • 稳定性 • 收敛性 ⋮	• 优胜劣汰 • 适者生存 • 自然选择 • 生物进化 • 遗传规律 • 人脑模拟 • 生物觅食 ⋮	• 个体认识 • 群体智慧 • 个体竞争 • 群体协作 ⋮

1.3.2 计算智能的研究与发展

经过了半个多世纪的发展,目前,计算智能在国内外得到广泛的关注,已经成为人工智能以及计算机科学的重要研究方向。图 1.5 给出了计算智能的发展历程示意图。

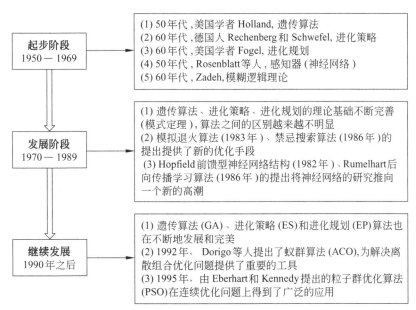

图 1.5 计算智能发展历程示意图

计算智能还处于不断发展和完善的过程,目前还没有牢固的数学基础,国内外众多研究者也是在不断的探索中前进。计算智能技术在自身性能的提高和应用范围的拓展中不断完善。计算智能的研究、发展与应用,无论是研究队伍的规模、发表的论文数量,还是网上的信息资源,发展速度都很快,已经得到了国际学术界的广泛认可。

相关的国际会议和学术期刊为计算智能的研究提供了良好的学术环境和研究氛围。1994 年，IEEE 神经网络委员会主持召开了第一届进化计算国际会议，并成立了 IEEE 进化计算委员会，此会议每 2 年与 IEEE 神经网络国际会议、IEEE 模糊系统国际会议在同一地点先后连续举行，合称为 IEEE 计算智能国际会议。表 1.4 列举了一些收录计算智能研究成果的国际学术期刊和重要国际会议。

表 1.4 计算智能相关的学术期刊和国际会议

学术期刊	IEEE Transactions on Evolutionary Computation IEEE Transactions on Fuzzy Sets IEEE Transactions on Neural Networks IEEE Transactions on Systems, Man and Cybernetics IEEE Transactions on … Machine Learning Evolutionary Computation Complex Systems Artificial Intelligence ⋮
国际会议	IEEE World Congress on Computational Intelligence (WCCI) IEEE Congress on Evolutionary Computation (CEC) IEEE International Conference on Systems, Man, and Cybernetics (SMC) ACM Genetic and Evolutionary Computation Conference (GECCO) International Conference on Ant Colony Optimization and Swarm Intelligence (ANTS) International Conference on Simulated Evolution And Learning (SEAL) ⋮

1.3.3 计算智能的特征与应用

计算智能方法采用启发式的随机搜索策略，在问题的全局空间中进行搜索寻优，能在可接受的时间内找到全局最优解或者可接受解。和传统的优化算法比较，计算智能算法在处理优化问题的时候，对求解问题不需要严格的数学推导，而且有很好的全局搜索能力，具有普遍的适应性和求解的健壮性。计算智能算法的主要特征如表 1.5 所示。

表 1.5 计算智能算法的基本特征一览表

主要特征	具 体 特 点
智能性	包括算法的自适应性、自组织性，算法不依赖于问题本身的特点，具有通用性
并行性	算法基本上是以群体协作的方式对问题进行优化求解，非常适合大规模并行处理
健壮性	算法具有很好的容错性，同时对初始条件不敏感，能在不同条件下寻找最优解

计算智能算法已经在优化计算、模式识别、图像处理、自动控制、经济管理、机械工程、电气工程、通信网络和分子生物学等多个领域取得了成功的应用，应用领域涉及国防、科技、经济、工业和农业等各个方面，如图 1.6 所示。

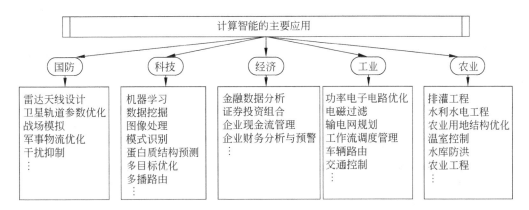

图 1.6 计算智能的应用

1.4 本章习题

1. 请列举出生活中遇到的一些最优化问题。
2. 在计算复杂性和 NP 理论中，问题一般都分为哪些类别？它们之间有什么关系？
3. 计算智能主要包括哪些研究领域？它们有些什么特点？
4. 请描述一下计算智能的研究与发展历程。
5. 通过查阅相关参考文献，了解计算智能在各个领域的应用情况。

本章参考文献

[1] 施光燕，董加礼. 最优化方法. 北京：高等教育出版社，2002.
[2] R Fletcher. Practical Methods of Optimization. Now York：Wiley-Interscience，1987.
[3] R M Karp. Reducibility among combinatorial problems. Complexity of computer computations. New York：Plenum Press，1972：85-104.
[4] D Poole，A Mackworth，R Goebel. Computational Intelligence：A Logical Approach. Oxford：Oxford University Press，1997.
[5] 蔡自兴，徐光佑. 人工智能及其应用. 北京：清华大学出版社，2004.
[6] [美]Nils J Nilsson 著. 人工智能. 郑扣根，庄越挺译. 北京：机械工业出版社，2000.
[7] S Haykin. Neural Networks：A Comprehensive Foundation. Prentice Hall PTR Upper Saddle River，1998.
[8] L A Zadeh. Fuzzy logic. Computer，1998,21(4)：83-93.
[9] T Back，U Hammel，H P Schwefel. Evolutionary computation：Comments on the history and current state. Evolutionary Computation，1997,1(4)：3-17.
[10] X Yao. Evolutionary Computation：Theory and Applications. Singapore：World Scientific，1999.
[11] J Kennedy，R C Eberhart. Swarm Intelligence. San Mateo：Morgan Kaufmann，2001.
[12] A P Engelbrecht. Fundamentals of Computational Swarm Intelligence. Hoboken：John Wiley & Son，2005.

[13] D E Goldberg. Genetic Algorithms in Search, Optimization, and Machine Learning. Addison-Wesley, 1989.

[14] M Dorigo, L M Gambardella. Ant colony system: A cooperative learning approach to TSP. IEEE Tran. Evol. Comput, 1997,1(1): 53-66.

[15] M Dorigo, T Stützle. Ant colony optimization. MIT Press, 2004.

[16] J Kennedy, R C Eberhart. Particle swarm optimization. Proc. IEEE Int. Conf. Neural Networks, 1995(4): 1942-1948.

[17] R C Eberhart, J Kennedy. A new optimizer using particle swarm theory. Proc. 6th Int. Symp. Micro Machine and Human Science, 1995: 39-43.

[18] L N de Castro, J Timmis. Artificial Immune Systems: A New Computational Intelligence Approach. London: Springer-Verlag, 1996.

[19] H Mühlenbein, Paaß G. From recombination of genes to the estimation of distributions I. Binary parameters. Parallel Problem Solving from Nature. Berlin: Springer Verlag,1996: 178-187.

[20] P Moscato. On evolution, search, optimization, GAs and martial arts: toward memetic algorithms. California Inst. Technol., Technical Report Caltech Concurrent Comput. Prog. Rep., 826, 1989.

[21] S Kirkpatrick, C D Gelatt Jr, M P Vecchi. Optimization by simulated annealing. Science, 1983 (220): 671-680.

[22] F Glover. Tabu search: part Ⅰ. ORSA Journal on Computing, 1989(1): 190-206.

[23] F Glover. Tabu search: part Ⅱ. ORSA Journal on Computing, 1990(2): 4-32.

第 2 章 神经网络

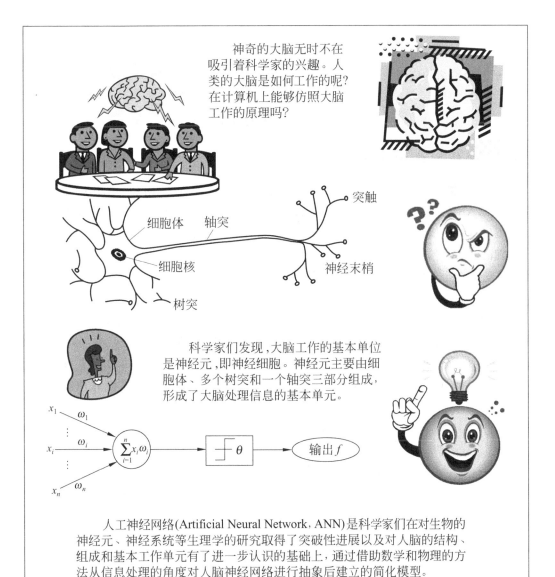

神奇的大脑无时不在吸引着众多研究者的兴趣,计算机科学家一直都在寻找一种能够模拟人类大脑的算法,神经网络作为计算智能的一个重要分支,是一种通过对人脑和神经系统的模拟并且用于模仿人类生理活动的计算智能算法。

本章将对神经网络算法进行介绍,包括神经网络算法的基本原理、研究进展、典型结构和学习算法。通过对BP神经网络的详细介绍,给读者展示了设计和使用神经网络的基本流程和基本要素。最后通过对进化神经网络和神经网络的典型应用的介绍,为读者进一步了解神经网络提供了相关的参考资料。本章的主要内容如下:

- 神经网络简介;
- 神经网络的典型结构;
- 神经网络的学习算法;
- BP神经网络;
- 进化神经网络;
- 神经网络的应用。

2.1 神经网络简介

2.1.1 神经网络的基本原理

神经网络(Neural Network,NN)一般也称为**人工神经网络**(Artificial Neural Network,ANN),是科学家们在对生物的神经元、神经系统等生理学的研究取得了突破性进展以及对人脑的结构、组成和基本工作单元有了进一步认识的基础上,通过借助数学和物理的方法从信息处理的角度对人脑神经网络进行抽象后建立的简化模型。作为计算智能算法的一个重要分支,人工神经网络目前已成为一门十分热门的交叉学科,它涉及了生物、电子、计算机、数学和物理等学科,有着非常广泛的应用前景。

生物学对神经系统结构的研究成果是人工神经网络的基础。在生物界中,神经系统的基本单位是神经元。大多数神经元由一个**细胞体**(cell body或soma)和**突**(process)两部分组成。突分两类,即**轴突**(axon)和**树突**(dendrite),如图2.1所示。轴突是个突出部分,长度可达1m,它把本神经元的输出发送至其他相连接的神经元。树

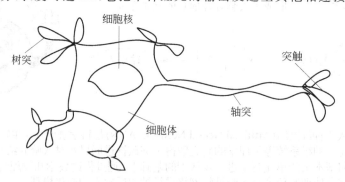

图2.1 神经元结构基本示意图

突也是突出部分,但一般较短,且分枝很多,与其他神经元的轴突相连,以接收来自其他神经元的生物信号。轴突和树突共同作用,实现了神经元间的信息传递。轴突的末端与树突进行信号传递的界面称为**突触**(synapse),通过突触向其他神经元发送信息。对某些突触的刺激促使神经元**触发**(fire)。只有神经元所有输入的总效应达到阈值电平,它才能开始工作。无论什么时候达到阈值电平,神经元都会产生一个全强度的输出窄脉冲,从细胞体经轴突进入轴突分枝。这时的神经元就称为被触发。越来越多的证据表明,学习发生在突触附近,而且突触把经过一个神经元轴突的脉冲转化为下一个神经元的兴奋信号或抑制信号[1][2]。

人工神经网络是由模拟神经元组成的,可把 ANN 看成是以**处理单元**(Processing Element,PE)为节点,用加权有向弧(链)相互连接而成的有向图。其中,处理单元是对生理神经元的模拟,而有向弧则是对轴突—突触—树突对的模拟。有向弧的权重表示两处理单元间相互作用的强弱。在简单的人工神经网络模型中,用权和乘法器模拟突触特性,用加法器模拟树突的互连作用,而且与阈值比较来模拟细胞体内电化学作用产生的开关特性,这些关系对照如表 2.1 所示。图 2.2 表示 ANN 神经元的组成示意图。图 2.2 中,x_i 表示来自其他神经元的输入,w_i 表示相应的网络连接权重,各个输入乘以相应权重,然后相加。把所有总和与阈值电平 θ(称为神经元的偏置)比较,当总和高于阈值时,其输出为 1;否则,输出为 0。大的正权对应于强的兴奋,小的负权对应于弱的抑制。

表 2.1 生物神经元和人工神经元关系对照表

生物神经元	人工神经元	作 用
树突	输入层	接收输入的信号(数据)
细胞体	加权和	加工和处理信号(数据)
轴突	阈值函数(激活函数)	控制输出
突触	输出层	输出结果

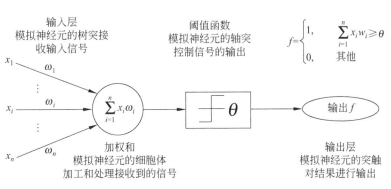

图 2.2 人工神经元结构及功能示意图

2.1.2 神经网络的研究进展

ANN 是对人类大脑系统特性的一种描述。它的形成与发展是生物学和计算机科学等学科综合发展的结果。1943年,McCullonch(心理学家)和Pritts(数理逻辑学家)发表文章[3]提出了M-P模型。该模型总结了生物神经元的基本生理特性,提出了神经元的数学描述和网络的结构方法,这标志着神经网络计算时代的开始。

尽管神经网络在早期取得了一定的成功,如1957年Frank Rosenblatt[4][5]定义了一个称为**感知器**(perceptron)的神经网络结构,第一次把神经网络从纯理论的探讨推向了工程实现,并掀起了神经网络研究的高潮。而且该模型在IBM704机器上的实现证明了该模型有能力通过调整权重学习达到正确分类的效果。但是,Minsky和Papert在1969年发表论著《Perceptrons》[6]指出感知器仅能解决一阶谓词逻辑,只能完成线性划分,对于非线性或者其他分类会遇到很多困难,就连简单的XOR(异或)问题都解决不了。由此,神经网络的研究进入了反思期。

直到20世纪80年代,特别是1982年Hopfield[7][8]提出的全连接网络模型才使得人们对神经网络有了新的认识。Hopfield将Lyapunov函数引入到神经网络中,并且从理论上证明了网络可以达到稳定的离散和连续两种情况,为神经网络的研究开辟了一条崭新的道路,揭示了神经网络的研究存在无限的发展空间。此外,Rumelhart等人[9]于1986年提出的**反向传播算法**(Back Propagation,BP),使Hopfield模型和多层前馈神经网络成为应用最广泛的神经网络模型,在语言识别、模式识别、图像处理和工业控制等领域颇有成效。图2.3给出了人工神经网络发展历程的示意图。

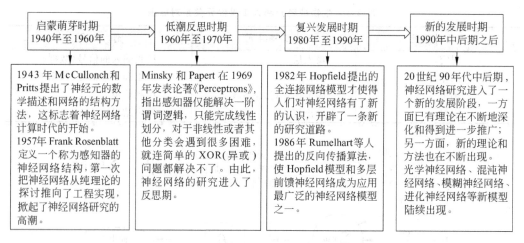

图2.3 人工神经网络发展历程的示意图

随着神经网络在世界范围内的复兴,国内外逐步掀起了研究的热潮,研究队伍的规模在不断地扩大,科研成果也在不断地增加。1987年,第一届国际神经网络学术会议在美国加利福尼亚州召开,此后每年一届的国际联合神经网络大会(International Joint Conference on Neural Networks,IJCNN)成了神经网络研究者重要的学术交流平台。除此之外,还有很多重要的国际会议和国际期刊都对神经网络方面的研究成果非常重视,收录了很多高质量的学术文章。表2.2列举了一些和神经网络相关的重要学术期刊和国际会议。

表 2.2 神经网络相关的学术期刊和国际会议一览表

学术期刊	IEEE Transactions on Neural Networks IEEE Transactions on Systems, Man and Cybernetics Journal of Artificial Neural Networks Journal of Neural Systems Neural Networks Neural Computation Networks Computation in Neural Systems Machine Learning ⋮
国际会议	International Joint Conference on Neural Networks IEEE International Conference on Systems, Man, and Cybernetics World Congress on Computational Intelligence ⋮

经过半个多世纪的发展，人工神经网络受到了广泛的关注。由于其具有良好的非线性性、高度的并行分布性、鲁棒性、容错性和概化能力，人工神经网络已经在模式识别、自动控制、信号处理、辅助决策、人工智能等众多研究领域取得了广泛的成功。关于学习、联想和记忆等具有智能特点过程的机理及其模拟方面的研究正受到越来越多的重视。建议有兴趣的读者通过阅读相关的书籍[10-14]和经典的综述文章[15-17]来对神经网络的基本原理、发展历程和研究现状进行更进一步的学习和了解。

2.2 神经网络的典型结构

人工神经网络有很多种不同的模型，通常可按以下 5 个原则进行归类。
- 按照网络的结构区分，有前向网络和反馈网络。
- 按照学习方式区分，有有监督学习网络和无监督学习网络。
- 按照网络性能区分，有连续型和离散型网络，随机型和确定型网络。
- 按照突触性质区分，有一阶线性关联网络和高阶非线性关联网络。
- 按对生物神经系统的层次模拟区分，有神经元层次模型、组合式模型、网络层次模型、神经系统层次模型和智能型模型。

通常，人们较多地考虑神经网络的互连结构。本节将按照神经网络连接模式，对神经网络的几种典型结构分别进行介绍。

2.2.1 单层感知器网络

单层感知器是最早使用的，也是最简单的神经网络结构，由一个或多个线性阈值单元组成，如图 2.4 所示。但由于这种网络结构相对简单，因此能力也非常有限，一般比较少用。

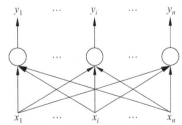

图 2.4 单层感知器网络示意图

作为最原始的、最简单的神经网络结构，单层感知器是其他很多网络结构的基本单元。图 2.4 所示的神经网络本身也是由很多个如图 2.2 所示的人工神经元组合而成的。在前面的图 2.2 中可以看到,神经元所使用的激活函数是二值离散神经元模型,也就是如图 2.5(a)所示的阈值型激活函数。但是这种函数对非线性的拟合程度非常有限。因此除了这种阈值型的激活函数,人们还采用了 S 形状的函数(例如指数、对数、双曲正切、Sigmoid 函数等)或者是分段线性函数。图 2.5 给出了这 3 种不同激活函数的图像。其中图 2.5(c)给出的是 Sigmoid 函数,其函数表达式如公式(2.1)所示,这是神经网络中使用最广泛的激活函数。

$$y = f(u) = \frac{1}{1+e^{-u}}, \quad 其中 \quad u = \sum_{i=1}^{n} x_i w_i \tag{2.1}$$

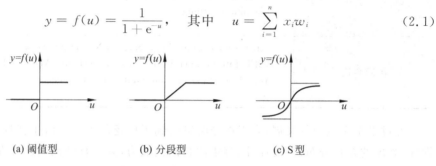

(a) 阈值型　　　(b) 分段型　　　(c) S 型

图 2.5　几种常见的激活函数

2.2.2　前馈型网络

前馈型网络的信号由输入层到输出层单向传输,每层的神经元仅与其前一层的神经元相连,仅接受前一层传输来的信息,其网络结构如图 2.6 所示。

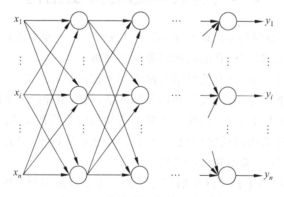

图 2.6　前馈型网络结构示意图

前馈型网络使用最为广泛的神经网络模型,因为它本身的结构并不复杂,学习和调整方案也比较容易操作,而且由于采用了多层的网络结构,其求解问题的能力得到明显的加强,基本上可以满足使用要求。该种神经网络的信号由输入层传输到输出层的过程中,每一层的神经元之间没有横向的信息传输。每一个神经元受到前一层全部神经元的控制,控制能力由连接权重决定。

2.2.3 前馈内层互联网络

这种网络结构从外部看还是一个前馈型的网络,但是内部有一些节点在层内互连,网络结构如图 2.7 所示。

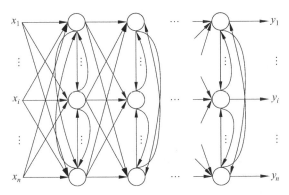

图 2.7 前馈内层互联网络结构示意图

通常情况下,同层之间神经元的互相连接是自组织竞争网络的特征之一。神经元之间的激励和压抑是竞争的手段。

2.2.4 反馈型网络

这种网络结构在输入输出之间还建立了另外一种关系,就是网络的输出层存在一个反馈回路到输入层作为输入层的一个输入,而网络本身还是前馈型的,网络结构如图 2.8 所示。

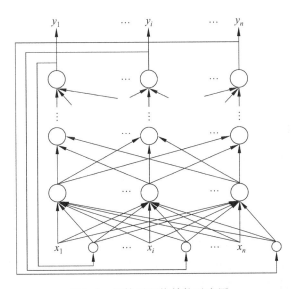

图 2.8 反馈型网络结构示意图

这种神经网络的输入层不仅接受外界的输入信号,同时接受网络自身的输出信号。输出反馈信号可以是原始输出信号,也可以是经过转化的输出信号;可以是本时刻的输出信号,也可以是经过一定延迟的输出信号。此种网络经常用于系统控制、实时信号处理等需要根据系统当前状态进行调节的场合。

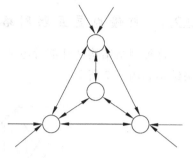

2.2.5 全互联网络

全互联网络中所有的神经元之间都有相互间的连接,如 Hopfiled 和 Boltgmann 网络都是这种类型,网络结构如图 2.9 所示。

图 2.9 全互联网络结构示意图

2.3 神经网络的学习算法

设计出来的神经网络要经历一个学习训练过程。目的是通过学习不断地调整和修正网络的参数。神经网络的学习包括学习方法和学习规则两个方面的内容。

图 2.10 给出了关于神经网络学习方法和学习规则的分类图。

图 2.10 神经网络学习方法和学习规则的分类图

2.3.1 学习方法

目前神经网络的学习方法有多种,按照有无监督来分类,可以分为**有监督学习**(Supervised Learning)或称**有指导学习**、**无监督学习**(Unsupervised Learning)或称**无指导学习**以及**再励学习**(Reinforcement Learning)等几类[2]。

在有监督学习方式中,网络的输出和期望的输出(即监督信号)进行比较,然后根据两者之间的差异调整网络的权重,最终使差异变小。监督即是训练数据本身,不但包括输入数据,还包括在一定输入条件下的输出。网络根据训练数据的输入和输出来调节本身的权重,使网络的输出符合实际的输出。在这种学习方式中,网络将应有的输出与实际输出数据进行比较。网络经过一些训练数据组的计算后,最初随机设置的权重经过网络的调整,使得输出更接近实际的输出结果,所以学习过程的目的在于减小网络应有的输出与实际输出之间的误差。这是靠不断调整权重来实现的。

对于在指导下学习的网络,网络在可以实际应用之前必须进行训练。训练的过程是把一组输入数据与相应的输出数据输进网络。网络根据这些数据来调整权重。这些数据组就称为训练数据组。在训练过程中,每输入一组数据,同时也告诉网络的输出应该是什么。网络经过训练后,若认为网络的输出与应有的输出间的误差达到了允许范围,权重就不再改动了。这时的网络可用新的数据去检验。

在无监督学习方式中,输入模式进入网络后,网络按照一预先设定的规则(如竞争规则)自动调整权重,使网络最终具有模式分类等功能。没有指导的学习过程指训练数据只有输入而没有输出,网络必须根据一定的判断标准自行调整权重。在这种学习方式下,网络不靠外部的影响来调整权重。也就是说,在网络训练过程中,只提供输入数据而无相应的输出数据。网络检查输入数据的规律或趋向,根据网络本身的功能进行调整,并不需要告诉网络这种调整是好还是坏。这种没有指导进行学习的算法,强调每一层处理单元组间的协作。如果输入信息使处理单元组的任何单元激活,则整个处理单元组的活性就增强。然后处理单元组将信息传送给下一层单元。

再励学习是介于上述两者之间的一种学习方法。

2.3.2 学习规则

神经网络学习算法的另一个重点是学习规则。使用比较普遍的学习规则有以下7个:

1. Hebb 学习规则

这个著名的规则是由 Donald Hebb 在 1949 年提出的[18]。其基本规则可以简单归纳为:如果处理单元从另一个处理单元接收到一个输入,并且如果两个单元都处于高度活动状态,这时两单元间的连接权重就要被加强。

Hebb 学习规则是一种联想式学习方法。联想是人脑形象思维过程的一种表现形式。例如,在空间和时间上相互接近的事物都容易在人脑中引起联想。生物学家 Donald Hebb 基于对生物学和心理学的研究,提出了学习行为的突触联系和神经群理论。认为突触前与突触后二者同时兴奋,即两个神经元同时处于激发状态时,它们之间的连接强度将得到加强,这一论述的数学描述被称为 Hebb 学习规则。

Hebb 学习规则是一种没有指导的学习方法,它只根据神经元连接间的激活水平改变权重,因此这种方法又称为相关学习或并联学习。

2. Delta(δ)学习规则

Delta 规则是最常用的学习规则,其要点是改变单元间的连接权重来减小系统实际输出与应有的输出间的误差。这个规则也叫 Widrow-Hoff 学习规则[19],首先在 Adaline 模型中应用,也可称为最小均方差规则。

Delta 规则实现了梯度下降减少误差,因此使误差函数达到最小值,但该学习规则只适用于线性可分函数,无法用于多层网络。此外,后面要介绍的 BP 网络的学习算法称为 BP 算法,是在 Delta 规则的基础上发展起来的,可在多层网络上有效地学习。

3. 梯度下降学习规则

这是对减小实际输出和应有输出间误差方法的数学说明。Delta 规则是梯度下降规则的一个例子。梯度下降学习规则的要点为在学习过程中,保持误差曲线的梯度下降。误差曲线可能会出现局部的最小值。在网络学习时,应尽可能摆脱误差的局部最小值,而达到真正的误差最小值。

4. Kohonen 学习规则

该规则是由 Teuvo Kohonen[20]在研究生物系统学习的基础上提出的,只用于没有指导下训练的网络。在学习过程中,处理单元竞争学习的时候,具有高输出的单元是胜利者,它有能力阻止它的竞争者并激发相邻的单元。只有胜利者才能有输出,也只有胜利者与其相邻单元可以调节权重。

在训练周期内,相邻单元的规模是可变的。一般的方法是从定义较大的相邻单元开始,在训练过程中不断减小相邻的范围。胜利单元可定义为与输入模式最为接近的单元。Kohonen 网络可以模拟输入的分配。

5. 后向传播学习规则

后向传播(Back Propagation,BP)学习,是目前应用最为广泛的神经网络学习规则[9]。误差的后向传播技术一般采用 Delta 规则。此过程涉及两步,第一步是正反馈,当输入数据输入网络,网络从前往后计算每个单元的输出,将每个单元的输出与期望的输出进行比较,并计算误差。第二步是向后传播,从后向前重新计算误差,并修改权重。完成这两步后才能输入新的输入数据。这种技术一般用在三层或四层网络。对于输出层,已知每个单元的实际输出和应有的输出,比较容易计算误差,技巧在于如何调节中间层单元的权重。

6. 概率式学习规则

从统计力学、分子热力学和概率论中关于系统稳态能量的标准出发,进行神经网络学习的方式称概率式学习。神经网络处于某一状态的概率主要取决于在此状态下的能量,能量越低的状态,出现的概率越大。同时,此概率还取决于温度参数 T,T 越大,不同状态出现概率的差异便越小,较容易跳出能量的局部极小点而到全局的极小点,T 越小时,情形正好相反。概率式学习的典型代表是玻尔兹曼(Boltzmann)机学习规则[21]。它是基于模拟退火的统计优化方法,因此又称模拟退火式算法。

7. 竞争式学习规则

竞争式学习属于无教师学习方式。这种学习方式是利用不同层间的神经元发生兴奋性连接以及同一层内距离很近的神经元间发生同样的兴奋性连接,而距离较远的神经无产生抑制性连接。在这种连接机制中引入竞争机制的学习方式称为竞争式学习。它的本质在于神经网络中高层次的神经元对低层次神经元的输入模式进行竞争识别。

竞争式机制的思想来源于人脑的自组织能力。大脑能够及时地调整自身结构,自动地向环境学习,完成所需执行的功能,而并不需要教师训练。竞争式神经网络亦是如此,所以,又把这一类网络称为自组织神经网络。

从上述学习规则和学习方法中不难看出,要使人工神经网络具有学习能力,就要使神经网络的知识结构变化,即要使得神经元间的结合模式发生变化,这同把连接权向量用什么方法变化是等价的。所以,所谓神经网络的学习,目前主要是指通过一定的学习算法实现对突触结合强度(连接权重)的调整,使其具有记忆、识别、分类、信息处理和问题优化求解等功能。在神经网络发展过程中,新的学习规则会不断出现。

2.4 BP 神经网络

2.4.1 基本思想

根据网络结构的不同和学习算法的区别,人工神经网络可以分为很多种不同的类型,其中**后向传播学习的前馈型神经网络**(Back Propagation Feed-forward Neural Network,BPFNN/BPNN)应用最为广泛。下面以 BPNN 为例,说明神经网络的工作原理和运行步骤。

在 BPNN 中,后向传播是一种学习算法,体现为 BPNN 的训练过程,该过程是需要监督学习的;前馈型网络是一种结构,体现为 BPNN 的网络构架,图 2.6 就是一个典型的前馈型神经网络。这种神经网络结构清晰,使用简单,而且效率也比较高,因此得到了广泛的重视和应用。反向传播算法通过迭代处理的方式,不断地调整连接神经元的网络权重,使得最终输出结果和预期结果的误差最小。

神经网络在实际的应用中分为训练阶段和使用阶段,BPNN 也不例外。训练阶段根据给定的样本,使用适当的学习算法(例如后向传播学习算法)调整某种结构的网络(例如前馈型神经网络结构)的网络参数(例如网络结构的层数、每层的神经元数目、连接权重、神经元偏置等),使得被训练的网络能够对样本有很好的拟合作用。使用阶段采用已经训练好的神经网络,对一些未知结果的输入进行运算,得到输出。一般情况下,训练阶段和使用阶段是两个先后的过程,一旦训练结束就可以长期使用。训练样本的选取和数量对网络的训练效果有很大的影响,过少的样本将难以有效地对实际问题进行拟合,而过多的样本也会使得训练时间过长,而且会导致过学习现象(就是最后一小部分样本对结果的影响比较大)。因此,也有一些神经网络除了在训练阶段调整网络参数之外,在使用过程中也能够自适应地进行相关的学习。

BPNN 是一种典型的神经网络,广泛应用于各种分类系统,它也包括了训练和使用两个阶段。由于训练阶段是 BPNN 能够投入使用的基础和前提,而使用阶段本身是一个非常简单的过程,也就是给出输入,BPNN 会根据已经训练好的参数进行运算,得到输出结果,因此这里只针对 BPNN 的训练阶段说明神经网络的学习过程。BPNN 中的前馈型网络结构是指在处理样本的时候,从输入层输入,向前把结果输出到第一隐含层,然后第一隐含层将接收的数据处理后作为输出,该输出作为第二隐含层的输入,以此类推,直到输出层的输出为止;反向传播是指通过比较输出层的实际输出和预期的结果,得到误差,然后通过相关的误差方程式调整最后一个隐含层到输出层之间的网络权重,之后从最后一个隐含层向倒数第二隐含层进行误差反馈,调整它们之间的网络权重,以此类推,直到输入层与第一隐含层之间的网络权重调整为止。

2.4.2 算法流程

BPNN 的训练过程具体如下所示,相应的流程图和伪代码如图 2.11 所示。

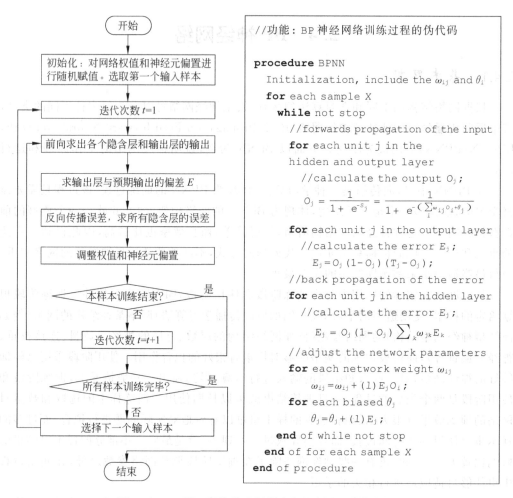

图 2.11 BP 神经网络算法训练阶段的流程图和伪代码

步骤 1:初始化网络权重

每两个神经元之间的网络连接权重 ω_{ij} 被初始化为一个很小的随机数(例如 $-1.0\sim 1.0$,或者 $-0.5\sim 0.5$,可以根据问题本身而定),同时,每个神经元有一个偏置 θ_i,也被初始化为一个随机数。

对每个输入样本 x,按步骤 2 进行处理。

步骤 2:向前传播输入(前馈型网络)

首先,根据训练样本 x 提供网络的输入层,通过计算得到每个神经元的输出。每个神经元的计算方法相同,都是由其输入的线性组合得到,具体的公式为

$$O_j = \frac{1}{1+e^{-S_j}} = \frac{1}{1+e^{-(\sum_i \omega_{ij} O_i + \theta_j)}}$$

其中，ω_{ij}是由上一层的单元i到本单元j的网络权重；O_i是上一层的单元i的输出；θ_j为本单元的偏置，用来充当阈值，可以改变单元的活性。从上面的公式可以看到，神经元j的输出取决于其总输入$S_j = \sum_i \omega_{ij} O_i + \theta_j$，然后通过激活函数$O_j = \dfrac{1}{1+e^{-S_j}}$得到最终输出，这个激活函数称为 logistic 函数或者 sigmoid 函数，能够将较大的输入值映射为区间 0~1 之间的一个值，由于该函数是非线性的和可微的，因此也使得 BP 神经网络算法可以对线性不可分的分类问题进行建模，大大拓展了其应用范围。

步骤 3：反向误差传播

由步骤 2 一路向前，最终在输出层得到实际输出，可以通过与预期输出相比较得到每个输出单元j的误差，如公式$E_j = O_j(1-O_j)(T_j-O_j)$所示，其中$T_j$是输出单元$j$的预期输出。注意，$O_j(1-O_j)$是 logistic 函数的导数，公式的推导过程比较复杂，这里仅仅给出最终的应用公式，有兴趣的读者可以查阅相关的参考文献[9]。得到的误差需要从后向前传播，前面一层单元j的误差可以通过和它连接的后面一层的所有单元k的误差计算所得，具体的公式为

$$E_j = O_j(1-O_j) \sum_k \omega_{jk} E_k$$

依次得到最后一个隐含层到第一个隐含层每个神经元的误差。

步骤 4：网络权重与神经元偏置调整

在处理过程中，我们可以一边后向传播误差，一边调整网络权重和神经元的阈值，但是，为了方便起见，这里先计算得到所有神经元的误差，然后统一调整网络权重和神经元的阈值。

调整权重的方法是从输入层与第一隐含层的连接权重开始，依次向后进行，每个连接权重ω_{ij}根据公式$\omega_{ij} = \omega_{ij} + \Delta\omega_{ij} = \omega_{ij} + (l) O_i E_j$进行调整。

神经元偏置的调整方法是对每个神经元j进行如公式$\theta_j = \theta_j + \Delta\theta_j = \theta_j + (l) E_j$所示的更新。

其中l是学习率，通常取 0~1 之间的常数。该参数也会影响算法的性能，经验表明，太小的学习率会导致学习进行得慢，而太大的学习率可能会使算法出现在不适当的解之间振动的情况，一个经验规则是将学习率设为迭代次数t的倒数，也就是$1/t$。

步骤 5：判断结束

对于每个样本，如果最终的输出误差小于可接受的范围或者迭代次数t达到了一定的阈值，则选取下一个样本，转到步骤 2 重新继续执行；否则，迭代次数t加 1，然后转向步骤 2 继续使用当前样本进行训练。

2.4.3 应用举例

为了更加具体地说明 BPNN 的计算过程，我们将通过一个简单的分类训练的例子，说明 BPNN 的运行机理。

例 2.1 已知一个前馈型神经网络例子如图 2.12 所示。设学习率l为 0.9，当前的训练样本为$x = \{1, 0, 1\}$，而且预期分类标号为 1，同时，表 2.3 给出了当前该网络的各个连接权重和神经元偏置。求该网络在当前训练样本下的训练过程。

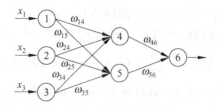

图 2.12　例 2.1 的前馈型神经网络

表 2.3　例 2.1 的网络连接权重和神经元偏置

ω_{14}	ω_{15}	ω_{24}	ω_{25}	ω_{34}	ω_{35}	ω_{46}	ω_{56}	θ_4	θ_5	θ_6
0.2	−0.3	0.4	0.1	−0.5	0.2	−0.3	−0.2	−0.4	0.2	0.1

解：首先根据样本的输入，计算每个单元的输出。然后计算每个单元的误差，并后向传播。最后根据误差对网络连接权重和神经元偏置进行更新调整。这些计算过程分别如表 2.4、表 2.5 和表 2.6 所示。

表 2.4　每个神经元的总输入和输出计算表

神经元 j	总输入 $S_j = \sum_i \omega_{ij} O_i + \theta_j$	输出 $O_j = \dfrac{1}{1+e^{-S_j}}$
4	$0.2+0-0.5-0.4=-0.7$	0.332
5	$-0.3+0+0.2+0.2=0.1$	0.525
6	$(-0.3)\times(0.332)-(0.2)\times(0.525)+0.1=-0.105$	0.474

表 2.5　每个神经元的误差计算表

神经元 j	误差 E_j
6	$(0.474)\times(1-0.474)\times(1-0.474)=0.1311$
5	$(0.525)\times(1-0.525)\times(0.1311)\times(-0.2)=-0.0065$
4	$(0.332)\times(1-0.332)\times(0.1311)\times(-0.3)=-0.0087$

表 2.6　网络连接权重和神经元偏置更新计算表

神经元 j	调整后的更新值
ω_{46}	$-0.3+(0.9)\times(0.1311)\times(0.332)=-0.261$
ω_{56}	$-0.2+(0.9)\times(0.1311)\times(0.525)=-0.138$
ω_{14}	$0.2+(0.9)\times(-0.0087)\times(1)=0.192$
ω_{15}	$-0.3+(0.9)\times(-0.0065)\times(1)=-0.306$
ω_{24}	$0.4+(0.9)\times(-0.0087)\times(0)=0.4$
ω_{25}	$0.1+(0.9)\times(-0.0065)\times(0)=0.1$
ω_{34}	$-0.5+(0.9)\times(-0.0087)\times(1)=-0.508$
ω_{35}	$0.2+(0.9)\times(-0.0065)\times(1)=0.194$
θ_6	$0.1+(0.9)\times(0.1311)=0.218$
θ_5	$0.2+(0.9)\times(-0.0065)=0.194$
θ_4	$-0.4+(0.9)\times(-0.0087)=-0.408$

2.5 进化神经网络

尽管人工神经网络自20世纪80年代复兴后的20多年里取得了令人瞩目的广泛发展与应用，但是由于网络本身的不确定性使得在设计和使用的过程中需要花费大量的时间去寻找合适的网络，而作为人工神经网络本身应该具有的优势：强学习性、强适应性、大规模并行处理能力等都不能很好地体现出来。对于某一具体问题，人工神经网络的设计是极其复杂的工作，至今仍没有系统的规律可以遵循。目前，一般凭设计者主观经验与反复实验挑选ANN设计所需的工具[21]。这样不仅使得设计工作的效率很低，而且还不能保证设计出的网络结构和权重等参数是最优的，从而造成资源的大量浪费和网络的性能低下。这种状况极大地限制了神经网络的应用与发展。为了解决这个问题，研究者提出了使用进化算法去优化神经网络，通过进化算法和人工神经网络的结合使得神经网络能够在进化的过程中自适应地调整其连接权重[21-23]、网络结构[24][25]、学习规则[26]等这些在使用神经网络的时候难以确定的参数，从而形成了**进化神经网络**(Evolutionary Neural Networks，ENN/EANN)。

进化算法(Evolutionary Algorithms，EAs)[27][28]是一种基于生物进化和演化的算法，典型的有遗传算法(Genetic Algorithms，GA)[29]、进化策略(Evolution Strategy，ES)[30]、遗传编程(Genetic Programming，GP)[31]、进化规划(Evolutionary Programming，EP)[32]、蚁群优化算法(Ant Colony Optimization，ACO)和粒子群优化算法(Particle Swarm Optimization，PSO)等。这些算法将在后面的章节分别进行介绍。由于进化算法不要求待解问题连续、可微，仅仅要求问题可计算，而且是一种全局的搜索算法，因此非常适合用于优化神经网络。进化算法和神经网络的结合给神经网络指明了新的发展方向，对解决神经网络结构复杂、参数难调等问题起到了重大的作用。采用进化算法和神经网络结合的算法已经取得了很好的应用效果[33-35]。

2.6 神经网络的应用

随着神经网络的不断改进和完善，ANN被众多的研究者应用到了越来越多的领域当中。

(1) 民用应用领域有：语言识别、图像识别与理解、计算机视觉、智能机器人故障检测、实时语言翻译、企业管理、市场分析、决策优化、物资调运、自适应控制、专家系统、智能接口、神经生理学、心理学和认知科学研究等。

(2) 军用应用领域有：语音、图像信息的录取与处理，雷达、声纳的多目标识别与跟踪，战场管理和决策支持系统，军用机器人控制，各种情况、信息的快速录取、分类与查询，导弹的智能引导，保密通信，航天器的姿态控制等。

在本节，我们将从识别与聚类、神经优化、建模与预测、控制与处理等大的方面对人工神经网络的应用进行介绍。由于ANN目前已经在许多研究和实践领域得到了广泛的发展和应用，因此本节所介绍的也仅仅是千百种应用中的一部分，希望读者能窥一斑而见全豹,如果需要进一步认识和了解,可以参考相关的书籍[10-14]和经典的综述文章[15-17]。

1. 识别与聚类应用

人工神经网络的典型应用就是模式识别、分类与聚类。一般来说,模式识别和分类是指通过使用一系列的训练数据对神经网络进行训练,在有教师指导学习方法下,让神经网络在训练数据的训练下调整网络的结构和权重,以达到正确识别的目的。例如 2.4 节的 BP 神经网络就是一个典型的模式识别与分类的例子。和传统的判别式统计分类方法相比,人工神经网络方法不需要被识别问题具有线性可分的前提,因此能够应用到非线性的识别与分类中,具有非常广泛的应用价值。如图 2.13(a)所示,神经网络通过训练和学习,获取了非线性的识别和分类能力,从而能够将输入数据通过训练好的非线性结构映射到输出空间。目前,神经网络已经在手写字符、汽车牌照、指纹、声音和人脸识别等模式识别领域取得了成功的应用,而且还可用于目标的自动识别、目标跟踪、机器人传感器图像识别及地震信号的鉴别等。

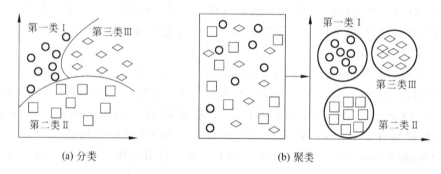

图 2.13 模式识别分类与聚类

聚类和分类的区别在于聚类需要划分的类是未知的,它要求将数据对象分组为多个类或簇(cluster),在同一簇中的对象之间具有较高的相似度,而不同簇中的对象差别较大,如图 2.13(b)所示。关于人工神经网络在模式识别、分类、聚类领域的相关应用的更多内容,读者可以参考相关书籍[36][37]。

2. 计算与优化应用

神经计算是人工神经网络的一个重要应用手段,也为各种优化问题提供了解决的方案。优化问题就是需要在问题的解空间里面寻找一个最优的解,在满足一定约束条件下使得目标函数最大化或者最小化。由于神经网络具有并行搜索处理信息、联想记忆等特点,在搜索系统的全局最优或局部最优解方面,具有很大的优势,因此在优化问题上得到了广泛的研究和应用。

在使用人工神经网络进行优化计算的时候,一般都是选择 Hopfield 神经网络。例如,Hopfield 和 Tank[38][39]在 1985 年就提出了一种使用神经网络求解离散组合优化问题的方法。他们提出的神经网络方法,对于不超过 30 个城市的 TSP 问题一般都能够找到最优解或者近似最优解,但是当城市规模变大的时候,效果就不大理想了。

近年来,随着进化计算的发展,人们更加倾向于使用遗传算法、蚁群优化算法、粒子群优化算法等方法对各种连续或者离散领域的最优化问题进行求解。而神经网络方法则更多地使用在模式识别、聚类分类、建模预测等方面。

3. 建模与预测应用

人工神经网络的非线性处理能力使得它在各种系统建模上具有很大的优势。人工神经网络应用在非线性系统建模上的时候,实质上就是通过训练神经网络,让其在训练数据中获取知识,并且完成从输入到输出的非线性映射过程。处理该类问题一般都是采用有教师学习方法,从提供的训练数据中挖掘输入和输出之间的内在联系,寻找系统的内在规律,利用优化计算方法,建立系统的非线性模型。图 2.14(a)所示就是人工神经网络对函数进行拟合建模的例子。通过训练样本的拟合,神经网络可以得到将输入映射到输出的模型。一般而言,多层网络结构是比较常用于实际应用中的,因为它能够对任意函数进行一定精度的逼近。神经网络用于函数逼近建模的现实应用主要包括两类:一类是没有现实模型的问题,例如其数据都是通过实验或者观察的方法得到的;另一类是理论模型非常复杂,以至于很难使用该模型对已知数据进行计算和分析的问题,例如微生物学中的细菌生长预测等问题[40][41]。

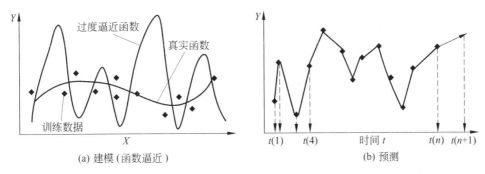

图 2.14 神经网络建模与预测

其实,在很多情况下,神经网络建模是为了预测[42][43]。所谓神经网络预测就是根据一定数量的历史样本数据(一般为表征某一种现象时间序列的数据,例如交通流量、外汇走势等)对神经网络进行训练,然后用来对当前的,或者未来的时刻情景进行预测,如图 2.14(b)所示。例如已经得到了时间序列数据样本 $t(1)$, $t(2)$,…,$t(n)$ 以及其对应的输出 $y(1)$, $y(2)$,…,$y(n)$,如果想预测 $t(n+1)$ 时刻的输出 $y(n+1)$,可以通过以下的方式训练和使用网络。在训练的时候,可以将一定每长度为 L 的历史数据作为一个输入,例如 $t(i-L+1)$, $t(i-L+2)$,…,$t(i)$,其中 $i \geqslant L$,作为网络的输入,$y(i)$ 是输出,作为第一个训练样本。然后输入 $t(i-L+2)$, $t(i-L+3)$,…,$t(i+1)$ 和输出 $y(i+1)$ 作为第二个训练样本,等等,对神经网络进行训练,得到良好的权重。在使用的过程中,为了得到 $t(n+1)$ 时刻的输出 $y(n+1)$,我们只需要使用 $t(n-L+2)$, $t(n-L+3)$,…,$t(n+1)$ 作为输入,通过训练好的神经网络即可得到输出 $y(n+1)$。在这里,长度 L 是一个参数,对网络的预测性能有一定的影响,需要根据具体的问题设定,或者通过不断的尝试而找到最优的设置。

4. 控制与处理应用

神经网络已经在自动控制和信息处理等各个领域取得了相当成功的应用[44][45]。在自动控制领域，其主要的应用包括系统建模和辨识、参数整定、极点配置、内模控制、优化设计、预测控制、最优控制、滤波与预测容错控制等。另外，神经网络还在机器人控制方面发挥着重要的作用，能够实现对机器人轨道控制，以及操作机器人眼手系统，常用于机械手的故障诊断及排除、智能自适应移动机器人的导航、视觉系统等。

在各种信息、信号处理领域，神经网络也有重要的突破。例如在图像处理方面，神经网络能够很好地对图像进行边缘监测、图像分割、图像压缩和图像恢复等操作。此外，神经网络被广泛使用于信号处理方面，例如目标检测、多目标跟踪、杂波去噪、畸形波恢复、雷达回波多目标分类、运动目标速度估计、多探测信号融合等。

2.7 本章习题

1. 请指出人工神经元是怎样去模拟生物神经元的结构和功能的。
2. 简述人工神经网络的发展历程。
3. 人工神经网络有哪些典型的结构和重要的学习算法？
4. 参考 2.4 节的内容，上机编程实现 BPNN 算法。
5. 通过查阅相关参考文献，了解神经网络在各个领域的应用。

本章参考文献

[1] [美]Nils J Nilsson 著. 人工智能. 郑扣根，庄越挺译. 北京：机械工业出版社，2000.

[2] 张颖，刘艳秋. 软计算方法. 北京：科学出版社，2002.

[3] W S McCullonch, W A Pitts. Logical of the ideas immanent in nervous activity. Bulltin of Mathematical Biophysics, 1943, 5(4): 115-133.

[4] F Rosenblatt. The perceptron: A perceiving and recognizing automaton. Cornell Aeronautical Laboratory Report, 1957.

[5] F Rosenblatt. Principles of neurodynamics. Washington: Spartan Books, 1962.

[6] M Minsky, S Papert. Perceptron, Cambridge. MA: MIT Press, 1969.

[7] J J Hopfield. Neural networks and physical system with collective computational abilities. Proc Natural Acadimic Science USA, 1982, 79(3): 2554-2558.

[8] J J Hopfield. Neurons with graded response have collective computational properties like those of two state neurons. Proc. Natl. Acad. Sci., 1984(81): 3088-3092.

[9] D E Rumelhart, G E Hinton, R J Williams. Learning internal representations by error propagation. Parallel Distributed Processing, 1986(1): 318-362.

[10] J Hertz, A Krogh, R G Palmer. Introduction to the Theory of Neural Computation, Reading. MA: Addison-Wesley, 1991.

[11] M Zurada. Introduction to Artificial Neural Systems. Boston: PWS Publishing, 1992.

[12] S Y Kung. Digital Neural Networks, Englewood Cliffs. New Jersey: Prentice-Hall, 1993.

[13] S Haykin. Neural Networks: A Comprehensive Foundation. New Jersey: Prentice Hall PTR Upper Saddle River, 1998.

[14] 朱大奇，史慧. 人工神经网络原理及应用. 北京：科学出版社，2006.

[15] S H Huang, H C Zhang. Artificial neural networks in manufacturing: concepts, applications, and perspectives. IEEE Trans. on Components, Packaging, and Manufacturing Technology, Part A, 1994,17(2): 212-228.

[16] A K Jain, J Mao, K M Mohiuddin. Artificial neural networks: A tutorial. Computer, 1996, 29(5): 31-44.

[17] I A Basheera, M Hajmeer. Artificial neural networks: fundamentals, computing, design, and application. Journal of Microbiological Methods, 2000(43): 3-31.

[18] D Hebb. The Organization of Behavior: A Neuropsychological Theory. New York, John Wiley, 1949.

[19] B Widrow. Generalization and information storage in networks of adaline neurons. Self-organizing Systems. Washington: Spartan Books, 1962: 435-461.

[20] T Kohonen. The self-organizing map. Proceedings of the IEEE, 1990(78): 1464-1480.

[21] D H Ackley, M L Littman. Interactions between learning and evolution. Artificial Life II, Addison Wesley Pub. , 1992:487-509.

[22] A Homaifar, S Guan. Training weights of neural networks by genetic algorithms and messy genetic algorithms. Proc. 2nd IASTED Int. Symp. Expert Systems and Neural Networks, M H Hamza, Ed. Anaheim, CA: Acta, 1990: 74-77.

[23] J R Koza, J P Rice. Genetic generation of both the weights and architecture for a neural network. Proc. 1991 IEEE Int. Joint Conf. Neural Networks (IJCNN'91 Seattle),1991(2): 397-404.

[24] M Frean. The upstart algorithm: A method for constructing and training feedforward neural networks. Neural Computation, 1990,2(2): 198-209.

[25] P J Angeline, G M Sauders, J B Pollack. An evolutionary algorithm that constructs recurrent neural networks. IEEE Trans. Neural Networks, 1994(5): 54-65.

[26] P J B Hancock, L S Smith, W A Phillips. A biologically supported error-correcting learning rule. Artificial Neural Networks-ICANN-91. Amsterdam: North-Holland, 1991(1): 531-536.

[27] X Yao, et al. Evolutionary Computation: Theory and Applications. Singapore: World Scientific, 1999.

[28] T Back, U Hammel, H P Schwefel. Evolutionary computation: Comments on the history and current state. IEEE Trans. Evolutionary Computation, 1997(4): 3-17.

[29] D E Goldberg. Genetic Algorithms in Search, Optimization, and Machine Learning, Reading MA: Addison-Wesley, 1989.

[30] I Rechenberg. Evolution strategy. Computational Intelligence: Imitating Life, 1994.

[31] J R Koza. Genetic Programming: On the Programming of Computers by Means of Natural Selection, 1992-books. google. com.

[32] L J Fogel. Evolutionary programming in perspective: The top-down view. Computational Intelligence: Imitating Life. New Jersey: IEEE Press, 1994.

[33] W Yan, Z Zhu, R Hu. Hybrid genetic/BP algorithm and its application for radar target classification. Proc. 1997 IEEE National Aerospace and Electronics Conf. , NAECON. Part2 (of 2), 1997: 981-984.

[34] S W Lee. Off-line recognition of totally unconstrained handwritten numerals using multilayer cluster neural network. IEEE Trans. Pattern Anal. Machine Intell. , 1996(18): 648-652.

[35] G W Greenwood. Training partially recurrent neural networks using evolutionary strategies.

IEEE Trans. Speech Audio Processing, 1997(5): 192-194.

[36] B D Ripley. Pattern Recognition and Neural Networks. Cambridge: Cambridge University Press, 1996.

[37] C G Looney. Pattern Recognition Using Neural Networks, Theory and Algorithms for Engineers and Scientists. New York: Oxford University Press, 1997.

[38] J J Hopfield, D W Tank. Neural computation of decisions in optimization problems. Biological Cybernetics, 1985,52(3): 141-152.

[39] J J Hopfield, D W Tank. Computing with neural circuits: a model. Science, 1986 (233): 625-633.

[40] M N Hajmeer, I A Basheer, Y M Najjar. Computational neural networks for predictive microbiology. II. Application to microbial growth. Int. J. Food Microbiol., 1997(34): 51-66.

[41] A H Geeraerd, C H Herremans, C Cenens, et al. Application of artificial neural networks as a nonlinear modular modeling technique to describe the bacterial growth in chilled food products. Int. J. Food Microbiol., 1998(44): 49-68.

[42] T Hill, L Marquez, M Connor, et al. Artificial neural network models for forecasting and decision making. International Journal of Forecasting, 1994,10(1): 5-15.

[43] G Zhang, B Patuwo, M Hu. Forecasting with artificial neural networks: The state of the art. International Journal of Forecasting, 1998,14(1): 35-62.

[44] W T Miller III, R S Sutton, P J Werbos. Neural Networks for Control. Massachusetts Institute of Technology, 1990.

[45] A Cochocki, R Unbehauen. Neural Networks for Optimization and Signal Processing. New York: John Wiley & Sons, Inc., 1993.

普通高校本科计算机专业 特色 教材精选

第3章　模糊逻辑

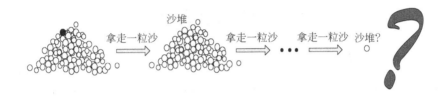

自然语言中的许多概念都具有模糊性，在用传统数学方法精确处理它们的时候产生了不少麻烦。例如，"沙堆"这个概念，究竟多少粒沙子才能叫做"沙堆"呢？如果这里有一个确切的临界值，那么，比这个值少一粒呢？少两粒呢？

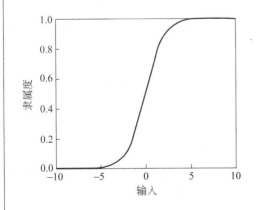

模糊逻辑 (Fuzzy Logic, FL) 在一定程度上解决了这个问题。

在模糊逻辑中，一个命题不再非真即假，它可以被认为是"部分的真"。模糊逻辑中的隶属度在 [0,1] 之间取值，用以表示程度。模糊逻辑在机器和自然语言之间架设了一座桥梁。

模糊逻辑作为人工智能领域的一种重要工具,为表示和处理自然语言和人类思维的模糊性提供了一种强有力的手段。

本章对模糊逻辑进行介绍,包括模糊逻辑的基本思想、研究和应用进展,以及模糊集合、模糊推理、模糊计算和模糊神经网络。通过对相关理论及其应用的介绍,本章为读者呈现了模糊理论的主要图景和广泛的应用前景,并提供了相关的参考资料,同时通过一些具体的实例加深读者对模糊逻辑和模糊计算的认识和了解。本章的主要内容如下:

- 模糊逻辑简介;
- 模糊集合与模糊逻辑;
- 模糊逻辑推理;
- 模糊计算的流程;
- 模糊逻辑的应用。

3.1 模糊逻辑简介

3.1.1 模糊逻辑的基本原理

模糊逻辑(Fuzzy Logic,FL)是一种使用隶属度代替布尔真值的逻辑,是模糊理论的重要内容,在人工智能领域有重要意义。与经典的二值逻辑不同,它并不使用截然不同的二值来表达所有命题,而是使用隶属度来表达,因而更适合描述实际生活中陈述的不精确性。模糊逻辑目前已经在工业控制等领域获得了成功的应用,并带来了广泛的实际效益。

模糊理论的创始人,加州大学伯克利分校的 L. Zadeh 教授曾提出过一个不相容原理[1]:"当系统的复杂性增长时,人们对系统特性作出精确而有效的描述的能力就相应降低,直到达到一个阈值。一旦超过这个值,精确性和有效性将变成两个相互排斥的特性。"也就是说,当系统的复杂性达到一定程度时,就不能同时对系统进行既精确又有效的描述。描述的精确性会损害有效性,而有效性要牺牲精确性。系统越复杂,这一现象越明显。

真实世界无疑是复杂的,传统数学方法与人的思维采用不同的方式描述复杂的世界:传统的数学方法常常试图进行精确定义,而人关于真实世界中事物的概念往往是模糊的,没有精确的界限和定义。在处理一些问题时,精确性和有效性形成了矛盾,诉诸精确性的传统数学方法变得无效,而具有模糊性的人类思维却能轻易解决。例如人脸识别问题,这一问题对于擅长精确计算的计算机来说十分棘手,然而对人类的幼儿来说却并不困难。

模糊理论为计算机提供了一种处理现实世界中自然语言与人类思维模糊性的方法。其理论的基本出发点之一就是取消二值之间非此即彼的对立,用隶属度表示二值间的过渡状态。这为进行不精确而有效的描述提供了便利,也为将符合人类思维习惯的模糊推理、模糊决策移植到计算机中提供了理论工具。经典二值逻辑中,通常以 0 表示"假"以 1 表示"真",一个命题非真即假。但在实际应用中,这种非此即彼的逻辑会遇到不少问题。

例如,"室温在27℃是高温度",这个命题真值如何呢? 如果考虑到命题的实际意义,无论认为是还是否,答案都过于极端。在模糊逻辑中,一个命题不再非真即假,它可以被认为是"部分的真"。模糊逻辑中的隶属度在[0,1]之间取值,用以表示程度。上面关于温度的问题,可以认为该温度对"高温度"的隶属度是0.6,即"部分的高温"。由于模糊逻辑更接近自然语言以及人类的思维方式,故可以为人工智能领域提供一种重要的研究方法。

需要注意的是,尽管以"模糊"为名,但模糊逻辑本身并非捉摸不定的。模糊逻辑扮演了自然语言与机器之间的接口,其自身并没有不确定性和不可预测性,对于特定的模糊系统,给定系统的输入,其输出是完全可以预测的。

3.1.2 模糊逻辑与模糊系统的发展历程

20世纪20年代,波兰数学家Jan Lukasiewicz提出了**多值逻辑**(many-valued logic),1937年量子哲学家Max Black提出了**不明确集合**(vague set),这些均为模糊逻辑的发展奠定了思想来源和理论基础。美国加州大学伯克利分校的L.Zadeh教授于1965年提出了**模糊集合**(fuzzy sets)[1],1973年又提出了**模糊逻辑**[2]。L.Zadeh教授提出了一个著名的不相容原理,即当系统达到一定复杂度的时候,对系统描述的精确性和有效性成为矛盾。这一理论为模糊逻辑在应用中的有效性提供了支持。

模糊理论被提出后,在争议中继续发展,并在实践中得到了应用。1974年,第一个模糊控制蒸汽引擎系统和第一个模糊交通指挥系统诞生了。这两个系统的设计者是英国伦敦玛丽皇后学院的Ebrahim Mamdani教授。他认为采用模糊理论的优点是可以利用经验法则,而不需要程序模型。1980年,丹麦的史密斯公司开始使用模糊控制操作水泥旋转窑,以控制锻烧温度、出口温度、旋转情况、冷却速率等。

1984年,国际模糊系统学会(International Fuzzy Systems Association,IFSA)成立了日本、北美、欧洲、中国大陆四个分会。1987年,第二届模糊系统学大会在日本东京召开,并展示了模糊自动控制应用于仙台市地铁的自动驾驶的成果。此后,模糊理论获得了较广泛的关注和进一步发展。

进入20世纪90年代,模糊系统在日本电器行业得到了广泛应用,并吸引了大量研究者的注意。然而,尽管模糊系统有众多优点,对模糊系统的严格数学分析方法并没有被构建,模糊系统的设计方法没有成熟化、系统化,其适用的问题也没有得到严格界定。面对这些困难,模糊理论的创始人L.Zadeh教授于1993年提出了**软计算**(Soft Computing)[3],试图以人类的思维方式和自然语言表达变量之间的关系,并以条件命题记录法则。图3.1给出了模糊理论的发展历程。

自1965年模糊集合论被创建以来,在几十年中,模糊系统理论和应用均得到了广泛的关注并取得了飞速的发展。模糊逻辑与神经网络的结合,模糊逻辑与进化计算的结合等也为解决一些复杂非线性问题提供了新的选择。目前,模糊逻辑已经在系统工程、自动控制、信号处理、辅助决策、人工智能、心理学、生态学、语言学等众多研究领域取得了广泛的成功,并成为新世纪人工智能领域具有巨大发展潜力的方向之一。很多重要的国际学术期刊和国际会议都对模糊逻辑方面的研究成果非常重视,收录了很多高质量的学术文章。表3.1列举了模糊系统相关的重要学术期刊和国际会议。

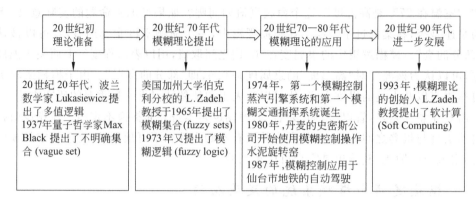

图 3.1　模糊理论的发展历程

表 3.1　模糊逻辑相关的学术期刊和国际会议

学术期刊	IEEE Transactions on Fuzzy Systems IEEE Transactions on Systems, Man and Cybernetics Journal of System, Control and Information ⋮
国际会议	IEEE International Conference on Fuzzy Systems IEEE International Conference on Systems, Man, and Cybernetics International Conference on Fuzzy Systems and Knowledge Discovery ⋮

3.2　模糊集合与模糊逻辑

本节是关于模糊集合、模糊逻辑、模糊关系的基础知识,为介绍模糊推理、模糊计算做理论准备,包括下列要点:
- 模糊集合的概念;
- 模糊集合的隶属度函数;
- 模糊集合上的运算及其基本定律;
- 模糊逻辑及其基本定律;
- 模糊关系及其合成运算。

3.2.1　模糊集合与隶属度函数

按照经典集合的定义,对于任意一个集合 A,论域中的任何一个元素 x,或者属于 A,或者不属于 A,没有中间情况存在。论域内的任意元素与集合 A 的关系可以用一个特征函数表达,而同时,集合 A 也可以由其特征函数定义:

$$f_A(x) = \begin{cases} 1, & x \in A \\ 0, & x \notin A \end{cases} \tag{3.1}$$

这种情况下,一个元素只有完全属于 A 和完全不属于 A 两种情况,任何中间情况都是不存在的。这种非此即彼在数学上非常自然,然而,由日常生活中的概念规定的集合却并非总是这样清晰,用"非此即彼"的方式来处理它们往往会招来麻烦。

有一个著名的沙堆悖论体现了这种困难,如图 3.2 所示。且看一个问题:"从一个沙堆里拿走一粒沙子,这还是一个沙堆吗?"如果答案只能是"是"或"否",看上去显然应该选择"是"。因为在一般人的概念里,"沙堆"指的就是由大量的沙子聚集在一起构成的事物,从中拿走区区一粒,自然还是一个沙堆。然而,如果回答"是",这样顺推下去就会掉入陷阱:从上次剩下的沙堆里再拿走一粒沙子,剩下的还是一个沙堆,那么,如此反复,直到只剩下两三粒沙子甚至只有一粒沙子时,这也还是一个沙堆了。这显然是与常识相悖的。

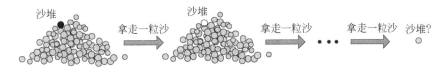

图 3.2　沙堆悖论图示

这里的问题就在于"沙堆"这个概念是模糊的,没有一个清晰的界限将"沙堆"与"非沙堆"分开。我们没有办法明确指出,在这个不断拿走沙子的过程中,什么时候"沙堆"不再是"沙堆"。与"沙堆"相似的模糊概念还有"年轻人"、"小个子"、"大房子"等。在用传统数学方法处理这些概念时,它们的模糊性让人头疼,然而有些消除这种模糊性的尝试却是与常识相违。以"年轻人"构成的集合为例,如果我们规定 30 岁以下的人才是年轻人,这个概念的模糊性就被消除了,但是,比 30 岁大 1 天的人就完全被排除在"年轻人"之外,这显然是不合理的。

模糊集合理论在一定程度上解决了这个问题。在回答沙堆悖论中"是否为沙堆"的问题时,我们可以不再仅仅使用"是"和"否"两种答案,而是可以回答"部分的是",即给出对"沙堆"的隶属度。使用这种方法来描述"沙堆"、"年轻人"、"小个子"、"大房子"等集合时,这些集合就不再有明确的边界,我们将之称为模糊集合。为区别于经典集合,可以将一个模糊集合记作 $\underset{\sim}{A}$。

1965 年,Zadeh 教授[1]最早提出了模糊集合的概念并给出其定义。模糊集合的定义为:

定义 3.1　设存在一个普通集合 U,U 到 $[0,1]$ 区间的任一映射 μ_A 都可以确定 U 的一个模糊子集,称为 U 上的模糊集合 $\underset{\sim}{A}$。其中映射 μ_A 叫做模糊集 $\underset{\sim}{A}$ 的隶属度函数,对于 U 上一个元素 u,$\mu_A(u)$ 叫做 u 对于模糊集 $\underset{\sim}{A}$ 的隶属度,也可写作 $\underset{\sim}{A}(u)$。

这里,U 被称为模糊集合 $\underset{\sim}{A}$ 的论域,μ_A 是该模糊集的隶属度函数,U 上的任意元素 u 不再只属于 $\underset{\sim}{A}$ 和不属于 $\underset{\sim}{A}$ 两种情况,每个元素 u 都有对于 $\underset{\sim}{A}$ 的隶属度 $\mu_A(u)$。隶属度 $\mu_A(u)$ 表示程度,它的值越大,表明 u 属于 $\underset{\sim}{A}$ 的程度越高,反之则表明 u 属于 $\underset{\sim}{A}$ 的程度越低。

经典集合可以看作一种退化的模糊集合,即论域中不属于该经典集合的元素隶属度为 0,其余元素隶属度为 1。

模糊集合的表示方法有很多种,其中常用的有如下两种:

1. Zadeh 表示法

该表示法的根据是 Zadeh 教授对模糊集合的定义。当论域 U 为离散集合时,一个模糊集合可以表示为:

$$A = \sum_{u \in U} \frac{\mu_A(u)}{u} \tag{3.2}$$

当论域 U 为连续集合时,一个模糊集合 A 可以表示为:

$$A = \int_u \frac{\mu_A(u)}{u} \tag{3.3}$$

需要注意的是,这里仅仅是借用了求和与积分的符号,并不表示求和或积分。

2. 序对表示法

对于一个模糊集合来说,如果给出了论域上所有元素对其隶属度,就等于表示出了该集合。在这种思想的指导下,可以用序对表示法来表示模糊集合 A。

$$A = \{(u, \mu_A(u)) \mid u \in U\} \tag{3.4}$$

其中,序对 $(u, \mu_A(u))$ 由论域中的一个元素 u,以及 u 对模糊集合 A 的隶属度构成。

下面通过具体例子说明这种模糊集合。

例 3.1 在考核中,学生的绩点为 $[0,5]$ 区间上的实数。按照常识,绩点在 3 以下显然不属于"优秀",绩点在 4.5 以上则显然属于"优秀",这是没有问题的。然而,绩点为 4.4 时该怎么算呢?这个成绩很接近 4.5,如果和绩点为 3 一样,都不属于"优秀",未免对绩点为 4.4 的同学太不公平。有了模糊集合这个工具,在 3~4.5 之间就可以认为是一个"灰色地带",其间的成绩在一定程度上属于"优秀"这个模糊集。假设各绩点对"优秀"的隶属度可以用如图 3.3 所示的曲线表示:

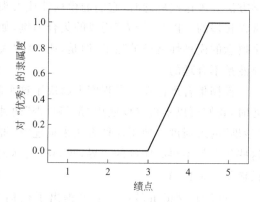

图 3.3 绩点对"优秀"的隶属度函数

在这个例子中,设模糊集合"优秀"为 A,则隶属度函数 $\mu_A(u)$ 为:

$$\mu_A(u) = \begin{cases} 0 & 0 \leqslant u < 3 \\ \frac{2}{3}u - 2 & 3 \leqslant u < 4.5 \\ 1 & 4.5 \leqslant u \leqslant 5 \end{cases} \tag{3.5}$$

此处的论域是连续的,模糊集合 A 用 Zadeh 表示法可以表示为:

$$A = \int_{0 \leqslant u < 3} \frac{0}{u} + \int_{3 \leqslant u < 4.5} \frac{\frac{2}{3}u - 2}{u} + \int_{4.5 \leqslant u \leqslant 5} \frac{1}{u} \tag{3.6}$$

用序对表示法可以表示为:

$$A = \{(u,0) \mid 0 \leqslant u < 3\} + \left\{\left(u, \frac{2}{3}u - 2\right) \mid 3 \leqslant u < 4.5\right\}$$
$$+ \{(u,1) \mid 4.5 \leqslant u \leqslant 5\} \tag{3.7}$$

这样,对于一个绩点为4.4的学生来说,尽管他的成绩没有达到4.5,对"优秀"的隶属度小于1,但他对"优秀"这个模糊集的隶属度约为0.93,而非完全被排除在"优秀"之外。

对于模糊集合来说,隶属度函数非常重要。一个模糊集合可以被其隶属度函数唯一定义。在上面的例子中,隶属度函数是一个分段函数,每一段都是线性的。

事实上,常用隶属度函数的形式有很多种,如图3.4所示的三角形函数、梯形函数、sigmoid函数等。当隶属度函数有若干点取值为1,其余点取值为0时,该函数对应的模糊集合可以看作一个经典集合。

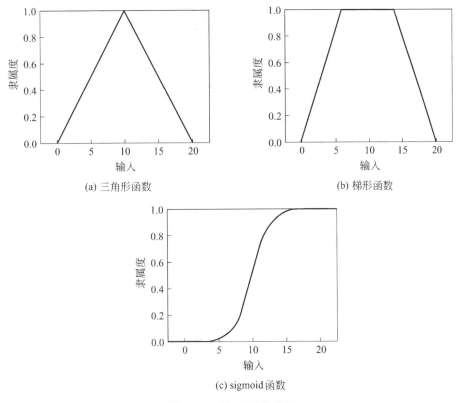

图 3.4 隶属度函数举例

在不同的具体问题中,往往需要选择不同的隶属度函数,对隶属度函数的选择通常依赖相关领域的专家知识。

3.2.2 模糊集合上的运算

模糊集合的子集可以这样定义:

定义 3.2 当且仅当对论域 U 上任意元素 u,都有 $\mu_{\underset{\sim}{A}}(u) \leqslant \mu_{\underset{\sim}{B}}(u)$,则称模糊集合 $\underset{\sim}{A}$

是模糊集合 $\tilde{B}$ 的子集。

古典集合定义有交、并、补等运算。在模糊集合上,交、并、补等运算也被定义。设 $\tilde{A}$、$\tilde{B}$ 是论域 U 上的模糊集合,则

交运算:
$$\mu_{\tilde{A}\cap\tilde{B}}(u) = \min\{\mu_{\tilde{A}}(u),\mu_{\tilde{B}}(u)\} \tag{3.8}$$

并运算:
$$\mu_{\tilde{A}\cup\tilde{B}}(u) = \max\{\mu_{\tilde{A}}(u),\mu_{\tilde{B}}(u)\} \tag{3.9}$$

补运算:
$$\mu_{\overline{\tilde{A}}}(u) = 1 - \mu_{\tilde{A}}(u) \tag{3.10}$$

上述模糊集合上的运算的定义都是目前广泛认可的形式,但这些定义并非唯一。不同文献中可能存在对相同名称运算的不同定义,这是需要注意的。

不难发现,这些定义在模糊集合上的运算也满足一系列定律:

幂等律:
$$\tilde{A}\cup\tilde{A}=\tilde{A},\quad \tilde{A}\cap\tilde{A}=\tilde{A} \tag{3.11}$$

交换律:
$$\tilde{A}\cap\tilde{B}=\tilde{B}\cap\tilde{A},\quad \tilde{A}\cup\tilde{B}=\tilde{B}\cup\tilde{A} \tag{3.12}$$

结合律:
$$(\tilde{A}\cup\tilde{B})\cup\tilde{C}=\tilde{A}\cup(\tilde{B}\cup\tilde{C})$$
$$(\tilde{A}\cap\tilde{B})\cap\tilde{C}=\tilde{A}\cap(\tilde{B}\cap\tilde{C}) \tag{3.13}$$

分配律:
$$\tilde{A}\cap(\tilde{B}\cup\tilde{C})=(\tilde{A}\cap\tilde{B})\cup(\tilde{A}\cap\tilde{C})$$
$$\tilde{A}\cup(\tilde{B}\cap\tilde{C})=(\tilde{A}\cup\tilde{B})\cap(\tilde{A}\cup\tilde{C}) \tag{3.14}$$

吸收律:
$$\tilde{A}\cap(\tilde{A}\cup\tilde{B})=\tilde{A},\quad \tilde{A}\cup(\tilde{A}\cap\tilde{B})=\tilde{A} \tag{3.15}$$

两极律:
$$\tilde{A}\cap U=\tilde{A},\quad \tilde{A}\cup U=U$$
$$\tilde{A}\cap\varnothing=\varnothing,\quad \tilde{A}\cup\varnothing=\varnothing \tag{3.16}$$

复原律:
$$\overline{\overline{\tilde{A}}} = \tilde{A} \tag{3.17}$$

摩根律:
$$\overline{\tilde{A}\cup\tilde{B}}=\overline{\tilde{A}}\cap\overline{\tilde{B}},\quad \overline{\tilde{A}\cap\tilde{B}}=\overline{\tilde{A}}\cup\overline{\tilde{B}} \tag{3.18}$$

以上是模糊集合上的运算定律,古典集合上也存在相应的定律。然而,古典集合上成立的矛盾律和排中律对于模糊集合不再成立。

3.2.3 模糊逻辑

模糊集合理论中,论域中的一个元素不再只有属于集合 A 和不属于集合 A 两种情

况。类似的模糊理论也可以用于扩展经典逻辑。经典逻辑是二值逻辑,其中一个变元只有"真"和"假"(1 和 0)两种取值,其间不存在任何第三值。波兰逻辑学家 J. Lukasiewicz 第一次提出了多值逻辑,然而,Lukasiewicz 提出的这种三值逻辑中,命题取值是离散并界限分明的,依旧诉诸精确性,难以体现亦此亦彼的模糊性。模糊逻辑也属于一种多值逻辑,在模糊逻辑中,变元的值可以是[0,1]区间上的任意实数。

设 P、Q 为两个变元,模糊逻辑的基本运算定义如下:

(1) 补运算: $\bar{P}=1-P$ (3.19)

(2) 交运算: $P \wedge Q = \min(P,Q)$ (3.20)

(3) 并运算: $P \vee Q = \max(P,Q)$ (3.21)

(4) 蕴含: $P \rightarrow Q = ((1-P) \vee Q)$ (3.22)

(5) 等价: $P \leftrightarrow Q = (P \rightarrow Q) \wedge (Q \rightarrow P)$ (3.23)

根据如上定义,可得模糊逻辑运算定律如下:

(1) 幂等律:
$$P \vee P = P$$
$$P \wedge P = P$$
(3.24)

(2) 交换律:
$$P \vee Q = Q \vee P$$
$$P \wedge Q = Q \wedge P$$
(3.25)

(3) 结合律:
$$P \vee (Q \vee R) = (P \vee Q) \vee P$$
$$P \wedge (Q \wedge R) = (P \wedge Q) \wedge P$$
(3.26)

(4) 吸收律:
$$P \vee (P \wedge Q) = P$$
$$P \wedge (P \vee Q) = P$$
(3.27)

(5) 分配律:
$$P \vee (Q \wedge R) = (P \vee Q) \wedge (P \vee R)$$
$$P \wedge (Q \vee R) = (P \wedge Q) \vee (P \wedge R)$$
(3.28)

(6) 双重否定律:
$$\overline{\overline{P}} = P$$
(3.29)

(7) 摩根律:
$$\overline{P \vee Q} = \bar{P} \wedge \bar{Q}$$
$$\overline{P \wedge Q} = \bar{P} \vee \bar{Q}$$
(3.30)

(8) 常数法则:
$$1 \vee P = 1 \quad 0 \vee P = P$$
$$1 \wedge P = P \quad 0 \wedge P = 0$$
(3.31)

这些基本公式可以用于模糊逻辑函数的化简。

3.2.4 模糊关系及其合成运算

模糊关系可以看作经典逻辑关系的扩展。可以给出模糊关系的定义如下:

定义 3.3 设 X 和 Y 是两个经典集合，$X\times Y$ 是 X 与 Y 的笛卡儿乘积。若将 $X\times Y=\{(x,y)|x\in X,y\in Y\}$ 看作退化的模糊集合，则 $X\times Y$ 上的模糊关系是 $X\times Y$ 的一个模糊子集，记为 R。一般来说，R 的隶属度函数 $R(x,y)$ 表征的是 X 上元素 x 与 Y 上元素 y 关系的程度。

模糊关系也是一种模糊集合，若 $R(x,y)$ 取值为 0 或 1，这种模糊集合就等同于经典集合，模糊关系也退化为经典关系的形式。当论域离散且有限时，像经典关系可以写成矩阵形式一样，模糊关系也可以写成矩阵形式。

经典关系可以认为是经典集合之间的一种映射，模糊关系也是模糊集合上的一种映射。像经典关系一样，模糊关系上也定义了映射特有的合成运算。

设 X,Y,Z 为论域，R 是 $X\times Y$ 上的模糊关系，S 是 $Y\times Z$ 上的模糊关系，T 是 R 到 S 的合成，记为 $T=R\circ S$，其隶属度函数定义如下：

$$\mu_{R\circ S}(x,z) = \bigvee_{y\in Y}(\mu_R(x,y)\times \mu_S(y,z)) \tag{3.32}$$

在这里，$\vee$ 表示对所有 y 取最大值，$\times$ 是二项积算子，可以定义为取最小值或者代数积等。在不同的问题中，根据具体定义的不同，模糊关系的合成运算也不尽相同。

在模糊推理系统中，最常用的合成运算是最大—最小合成，其计算公式为：

$$R\circ S \leftrightarrow \mu_{R\circ S}(x,z) = \bigvee_{y\in Y}(\min(\mu_R(x,y),\mu_S(y,z))) \tag{3.33}$$

采用这种合成公式的推理被称为最大—最小推理。

3.3 模糊逻辑推理

模糊推理可以认为是一种不精确的推理，是通过模糊规则将给定输入转化为输出的过程。本节主要介绍模糊推理的概念、方法，并通过实例说明模糊推理的过程。本节需要掌握要点为：

- 模糊语言变量和语言算子的概念。
- 模糊规则的概念。
- 模糊推理的概念和方法。

3.3.1 模糊规则、语言变量和语言算子

什么是模糊推理？什么是模糊规则？可以这么认为，模糊推理就是将输入的模糊集通过模糊逻辑方法对应到特定输出模糊集的计算过程。模糊规则就是在进行模糊推理时依赖的规则，通常可以用自然语言表述。其形式如"如果张三比较胖，则张三需要进行较多锻炼"。

要了解模糊规则，首先要了解几个概念。

1. 语言变量

语言变量，对应于自然语言中的一个词或者一个短语、句子。它的取值就是模糊集合。Zadeh 给语言变量下了如下定义：

语言变量由一个五元组 $(u, T(u), U, G, M)$ 表达。其中，u 为变量名，如"张三"，

U 是 u 的论域,如[20kg,120kg],$T(x)$ 是语言变量取值的集合,如{瘦,中等,胖,…},而每个取值都是论域为 U 的模糊集合,G 为语法规则,M 为语义规则,用以产生各模糊集合的隶属度函数。

需要注意的是,这个五元组只是对语言中可研究对象的描述,对于不同领域的不同具体问题,定义语言变量的标准不尽相同。

2. 语言算子

在自然语言中,常常用"可能"、"大约"、"比较"、"很"等词语来进行修饰,表示可能性、近似性和程度。为了接近自然语言的描述习惯,更方便地将自然语言形式化与定量化,语言算子的概念被引入,用于对模糊集进行修饰。语言算子有语气算子、模糊化算子、判定算子。这里主要介绍语气算子。

若有模糊集合 C,语气算子 H,则 HC 代表施加了语气算子后的模糊集合。语气算子的一种较常用的定义为:

当 H 为"极"时,$HC=C^4$,即对每个元素的隶属度取 4 次方。

当 H 为"很"时,$HC=C^2$,即对每个元素的隶属度取 2 次方。

当 H 为"较"时,$HC=C^{0.5}$,即对每个元素的隶属度取 0.5 次方。

当 H 为"稍"时,$HC=C^{0.25}$,即对每个元素的隶属度取 0.25 次方。

3. "如果—则"规则

"如果—则"规则(if-then 规则)是一种包含了模糊逻辑的条件陈述语句。基础的"如果—则"规则表述如下:

$$\text{If } x \text{ is } A \text{ then } y \text{ is } B (若 x 是 A,那么 y 是 B)$$

其中,设 A 的论域是 U,B 的论域是 V,A 与 B 均是语言变量的具体取值,即模糊集合,x 与 y 是变量名。规则中的 x is A 又称前件,y is B 又称后件。在规则"如果张三比较胖则运动量比较大"中,x 就是"张三",y 为"运动量","比较胖"和"比较大"分别为 x 和 y 的取值之一。

这里需要注意的是,模糊集合 A 与 B 之间的关系是模糊蕴含关系,可以记作 $A \rightarrow B$。$A \rightarrow B$ 是 $A \times B$ 上的模糊关系,其定义有多种,常见的两种是**最小运算** R_c(Mamdani)和**积运算** R_p(Larsen),如式(3.34)所示。

$$R_c(x,y) = \mu_A(x) \wedge \mu_B(y)$$
$$R_p(x,y) = \mu_A(x) \times \mu_B(y)$$
(3.34)

3.3.2 模糊推理

模糊推理是通过模糊规则将输入转化为输出的过程。人们大都熟悉这样一种三段论:

大前提:所有的猫都有尾巴。

小前提:花猫是猫。

结论:花猫有尾巴。

模糊推理也有类似的形式,但与经典逻辑中的三段论并不完全相同。例如:

大前提(规则):若 x 是 A,那么 y 是 B。

小前提(输入)：x 是 C。

结论(输出)：y 是 D。

可以注意到，在模糊推理中，小前提没有必要与大前提的前件一致（A 与 C 不必完全一致），结论没有必要与大前提的后件一致（B 与 D 不必完全一致）。这可以认为是一种不精确的推理。

模糊推理中，大前提就是模糊规则，模糊规则中的 A 和 B 都是语言变量的取值，即模糊集合，如"优秀"、"瘦"等；小前提是模糊推理系统的输入，C 是一个模糊集合（实际应用中，C 常常是若干个精确输入构成的经典集合，这时 C 相当于若干点隶属度为 1、其余点隶属度为 0 的特殊模糊集合）；结论中 D 就是模糊推理的输出，这个输出也是一个模糊集合。

在模糊推理中，关于模糊蕴含的推理方式有两种，一种是肯定式的推理，另一种是否定式的推理，如表 3.2 所示。下文将主要介绍肯定式推理。

表 3.2 肯定式推理与否定式推理

项目	肯定式	否定式
输入(小前提)	x is A'	y is B'
规则(大前提)	If x is A then y is B	If x is A then y is B
输出(结论)	y is B'	x is A'

肯定式利用输入中的模糊集合 A' 与模糊蕴含关系 $R=A\rightarrow B$ 的合成计算结论 B'，否定式则根据模糊蕴含关系 $R=A\rightarrow B$ 和模糊集合 B' 的合成计算 A'。二者的计算公式分别为：

$$B' = A' \circ R \quad (\text{肯定式})$$
$$A' = R \circ B' \quad (\text{否定式})$$

(3.35)

上式中的合成操作有不同的定义方法，最常用的就是式(3.33)中的最大-最小合成，与之对应的推理过程为最大-最小推理。

下面通过一个例子说明模糊推理的过程，为方便描述，例子中的论域选取离散论域。

例 3.2 某单位工作成绩评定有 5 种分数 $U_1=\{1,2,3,4,5\}$，成绩的取值范围 T_1（工作成绩）={好，非常好，比较好，差，…}。则 U_1 为"好"、"非常好"等模糊集合的论域，T_1 为模糊规则条件语句中语言变量"工作成绩"的取值范围。

该单位发放的报酬有 5 种数额，$U_2=\{100\,\text{元},200\,\text{元},500\,\text{元},800\,\text{元},1200\,\text{元}\}$，报酬的论域上有几个模糊标记，$T_2$（报酬）={高，非常高，比较高，低，…}，则 U_2 为模糊集合"高"、"非常高"等的论域，T_2 为模糊规则结论语句中语言变量"报酬"的取值范围。

现假设模糊集合"好"=$\{(1,0),(2,0.2),(3,0.5),(4,0.8),(5,1)\}$，写成矩阵形式为 $[0,0.2,0.5,0.8,1]$，"非常好"集合每个元素的隶属度是"好"集合中相应元素隶属度的二次方。假设模糊集合"高"=$\{(100,0),(200,0.1),(500,0.5),(800,0.6),(900,1)\}$，写成矩阵形式为 $[0,0.1,0.5,0.6,1]$。"非常高"集合每个元素的隶属度是"高"集合中相应元素隶属度的二次方。

定义一条模糊规则：若工作成绩为"好"，则报酬为"高"。若写成 $R=A\rightarrow B$ 的形式，

则 A 是"好", B 是"高"。

当采用 $R=R_c$ 时,$R_c(x,y)=\mu_A(x) \wedge \mu_B(y)$,这条规则对应的模糊关系矩阵为:

$$\boldsymbol{R} = \boldsymbol{A} \rightarrow \boldsymbol{B} = \begin{bmatrix} 0 & 0 & 0 & 0 & 0 \\ 0 & 0.1 & 0.2 & 0.2 & 0.2 \\ 0 & 0.1 & 0.5 & 0.5 & 0.5 \\ 0 & 0.1 & 0.5 & 0.6 & 0.8 \\ 0 & 0.1 & 0.5 & 0.6 & 1 \end{bmatrix} \tag{3.36}$$

下面应用以上规则,进行最大-最小模糊推理:

当 $A'=$"好",即输入模糊集合"好"时,欲得到输出 $\boldsymbol{B}'_1$,采用公式 $\boldsymbol{B}'_1 = \boldsymbol{A}' \circ \boldsymbol{R}$ 进行计算:

$$\boldsymbol{B}'_1 = \boldsymbol{A}' \circ \boldsymbol{R} = \begin{bmatrix} 0 & 0.2 & 0.5 & 0.8 & 1 \end{bmatrix} \circ \begin{bmatrix} 0 & 0 & 0 & 0 & 0 \\ 0 & 0.1 & 0.2 & 0.2 & 0.2 \\ 0 & 0.1 & 0.5 & 0.5 & 0.5 \\ 0 & 0.1 & 0.5 & 0.6 & 0.8 \\ 0 & 0.1 & 0.5 & 0.6 & 1 \end{bmatrix}$$

$$= \begin{bmatrix} 0 & 0.1 & 0.5 & 0.6 & 1 \end{bmatrix} \tag{3.37}$$

其中,$\boldsymbol{B}'_1$ 的第一个元素 0 由 $((0 \wedge 0) \vee (0.2 \wedge 0) \vee (0.5 \wedge 0) \vee (0.8 \wedge 0) \vee (1 \wedge 0))$ 计算得到,其余依次类推。可以发现,$\boldsymbol{B}'_1$ 就是模糊集合"高"。

类似地,当 $A'=$"非常好",即输入模糊集合"非常好"时,欲得到输出 $\boldsymbol{B}'_2$,采用公式 $\boldsymbol{B}'_2 = \boldsymbol{A}' \circ \boldsymbol{R}$ 进行计算:

$$\boldsymbol{B}'_2 = \boldsymbol{A}' \circ \boldsymbol{R} = \begin{bmatrix} 0 & 0.04 & 0.25 & 0.64 & 1 \end{bmatrix} \circ \begin{bmatrix} 0 & 0 & 0 & 0 & 0 \\ 0 & 0.1 & 0.2 & 0.2 & 0.2 \\ 0 & 0.1 & 0.5 & 0.5 & 0.5 \\ 0 & 0.1 & 0.5 & 0.6 & 0.8 \\ 0 & 0.1 & 0.5 & 0.6 & 1 \end{bmatrix}$$

$$= \begin{bmatrix} 0 & 0.04 & 0.25 & 0.6 & 1 \end{bmatrix} \tag{3.38}$$

$\boldsymbol{B}'_2$ 也是一个模糊集合,可以发现,"100元"、"200元"和"500元"对 $\boldsymbol{B}'_2$ 的隶属度要比对 $\boldsymbol{B}'_1$ 的隶属度低,即在工作成绩为"非常好"的情况下,运用本例中给出的规则,"100元"、"200元"和"500元"这些较低报酬对结论模糊集合的隶属度比在工作成绩为"好"的情况下低,这是符合常识的。

以上例子中采用了 $R=R_c$,这个选择不是唯一的,在不同的问题中 R 的定义可能不相同。

3.4 模糊计算的流程

在实际生活中,常常出现这样的情况:工厂里的师傅将多年的经验总结成许多条规则,如"如果转速快,而且温度高,就减少加热时间"等。现在,要求学徒在没有现场指导的情况下,根据这些经验规则和现场观察到的情况,决定是增加还是减少加热时间,以及增加或减少多长时间。这个过程如果由机器来完成,就是一种模糊计算的过程。本节的主

要内容为介绍模糊计算的基本流程,其重点包括:
- 模糊计算的基本思想;
- 模糊计算的基本流程;
- 模糊计算的一个简单实例。

3.4.1 基本思想

生活中经常会遇到这样的情况:要根据几个变量的输入,以及一组模糊表述的规则,来决定输出。如在灌溉问题中,要根据温度、湿度等变量决定灌溉时间的多少。这个决定灌溉量的过程,需要依据一些从以往的灌溉中得到的经验。这些经验往往来自领域内专家,并且以规则的形式表述,例如:当温度高而且湿度小的时候,灌溉时间为长。

模糊计算涉及的就是依据模糊规则,从几个控制变量的输入得到最终输出的过程。这个过程可以细分为 4 个模块:**模糊规则库**、**模糊化**、**推理方法**和**去模糊化**。

模糊规则库是专家提供的模糊规则,在上面的例子里,模糊规则库包含了若干条类似于"当温度高而且湿度小的时候,灌溉时间为长"的陈述。模糊化是根据隶属度函数从具体的输入得到对模糊集隶属度的过程。由于规则是由模糊的自然语言表述的,而输入是精确数值,没有模糊化的过程,规则就难以被应用。推理方法是从模糊规则和输入对相关模糊集的隶属度得到模糊结论的方法。去模糊化就是将模糊结论转化为具体的、精确的输出过程。由于推理结论是用模糊隶属度表示的,没有去模糊化的过程,结论就无法被实际应用。

3.4.2 算法流程

下面以一个简单例子来说明模糊计算的流程。

例 3.3 某自动控制系统需要根据设备内温度、设备内湿度决定设备的运转时间。在这里,输入变量是温度和湿度,输出为运转时间。

温度的论域是 [0℃, 100℃],有 3 个模糊标记:低、中、高。湿度的论域是 [0%, 60%],有 3 个模糊标记:小、中、大。运转时间的论域是 [0s, 1000s],有 3 个模糊标记:短、中、长。这些模糊标记在模糊规则中被使用。输入变量和输出变量对各模糊标记的隶属度函数如图 3.5 所示。

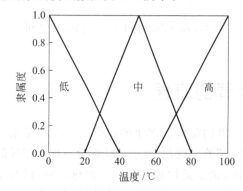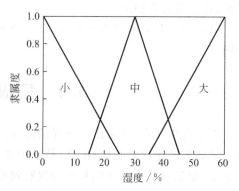

图 3.5 输入变量和输出变量对各模糊标记的隶属度函数

专家给出的控制规则如表3.3所示。

表3.3　专家提供的模糊控制规则

湿度＼温度	低	中	高
小	中	长	长
中	短	中	中
大	长	短	中

现在假设该系统已经探知相关输入变量的取值：设备内温度＝64℃，设备内湿度＝22%。

计算输出过程如下：

1. 输入变量模糊化并激活相应规则

通过隶属度函数进行计算，可以得到该温度与湿度对每个模糊标记的隶属度，如表3.4和表3.5所示。

表3.4　输入温度的隶属度

模糊标记	隶属度
低	0
中	0.53
高	0.1

表3.5　输入湿度的隶属度

模糊标记	隶属度
小	0.075
中	0.467
大	0

由于温度对"低"的隶属度为0，而湿度对"大"的隶属度为0，故控制规则表内条件包含低温度和大湿度的规则不被激活。而有如下4条规则被激活：

(1) 若温度为高且湿度为小，则运转时间为长。
(2) 若温度为中且湿度为中，则运转时间为中。
(3) 若温度为中且湿度为小，则运转时间为长。
(4) 若温度为高且湿度为中，则运转时间为中。

2. 计算模糊控制规则的强度

这4条规则中，前件被满足的程度越高，规则的强度就越大，对输出就越有指导作用。以规则(1)为例，从已知输入看，温度对"高"的隶属度为0.1，而湿度对"小"的隶属度只有0.075，可见这条规则的强度不大。

由于规则条件中连接两个条件的是"且"，故在此用取最小值法确定4条规则的强度：

规则(1)：温度对"高"隶属度为0.1，湿度对"小"隶属度为0.075，min(0.1,0.075)＝0.075。

规则(2)：温度对"中"隶属度为0.53，湿度对"中"隶属度为0.467，min(0.53,0.467)＝0.467。

规则(3)：温度对"中"隶属度为0.53，湿度对"小"隶属度为0.075，min(0.53,0.075)＝0.075。

规则(4)：温度对"高"隶属度为0.1，湿度对"中"隶属度为0.467，min(0.1,0.467)＝0.1。

3. 确定模糊输出

规则(1)和规则(3)的结论是运转时间为长，规则(2)和规则(4)的结论是运转时间为中。故运转时间对"长"的隶属度是规则(1)和规则(3)强度较大者 0.075,运转时间对"中"的隶属度是规则(2)和规则(4)强度较大者 0.467。

最终的输出为:

$$u = \frac{0.075 \times 1000 + 0.467 \times 500}{0.075 + 0.467} = 569.2(s)$$

以上例子中,步骤 1 需要从具体输入得到对模糊集的隶属度,并激活相关模糊规则。从具体输入得到对模糊集隶属度的算子又叫模糊化算子。

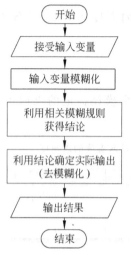

图 3.6 模糊计算的基本流程

步骤 2 需要利用模糊规则进行推理得出结论。在不同的问题中,推理方法可能不相同。以上例子中,步骤 2 采用的是最小推理,即取条件中隶属度的最小值,这是一种简单算法,但会损失精度。

步骤 3 需要综合步骤 2 中的结论并从模糊隶属度得到实际的输出值。从模糊隶属度得到实际输出的算子又叫做去模糊化算子。去模糊化的方法有多种,常用的有重心法、等面积法和极值法。

图 3.6 显示了模糊计算的基本流程。

本节的例子中只涉及一组输入。当涉及多组输入时,计算量常常较大。在处理简单问题时,可以预先制作好控制表,使用时查询即可。在处理复杂问题时,控制表也会占用过多的空间。而且,一些很复杂的系统往往需要专家提供很多模糊规则,造成系统设计的复杂性增加。为解决这些问题,可以将模糊计算与上一章介绍的神经网络的学习能力结合起来。模糊计算与神经网络的结合将在下一节中进行详细介绍。

3.5 模糊逻辑的应用

模糊理论被提出以后,在多个领域得到了应用。由于模糊逻辑适合描述复杂系统与人的思维,其潜力不容忽视。

首先,对于复杂且没有完整数学模型的非线性问题,模糊理论提供了一种有效的解决方案,即在不知晓具体模型的情况下通过经验规则求解。

其次,模糊逻辑与其他计算智能算法结合后,能够实现优势互补,提供了将人类在识别、决策、理解等方面的模糊性引入机器及其控制的途径。这种混合算法在许多领域已经得到了应用。

1. 模糊逻辑与神经网络的结合与应用

神经网络是一种模仿生物神经系统的计算智能方法,是生物学与计算机科学结合的产物。模糊系统常常与神经网络结合,用于解决复杂的非线性问题。

模糊系统与神经网络都是人工智能领域的重要方法,二者之间存在理论上的联系。1993 年,Buckley 等[4]证明了模糊专家系统与前馈神经网络等价,即任意的模糊专家系统可用前馈神经网络以任意精度近似表示,反之亦然。2000 年,Li 等[5]证明了模糊系统与三角波前馈神经网络等价,并证明了非线性波神经网络可以用三角波神经网络表示,进而得出模糊系统与前馈神经网络等价的结论。2005 年,Kolman 等[6]从理论上证明了 Mandani 模型的模糊系统与标准前馈神经网络在数学上等价。2008 年,Mantas 等[7]证明了基于 0 阶 TSK 规则的模糊系统与多层前向神经网络等价。

然而,在实际应用中,神经网络与模糊逻辑有一些重要区别。例如,模糊系统的知识(规则与隶属度函数)是预先提供的、显性的,其来源是相关领域专家,神经网络的知识是通过学习得到的,隐含在网络结构中,其来源是数据。表 3.6 显示了模糊系统与神经网络的区别和联系。

表 3.6 模糊系统和神经网络的区别与联系

比较项目		模糊系统	神经网络
联系		均为人工智能领域的重要方法,且模糊系统与前馈神经网络在数学上等价	
区别	知识来源	专家提供	数据
	知识表达	模糊规则和隶属度函数	网络结构
	学习与记忆	否	是
	允许自然语言表述的知识	是	否

当规则数目过大时,由专家提供模糊系统的全部规则变得不具可操作性。这时,将模糊系统和神经网络结合,通过神经网络的自适应学习获得部分规则,不失为一种解决方法。

将神经网络与模糊系统结合的工作是许多研究者的关注点。Lin 等人[8]提出了一种递归模糊细胞神经网络,该系统能够同时自动对网络结构和参数设置进行学习。Liu 等人[9]则提出了一种三层前馈模糊神经网络的学习算法。文献[10]将 TSK 模糊模型与小波神经网络结合,提出了一种用于解决预测和识别问题的小波递归模糊神经网络。此外,文献[11]提出了一种用于解决一类非线性问题的自组织神经控制方法。

模糊系统适合于描述自然语言与人类思维中的模糊性,而神经网络具有学习、联想、记忆的能力。模糊系统与神经网络结合,实现了优势互补,除了神经网络的经典应用外,其应用范围已涵盖了机械控制、图像处理、电力系统等领域。

分类和聚类是神经网络的经典应用。分类解决的是将输入数据归入正确类别的问题,而聚类问题是在实现不知道有何类别的情况下将数据划分为若干类的问题。文献[13][14]使用了模糊最大—最小神经网络解决这两类经典问题。此外,文献[12]中,一种模糊神经 PID 控制器被提出。该控制器被应用于控制交流感应驱动器速度。文献[15]中,一种结合了模糊聚类技术的 Hopfield 神经网络被用于医学图像分割。文献[16]中,一种解决雷达脉冲压缩问题的模糊神经网络被提出。各种版本的模糊神经网络还被应用于支持多媒体服务器的分层小区系统资源管理[17]、电力市场短期价格预测[18]、电网故障分类[19]、图像处理[20]、机器人自适应控制[21]、温度控制[22]、合成口径雷达图像分类[23]等。

此外,模糊神经网络在心理学、金融系统、语言学、生态学等领域也已经得到了应用,在此不再赘述,读者可以自行阅读相关材料。

2. 模糊逻辑与进化计算的结合与应用

进化计算算法包括遗传算法(Genetic Algorithm,GA)、蚁群优化算法(Ant Colony Optimization,ACO)、粒子群优化算法(Particle Swarm Optimization,PSO)等,关于这些算法将会在后面的章节中进行详细介绍。进化计算算法维护一个种群,在解空间上进行搜索,其与模糊逻辑的结合大致有两种途径:一种是在进化计算算法运行时使用模糊控制来调整群智能算法的参数,另一种是在模糊系统中用进化计算算法来产生、挑选和优化模糊控制规则与隶属度函数。

众多研究表明,进化计算算法的参数设置往往会对算法表现产生较大的影响,而求解不同问题或同一问题的不同阶段时,参数的最优设置常常不同。参数的动态自适应调整在一定程度上解决了这一问题,而模糊逻辑为参数调整提供了一种重要工具。如文献[24]提出了一种利用模糊控制动态优化遗传算法参数的算法。文献[25]使用模糊逻辑对遗传算法的变异率和交叉率进行基于聚类的自适应调整。

传统模糊系统的模糊规则和隶属度函数往往由专家提供,当系统非常复杂时,难以保证这些规则和隶属度函数是充足、有效且低消耗的。利用群智能算法可以对模糊规则进行生成、筛选和优化。Chan 等[26]提出了一种使用稳态遗传算法产生模糊规则的方法,并应用于雷达目标跟踪问题。Tang 等[27]则使用一种分层遗传算法选择模糊规则库的最优子集,以减少模糊系统的计算消耗。Leng 等[28]设计了一种自组织的模糊神经网络,并利用一种基于遗传算法的方法调整包括模糊规则数在内的参数。Liu 等[29]设计了一种基于语气修饰和遗传算法的模糊逻辑控制器,用以化简隶属度函数和模糊规则。

目前,模糊逻辑与进化计算算法结合,已经被应用于项目地点分配问题[30]、雷达目标跟踪问题[26]等许多问题中。

3.6 本章习题

1. 请指出模糊逻辑与经典二值逻辑的异同。
2. 有人说,模糊逻辑就是不确定的逻辑,这种说法有问题吗?如果有,问题在哪里?
3. 例 3.2 中,若 A' = "比较好",请计算结论。
4. 复述例 3.3 的解决流程。
5. 通过查阅相关参考文献,了解模糊逻辑在各个领域的应用。

本章参考文献

[1] L A Zadeh. Fuzzy sets. Inform. Contr,1965(8):38-53.

[2] L A Zadeh. Outline of a new approach to the analysis of complex systems and decision processes. IEEE Transactions on Systems,Man,and Cybernetics,1973(3):28-44.

[3] L A Zadeh. Fuzzy Logic and Soft Computing. Proceeding of the IEEE Int. Workshop on Neuro Fuzzy Control,Muroran Japan,1993(3):223.

[4] J J Buckley, Y Hayashi, E Czogala. On the equivalence of neural nets and fuzzy expert systems. Fuzzy Sets System, 1993(53): 129-134.

[5] Hong Xing Li, C L Philip Chen. The Equivalence Between Fuzzy Logic Systems and Feedforward Neural Networks. IEEE Transactions on Neural Networks, 2000,11(2): 356-365.

[6] Eyal Kolman, Michael Margaliot. Are Artificial Neural Networks White Boxes?. IEEE Transaction on Neural Networks, 2005,16(4): 844-852.

[7] Carlos J Mantas, José M Puche. Artificial Neural Networks are Zero-Order TSK Fuzzy Systems. IEEE Transactions on Fuzzy Systems, 2008,16(3): 630-643.

[8] Chin Teng Lin, Chun Lung Chang, Wen Chang Cheng. A Recurrent Fuzzy Cellular Neural Network System With Automatic Structure and Template Learning. IEEE Transactions on Circuits and Systems-I: Regular Papers, 2004,51(5): 1024-1035.

[9] Puyin Liu, Hongxing Li. Efficient Learning Algorithms for Three-Layer Regular Feedforward Fuzzy Neural Networks. IEEE Transactions on Neural Networks, 2004,15(3): 545-558.

[10] Cheng Jian Lin, Cheng-Chung Chin. Prediction and Identification Using Wavelet-Based Recurrent Fuzzy Neural Networks. IEEE Transactions on on Systems, Man, and Cybernetics-Part B: Cybernetics, 2004,34(5): 2144-2154.

[11] Chun Fei Hsu. Self-Organizing Adaptive Fuzzy Neural Control for a Class of Nonlinear Systems. IEEE Transactions on Neural Networks, 2007,18(4): 1232-1241.

[12] M Strefezza, Y Dote. Neuro-Fuzzy Proportional-Integral-Differential Controller for Alternate Current Servomotor. Journal of Integrated Computer-Aided Engineering, 1995(12).

[13] Bogdan Gabrys, Andrzej Baargiela. General Fuzzy Min-Max Neural Network for Clustering and Classification. IEEE Transactions on Neural Networks, 2000,11(3): 769-782.

[14] Abhijeet V Nandedkar, Prabir K Biswas. A Fuzzy Min-Max Neural Network Classifier With Compensatory Neuron Architecture. IEEE Transactions on Neural Networks, 2007,18(1): 42-54.

[15] Jzau Sheng Lin, Kuo-Sheng Cheng, Chi Wu Mao. A Fuzzy Hopfield Neural Network for Medical Image Segmentation. IEEE Transations on Nuclear Science, 1996,43(4): 2389-2398.

[16] Fun Bin Duh, Chia Feng Juang, Chin-Teng Lin. A Neural Fuzzy Network Approach to Radar Pulse Compression. IEEE Geoscience and Remote Sensing Letters, 2004,1(1): 15-20.

[17] Kuen Rong Lo, Chung Ju Chang, C Bernard Shung. A Neural Fuzzy Resource Manager for Hierarchical Cellular Systems Supporting Multimedia Services. IEEE Transactions on Vehicular Technology, 2003,52(5): 1196-1206.

[18] Nima Amjady. Day-Ahead Price Forecasting of Electricity Markets by a New Fuzzy Neural Network. IEEE Transactions on Power Systems, 2006(21): 887-896.

[19] Slavko Vasilic, Mladen Kezunovic. Fuzzy ART Neural Network Algorithm for Classifying the Power System Faults. IEEE Transactions on Power Delivery, 2005,20(2): 1306-1314.

[20] Li Chen, Donald H Cooley, Jianping Zhang. Possibility-Based Fuzzy Neural Networks and Their Application to Image Processing. IEEE Transactions on Systems, Man, and Cybernetics-Part B: Cybernetics, 1999,29(1): 119-126.

[21] Meng Joo Er, Yang Gao. Robust Adaptive Control of Robot Manipulators Using Generalized Fuzzy Neural Networks. IEEE Transactions on Industrial Blectronics, 2003,50(3): 620-628.

[22] Chin Teng Lin, Chia Feng Juang, Chung-Ping Li. Temperature Control with a Neural Fuzzy

Inference Network. IEEE Transactions on Systems, Man, and Cybernetics-Part C: Application and reviews, 1999,29(3): 440-451.

[23] Chia Tang Chen, Kun Shan Chen, Jong-Sen Lee. The Use of Fully Polarimetric Information for the Fuzzy Neural Classification of SAR Images. IEEE Transactions on Geoscience and Remote Sensing, 2003,41(9): 2089-2099.

[24] Robert J Streifel, Robert J Marks II, Russell Reed, et al. Dynamic Fuzzy Control of Genetic Algorithm Parameter Coding. IEEE Transactions on Systems, Man, and Cybernetics-Part B: Cybernetics, 1999,29(3): 426-433.

[25] Jun Zhang, Henry Shu Hung Chung, Wai Lun Lo. Clustering-Based Adaptive Crossover and Mutation Probabilities for Genetic Algorithms. IEEE Transactions on Evolutionary Computation, 2007,11(3): 326-335.

[26] Keith C C Chan, Vika Lee, Henry Leung. Generating Fuzzy Rules for Target Tracking Using a Steady-State Genetic Algorithm. IEEE Transactions on Evolutionary Computation, 1997,1(3): 189-200.

[27] Kit sang Tang, Kim fung Man, Zhi feng Liu, et al. Minimal Fuzzy Memberships and Rules Using Hierarchical Genetic Algorithms. IEEE Transactions on Industrial Electronics, 1998(45): 162-169.

[28] Gang Leng, Thomas Martin McGinnity, Girijesh Prasad. Design for Self-Organizing Fuzzy Neural Networks Based on Genetic Algorithms. IEEE Transactions on Fuzzy Systems, 2006,14 (6): 755-766.

[29] Bin Da Liu, Chuen Yau Chen, Ju-Ying Tsao. Design of Adaptive Fuzzy Logic Controller Based on Linguistic-Hedge Concepts and Genetic Algorithms. IEEE Transactions on Systems, Man, and Cybernetics-Part B: Cybernetics, 2001,31(1): 32-53.

[30] Henry C W Lau, T M Chan, et al. Item-Location Assignment Using Fuzzy Logic Guided Genetic Algorithms. IEEE Transactions on Evolutionary Computation, 2008,12(6): 765-779.

普通高校本科计算机专业 特色 教材精选

第4章 遗传算法

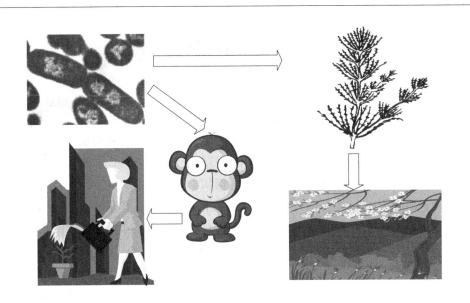

神奇的大自然向我们展示了进化的奇迹。在自然进化这个魔术棒的指挥下,地球上的生物从低级走向高级。

优化问题求解的过程,能否借用自然进化这支魔术棒呢?

答案是肯定的。借鉴自然进化的理念,问题的优化过程可以看成类似于生物进化的过程。通过模拟自然界的生物进化,研究者提出了一种解决优化问题的创造性方法——遗传算法(Genetic Algorithm, GA)。

遗传算法是计算智能领域一个举足轻重的分支,其思想源于生物科学的进化理论和遗传变异理论,是通过模仿自然界的进化活动,设计出能够有效解决优化问题的系统方法。

本章将介绍遗传算法的相关知识,包括遗传算法的基本原理、研究进展、基本流程结构以及算法的改进和应用。通过本章的详细介绍,给读者展示了设计和使用遗传算法的基本流程和基本要素,力求使读者对遗传算法有一个初步的认识和理解,并为读者进一步了解遗传算法提供了相关的参考资料。本章的主要内容如下:

- 遗传算法简介;
- 遗传算法的流程;
- 遗传算法的改进;
- 遗传算法的应用。

4.1 遗传算法简介

4.1.1 基本原理

遗传算法(Genetic Algorithm,GA)是由美国密歇根(Michigan)大学心理学教授、电子工程学和计算机科学教授 John H. Holland 首先提出的一种随机自适应的全局搜索算法[1]。早在 1962 年,Holland[2] 就提出了关于遗传算法的基本思想。之后,相继有学者在相关的研究成果中提到了遗传算法的概念[3-6],例如 Holland 的学生 Bagley 于 1967 年在他的博士论文[3]中第一次采用了"遗传算法"这个术语。但遗传算法的数学框架和理论基础直到 20 世纪 70 年代初期才形成[7][8]。Holland 于 1975 年在其专著《自然系统和人工系统的自适应性》("Adaptation in Nature and Artificial Systems")[9]中对这种理论方法进行了系统且详细的论述。

遗传算法吸收了生命科学与工程学科中的重要理论成果,用于解决复杂优化问题。其中,达尔文(Darwin)的进化理论和以孟德尔(Mendel)的遗传学说为基础的现代遗传学对算法的提出具有最为重要的影响。

地球生命自诞生以来,就处于漫长而深远的进化历程,经历了从低级到高级、从单一到多样、从简单到复杂、从缺陷到完善的发展过程。达尔文的进化论提出自然界"自然选择"和"优胜劣汰"的进化规律。图 4.1 揭示了生物的进化过程。生物的进化过程是一个不断往复的循环过程。在每个循环中,由于自然环境的恶劣、资源的短缺和天敌的侵害等因素,个体必须接受自然的选择。在选择过程中,一部分对自然环境具有较高适应能力的个体得以保存下来形成新的种群。而另一部分个体则由于不适应自然环境而面临被淘汰的危险。经过选择保存下来的群体构成种群,种群中的生物个体进行交配繁衍,保证了种群的发展。交配产生的子代继承了父代的部分特性,而且一般来说,子代要比父代具有更强的环境适应能力。进化过程伴随着种群的变异,种群中部分个体发生基因变异,成为新的个体。这样,经过选择、交配和变异后的种群取代原来的群体,进入下一个进化循环。

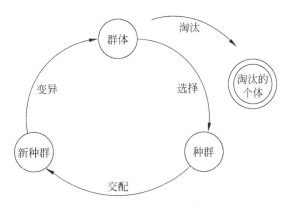

图 4.1 生物进化过程

以孟德尔的遗传学说为基础的现代遗传学提出了遗传信息的重组模式。在生物体的遗传过程中,染色体是遗传信息——基因的载体,基因在染色体上按照一定的次序组合。父代交配产生子代时,子代从父代继承的遗传基因以染色体的形式重新组合,子代的性状由遗传基因决定。图 4.2 简单描述了遗传基因重组的过程。

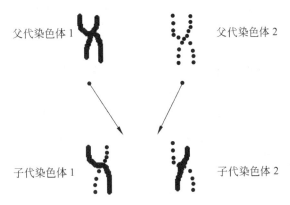

图 4.2 遗传基因重组过程

来源于生物科学的这两个重要理论,为 Holland 寻求有效方法研究人工自适应系统提供了宝贵的思想源泉。在前人运用计算机进行生物模拟的基础上,Holland 发现了自然界的生物遗传进化系统同人工自适应系统的相似性,成功地建立了遗传算法的模型,并对遗传算法搜索的有效性进行了理论证明[7-9]。图 4.3 揭示了遗传算法的思想来源及建立过程。

遗传算法正是通过模拟自然界中生物的遗传进化过程,对优化问题的最优解进行搜索。算法维护一个代表问题潜在解的群体,对于群体的进化,算法引入了类似自然进化中选择、交配以及变异等算子。遗传算法搜索全局最优解的过程是一个不断迭代的过程(每一次迭代相当于生物进化中的一次循环),直到满足算法的终止条件为止。

在遗传算法中,问题的每个有效解被称为一个"**染色体**(chromosome)",在有些书籍中也称为"串",相对于群体中的每个生物**个体**(individual)。染色体的具体形式是一个使用特定编码方式生成的编码串。编码串中的每一个编码单元称为"**基因**(gene)"。

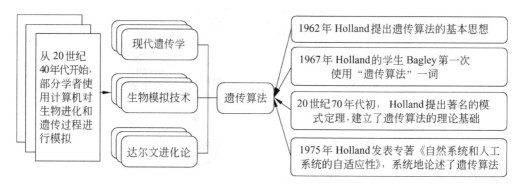

图 4.3 遗传算法思想来源及建立过程

遗传算法通过比较**适应值**(fitness value)区分染色体的优劣,适应值越大的染色体越优秀。**评估函数**(evaluation function)用来计算并确定染色体对应的适应值。

选择算子(selection)按照一定的规则对群体的染色体进行选择,得到父代种群。一般地,越优秀的染色体被选中的次数越多。

交配算子(crossover)作用于每两个成功交配的染色体,染色体交换各自的部分基因,产生两个子代染色体。子代染色体取代父代染色体进入新种群,而没有交配的染色体则直接进入新种群。

变异算子(mutation)使新种群进行小概率的变异。染色体发生变异的基因改变数值,得到新的染色体。经过变异的新种群替代原有群体进入下一次进化。

表 4.1 给出了从生物遗传进化到遗传算法各个基本概念的对照。

表 4.1 生物遗传进化的基本生物要素和遗传算法的基本要素定义对照表

生物遗传进化	遗 传 算 法
群体	问题搜索空间的一组有效解(表现为群体规模 N)
种群	经过选择产生的新群体(规模同样为 N)
染色体	问题有效解的编码串
基因	染色体的一个编码单元
适应能力	染色体的适应值
交配	两个染色体交换部分基因得到两个新的子代染色体
变异	染色体某些基因的数值发生改变
进化结束	算法满足终止条件时结束,输出全局最优解

对于遗传算法的基本原理,Holland 给出了著名的**模式定理**(Schema Theory),为遗传算法提供了理论支持。

模式(schema)是指群体中编码的某些位置具有相似结构的染色体集合。假设染色体的编码是由 0 或 1 组成的二进制符号序列,模式 01***0 则表示以 01 开头且以 0 结尾的编码串对应的染色体的集合,即{010000,010010,010100,010110,011000,011010,011100,011110}。模式中具有确定取值的基因个数叫做模式的**阶**(schema order),如模式 01***0 的阶为 3。模式的**定义长度**(schema defining length)是指模式中第一个具有确定取值的基因到最后一个具有确定取值的基因的距离,例如模式 01***0 的定义长度为 5,而 *1**** 的定义长度为 0。

Holland 的模式定理提出,遗传算法的实质是通过选择、交配和变异算子对模式进行搜索,低阶、定义长度较小且平均适应值高于群体平均适应值的模式在群体中的比例将呈指数级增长,即随着进化的不断进行,较优染色体的个数将快速增加。

模式定理证明了遗传算法寻求全局最优解的可能性,但不能保证算法一定能找到全局最优解。Goldberg[10] 在 1989 年提出了**积木块假设**(Building Block Hypothesis),对模式定理做了补充,说明遗传算法具有能够找到全局最优解的能力。

积木块(building block)是指低阶、定义长度较小且平均适应值高于群体平均适应值的模式。积木块假设认为在遗传算法运行过程中,积木块在遗传算子的影响下能够相互结合,产生新的更加优秀的积木块,最终接近全局最优解。

目前的研究还不能够对积木块假设是否成立给出一个严整的论断和证明,但是大量的实验和应用为积木块假设提供了支持。

4.1.2 研究进展

遗传算法的提出为解决复杂优化问题提供了一个崭新而有效的思路,其良好的搜索能力和较强的健壮性受到研究学者的广泛认同。自遗传算法提出以来,越来越多的学者投入到遗传算法的研究行列。与此同时,遗传算法被成功地应用于各种不同的领域,为解决复杂的专门领域问题提供了有效的方法[11-13]。这些均促进了遗传算法的发展,不断扩大其影响力。图 4.4 给出了对遗传算法的研究内容和研究方向的总结。

随着越来越多研究学者的参与以及大量研究成果的产生,遗传算法的理论研究正以较快的步伐向前迈进。可以说,20 世纪 80 年代以来是遗传算法快速发展的上升期。在此期间,有关遗传算法的学术活动日益蓬勃。每年以遗传算法为主题或与其相关的众多国际会议在世界各地定期召开,并受到越来越广泛的关注。其中比较知名的国际会议有:自 1985 年开始每两年召开一届的美国密歇根大学国际遗传算法会议(International Conference on Genetic Algorithms,ICGA)、遗传进化计算会议(ACM Genetic and Evolutionary Computation Conference,GECCO)、进化计算会议(IEEE International Conference on Evolutionary Computations,IEEE CEC)、遗传算法与分类系统研讨会(Workshop on Foundations of Genetic Algorithms and Classifier Systems,FOGA/CS)、遗传程序设计会议(Genetic Programming Conference,GPC)、国际人工生命学术讨论会(International Workshop on Artificial Life)、进化规划年会(Annual Conference on Evolutionary Programming)、国际进化算法前沿学术讨论会(International Workshop on Frontiers in Evolutionary Algorithms,FEA)、国际自适应行为模拟会议(International Conference on Simulation of Adaptive Behavior)、借助自然的并行问题求解国际会议(International Conference on Parallel Problem Solving from Nature,PPSN)。

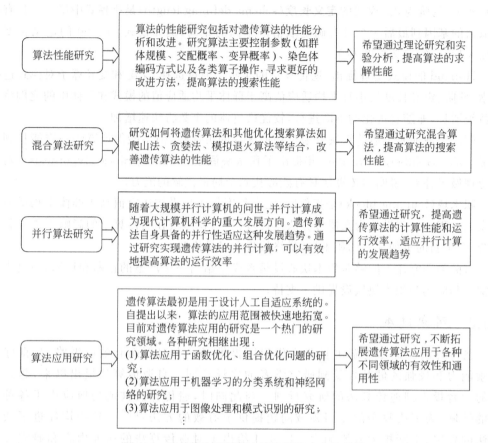

图 4.4　遗传算法的研究内容和研究方向的总结

同时，有关遗传算法研究和应用的学术文章也日益受到一些国际性期刊的关注，在这些期刊和国际会议论文集中越来越多地出现遗传算法的相关文章[14-21]。国际期刊《Evolutionary Computation》和《IEEE Transactions on Evolutionary Computation》的诞生也宣示着人们对遗传算法的重视和广泛关注。

4.2　遗传算法的流程

4.2.1　流程结构

本节详细介绍遗传算法的基本流程，通过算法的流程结构，我们可以对遗传算法的运行机制有一个清晰的认识。

遗传算法的实现主要包含了以下七个重要问题：
- 染色体的编码；
- 群体的初始化；
- 适应值评价；

- 选择种群；
- 种群交配；
- 种群变异；
- 算法流程。

这几个问题尤其是选择算子、交配算子和变异算子的具体实现与算法搜索全局最优解的效果息息相关。在处理不同优化问题时，以上几个方面可能需要根据问题的特定情况采用不同的方法实现，以提高遗传算法的性能。为达到初步了解遗传算法设计和使用方法的目的，在本节接下来的内容中，我们暂不对每个算子目前可用的方法一一作完整且详细的介绍，而是对遗传算法实现的每个关键步骤给出一个或几个常用的解决方法。

1. 染色体编码

应用遗传算法，需要解决问题解的表示，即染色体的编码方式。染色体编码方式确定是否得当会对接下来染色体的交配和变异操作构成影响。因此，在解决一个特定的问题时，我们希望找到一种既简单又不影响算法性能的编码方式。目前关于这部分的理论研究和应用探索尚未给出一种完整且有效、放之四海而皆准的遗传算法编码理论和方案。虽然 De Jong 曾经在他的研究成果[6]中给出关于确定遗传算法染色体编码方式的两条指导原则——有意义积木块编码原则和最小字符集编码原则，倡导算法使用的编码方案应易于产生低阶且定义长度较短的模式，在能够自然描述所求问题的前提下使用最小编码字符集，但是在具体的应用过程中，该指导原则依然无法完全适用于全部问题。在使用遗传算法解决具体问题的时候，采用何种编码方案并不是一概而论的，而应该尽量分析问题的特点，制定可行的编码方案，同时也可借鉴运用遗传算法已成功求解的类似问题的编码先例。

目前用于染色体编码的方法有格雷码编码、字母编码、多参数交叉编码等。在这里，我们仅给出两种常用的较简单的编码方法：**二进制编码方法**（Binary Representation）和**浮点数编码方法**（Float Point Representation）[22]。

二进制编码方法产生的染色体是一个二进制符号序列，染色体的每一个基因只能取值 0 或 1。假定问题定义的有效解取值空间为 $[U_{\min}, U_{\max}]^D$，其中 D 为有效解的变量维数，使用 L 位二进制符号串表示解的一维变量，则我们可以得到如表 4.2 所示的编码方式：

表 4.2 染色体的二进制编码方法

二进制符号串	对应的实际取值
0000⋯0000	$U_{\min}$
1111⋯1111	$U_{\max}$
$X_L X_{L-1} \cdots X_2 X_1$	$U_{\min} + \dfrac{(U_{\max} - U_{\min}) \sum_{j=1}^{L} X_j 2^{j-1}}{2^L - 1}$

举一个简单的例子，假设 $[U_{\min}, U_{\max}]$ 为 $[1, 64]$，采用 6 位二进制符号串进行编码，则某个二进制符号串 010101 代表了数值 22。

因此采用 L 位进行编码时的精度为 $\dfrac{U_{\max} - U_{\min}}{2^L - 1}$，可见该种方法在编码的精度方面是较差的。当要求采用较高的精度或表示较大范围的数时，必须通过增加 L 来达到要求。可是当 L 变得很大时，将急剧增加算法操作的复杂度。所以二进制编码方法虽然符合 De Jong 提出的两个指导原则,且经常被使用,但是在解决某些精度要求较高或解含有较多变量的优化问题时,人们却不得不寻求另外一种更好的编码方法,如浮点数编码方法。

浮点数编码方法中,染色体的长度等于问题定义的解的变量个数,染色体的每一个基因等于解的每一维变量。例如,待求解问题的一个有效解为 $X_i = (x_i^1, x_i^2, \cdots, x_i^{D-1}, x_i^D)$,其中 D 为解的变量维数。则该解对应的染色体编码为 $(x_i^1, x_i^2, \cdots, x_i^{D-1}, x_i^D)$。

浮点数编码方法适合于表示取值范围比较大的数值,对降低采用遗传算法对染色体进行处理的复杂性起到了很好的作用。

2. 群体的初始化

遗传算法在一个给定的初始进化群体中进行迭代搜索。一般情况下,遗传算法在群体初始化阶段采用的是随机数初始方法。采用生成随机数的方法,对染色体的每一维变量进行初始化赋值。初始化染色体时必须注意染色体是否满足优化问题对有效解的定义。

如果在进化开始时保证初始群体已经是一定程度上的优良群体的话,将能够有效提高算法找到全局最优解的能力。这就好比一个优良的物种在自然进化过程中,常常占据有利的位置,且保持较快较好的进化程度。到目前为止,已有部分学者尝试在保证搜索空间完备性的基础上,通过某种方法在算法的开始得到一个平均适应值相对较高的初始群体再进行进化来提高算法的求解性能,并取得了一定的成效。

3. 适应值评价

评估函数用于评估各个染色体的适应值,进而区分优劣。评估函数常常根据问题的优化目标来确定,例如在求解函数优化问题时,问题定义的目标函数可以作为评估函数的原型。在遗传算法中,规定适应值越大的染色体越优。因此对于一些求解最大值的数值优化问题,我们可以直接套用问题定义的函数表达式。但是对于其他优化问题,问题定义的目标函数表达式必须经过一定的变换。例如,应用遗传算法求解某个函数的最小值,可对问题定义的目标函数 $f(X)$ 进行以下变换,得到算法的评估函数 $Eval(C)$:

$$Eval(C) = -f(X)$$

其中 X 表示一个有效解,C 表示 X 对应的染色体。

4. 选择算子

种群的选择操作使用**轮盘赌选择算法**(roulette wheel selection)。轮盘赌选择算法是遗传算法最经常使用的选择算法,其基本思想是基于概率的随机选择[6]。

轮盘赌选择算法首先根据群体中每个染色体的适应值得到群体所有染色体的适应值总和,并分别计算每个染色体适应值与群体适应值总和的比 P_i;其次假设一个具有 N 个扇区的轮盘,每个扇区对应群体中的一个染色体,扇区的大小与对应染色体的 P_i 值成正比关系。图 4.5 给出了具

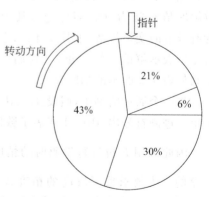

图 4.5 具有 4 个扇区的轮盘赌模型

有 4 个扇区的轮盘赌模型。

每选择转动一次轮盘,轮盘转动停止时指针停留的扇区对应的染色体即被选中进入种群。依次进行 N 次选择即可得到规模同样为 N 的种群。图 4.6 是用来模拟轮盘一次转动的程序伪代码。

```
/* once of roulette wheel selection
 * 输出参数:
 * 选中的染色体
 */
procedure RWS
1    m←0;
2    r→Random(0,1);           //0 至 1 的随机数
3    for i=1 to N
4        m←m+ P_i;
5        if r<=m
6            return i;
7        end if
8    end for
end procedure
```

图 4.6　模拟轮盘转动的程序伪代码

从轮盘赌选择的机制中可以看到,较优染色体的 P 值较大,被选择的概率就相对较大。但由于选择过程具有随机性,并不能保证每次选择均选中这些较优的染色体,因此也给予了较差染色体一定的生存空间。

5. 交配算子

在染色体交配阶段,每个染色体能否进行交配由交配概率 P_c(一般取值为 $0.4\sim0.99$ 之间)决定,其具体过程为:对于每个染色体,如果 $Random(0,1)$ 小于 P_c 则表示该染色体可进行交配操作,其中 $Random(0,1)$ 为 $[0,1]$ 间均匀分布的随机数产生器,否则染色体不参与交配直接复制到新种群中。

每两个按照 P_c 交配概率选择出来的染色体进行交配,经过交换各自的部分基因,产生两个新的子代染色体。其具体操作是随机产生一个有效的交配位置,染色体交换位于该交配位置后的所有基因。图 4.7 是染色体交配示意图。

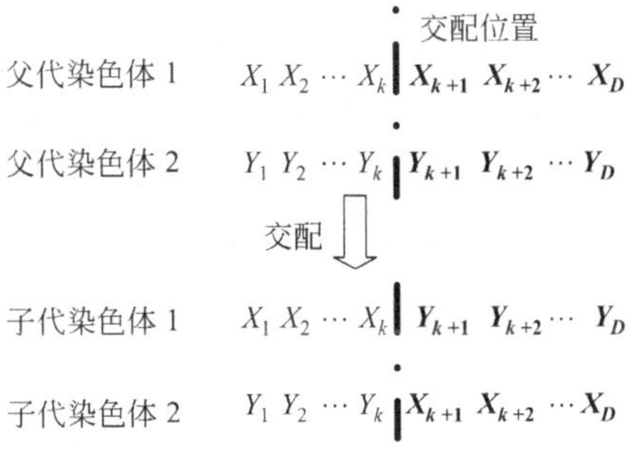

图 4.7　染色体交配示意图

交配操作应该注意产生的子代染色体应满足问题对有效解的定义。从以上介绍可以看出,参与交配的父代染色体个数与产生的子代染色体个数一样,因此新种群的规模依然为 N。

6. 变异算子

染色体的变异作用于基因之上,对于交配后新种群中染色体的每一位基因,根据变异概率 P_m 判断该基因是否进行变异。如果 $Random(0,1)$ 小于 P_m,则改变该基因的取值,其中 $Random(0,1)$ 为 $[0,1]$ 间均匀分布的随机数产生器;否则该基因不发生变异,保持不变。图 4.8 是采用二进制编码方式的染色体变异过程示意图,其中黑色箭头所指位置的基因发生变异。对于采用浮点数编码形式的染色体若某基因发生变异,则可使用前面初始群体化时采用的随机数方法随机产生一个满足问题定义的数值取代该基因现有的值。

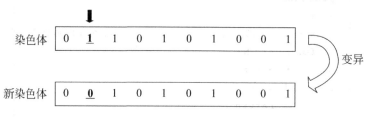

图 4.8 染色体变异过程示意图

为了保持遗传算法较好的运行性能,变异概率 P_m 应该设置在一个合适的范围。变异操作通过改变原有染色体的基因,在提高群体多样性方面具有明显的促进作用如果 P_m 过小,算法容易早熟。但是在算法运行的过程中,已找到的较优解可能在变异过程中遭到破坏,如果 P_m 的值过大,可能会导致算法目前所处的较好的搜索状态倒退回原来较差的情况。因此,我们应该将种群的变异限制在一定范围内。一般地,P_m 可设定在 0.001~0.1 之间。

7. 算法流程

以上对遗传算法各个重要步骤进行了详细的介绍,接下来我们给出遗传算法的基本步骤:

Step 1 初始化规模为 N 的群体,其中染色体每个基因的值采用随机数产生器生成并满足问题定义的范围。当前进化代数 $Generation=0$。

Step 2 采用评估函数对群体中所有染色体进行评价,分别计算每个染色体的适应值,保存适应值最大的染色体 $Best$。

Step 3 采用轮盘赌选择算法对群体的染色体进行选择操作,产生规模同样为 N 的种群。

Step 4 按照概率 P_c 从种群中选择染色体进行交配。每两个进行交配的父代染色体,交换部分基因,产生两个新的子代染色体,子代染色体取代父代染色体进入新种群。没有进行交配的染色体直接复制进入新种群。

Step 5 按照概率 P_m 对新种群中染色体的基因进行变异操作。发生变异的基因数值发生改变。变异后的染色体取代原有染色体进入新群体,未发生变异的染色体直接进入新群体。

Step 6 变异后的新群体取代原有群体,重新计算群体中各个染色体的适应值。倘若群体的最大适应值大于 *Best* 的适应值,则以该最大适应值对应的染色体替代 *Best*。

Step 7 当前进化代数 *Generation* 加 1。如果 *Generation* 超过规定的最大进化代数或 *Best* 达到规定的误差要求,算法结束;否则返回 Step 3。

图 4.9 给出了遗传算法的流程图和程序伪代码。

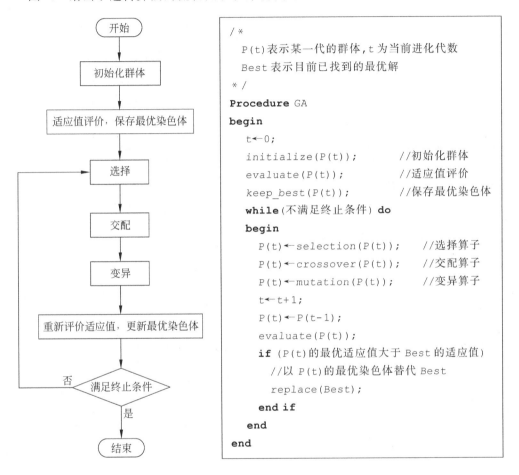

图 4.9 遗传算法流程图和程序伪代码

4.2.2 应用举例

下面通过一个简单的函数优化的例子,说明遗传算法的执行过程。

例 4.1 已知函数 $y=f(x_1,x_2,x_3,x_4)=\dfrac{1}{x_1^2+x_2^2+x_3^2+x_4^2+1}$,其中 $-5 \leqslant x_1,x_2,x_3,x_4 \leqslant 5$,用遗传算法求解 y 的最大值,请写出关键的执行步骤。

解:使用遗传算法求解例 4.1 的执行步骤如图 4.10 所示。

步骤1：初始化
假设群体规模为5；使用浮点数编码方式构造染色体，即每个染色体以 (x_1, x_2, x_3, x_4) 的形式表示。
初始化群体的染色体，得到
$C_1 = (-2.1351, 2.0917, -0.1327, -4.1006)$
$C_2 = (1.0152, -3.9811, -2.6638, 3.7535)$
$C_3 = (4.0589, 2.1904, -0.1503, 0.0023)$
$C_4 = (-3.4098, -3.0714, -0.9008, -4.3712)$
$C_5 = (0.2073, 2.9932, -4.0802, 1.8794)$

步骤2：适应值评价
选择评估函数
$$Eval(C) = y = f(x_1, x_2, x_3, x_4) = \frac{1}{x_1^2 + x_2^2 + x_3^2 + x_4^2 + 1}$$
计算每个染色体的适应值如下：
$Eval(C_1) = f(-2.1351, 2.0917, -0.1327, -4.1006) = 0.0373603$
$Eval(C_2) = f(1.0152, -3.9811, -2.6638, 3.7535) = 0.0255988$
$Eval(C_3) = f(4.0589, 2.1904, -0.1503, 0.0023) = 0.0448529$
$Eval(C_4) = f(-3.4098, -3.0714, -0.9008, -4.3712) = 0.0238214$
$Eval(C_5) = f(0.2073, 2.9932, -4.0802, 1.8794) = 0.0331319$
因此 $Best = C_3$，$Eval(Best) = 0.0448529$

步骤3：选择
采用轮盘赌选择算法，计算群体适应值总和为 $0.0373603 + 0.0255988 + 0.0448529 + 0.0238214 + 0.0331319 = 0.164765$
分别计算每个染色体适应值同群体适应值总和的比：
C_1：0.226749
C_2：0.155365
C_3：0.272223
C_4：0.144578
C_5：0.201085
下面是5次选择产生的 $[0,1]$ 的随机数和选中的染色体：
(1) 0.278756 C_2
(2) 0.604389 C_3
(3) 0.230964 C_2
(4) 0.376263 C_2
(5) 0.858791 C_5
因此得到种群为：
$C_1' = (1.0152, -3.9811, -2.6638, 3.7535)$
$C_2' = (4.0589, 2.1904, -0.1503, 0.0023)$
$C_3' = (1.0152, -3.9811, -2.6638, 3.7535)$
$C_4' = (1.0152, -3.9811, -2.6638, 3.7535)$
$C_5' = (0.2073, 2.9932, -4.0802, 1.8794)$

步骤4：交配
假设交配概率为0.88。下面是对每个染色体生成的 $[0,1]$ 的随机数，决定染色体是否参加交配。
C_1' 0.341044<0.88 参加交配
C_2' 0.613797<0.88 参加交配
C_3' 0.963042>0.88 不参加交配
C_4' 0.347545<0.88 参加交配
C_5' 0.593677<0.88 参加交配
即 C_1' 和 C_2'、C_4' 和 C_5' 进行交配，每对染色体交配时随机生成0~3之间的自然数作为交配位。以下是各对染色体的交配位和得到的子代染色体。
(1) $C_1' = (1.0152, -3.9811, -2.6638, 3.7535)$
   和 $C_2' = (4.0589, 2.1904, -0.1503, 0.0023)$
   交配位为1；子代染色体为：
   $C_1'' = (1.0152, -3.9811, -0.1503, 0.0023)$
   $C_2'' = (4.0589, 2.1904, -2.6638, 3.7535)$
(2) $C_4' = (1.0152, -3.9811, -2.6638, 3.7535)$
   和 $C_5' = (0.2073, 2.9932, -4.0802, 1.8794)$
   交配位为2；子代染色体为：
   $C_4'' = (1.0152, -3.9811, -2.6638, 1.8794)$
   $C_5'' = (0.2073, 2.9932, -4.0802, 3.7535)$
故交配后的新种群为：
$C_1'' = (1.0152, -3.9811, -0.1503, 0.0023)$
$C_2'' = (4.0589, 2.1904, -2.6638, 3.7535)$
$C_3'' = (1.0152, -3.9811, -2.6638, 3.7535)$
$C_4'' = (1.0152, -3.9811, -2.6638, 1.8794)$
$C_5'' = (0.2073, 2.9932, -4.0802, 3.7535)$

步骤5：变异
假设变异概率为0.1。对于每个染色体的每个基因随机生成 $[0,1]$ 的随机数，若该随机数小于0.1，则改变基因的值，否则不改变基因的值。以下是发生变异的染色体和基因改变的过程。
$C_3''' = (\underline{\mathbf{1.0152}}, -3.9811, -2.6638, 3.7535) \rightarrow$
$\qquad C_3''' = (\underline{\mathbf{3.0953}}, -3.9811, -2.6638, 3.7535)$
$C_4''' = (1.0152, \underline{\mathbf{-3.9811}}, -2.6638, 1.8794) \rightarrow$
$\qquad C_4''' = (1.0152, \underline{\mathbf{0.0153}}, -2.6638, 1.8794)$

故得到的新群体为：
$C_1''' = (1.0152, -3.9811, -0.1503, 0.0023)$
$C_2''' = (4.0589, 2.1904, -2.6638, 3.7535)$
$C_3''' = (3.0953, -3.9811, -2.6638, 3.7535)$
$C_4''' = (1.0152, 0.0153, -2.6638, 1.8794)$
$C_5''' = (0.2073, 2.9932, -4.0802, 3.7535)$

步骤7：判断结束
如果满足算法终止条件，则输出找到的最优解 $Best$ 并退出程序；否则返回步骤3继续执行。

步骤6：重新评价染色体适应值，更新 $Best$
计算每个染色体的适应值如下：
$Eval(C_1''') = f(1.0152, -3.9811, -0.1503, 0.0023) = 0.0558585$
$Eval(C_2''') = f(4.0589, 2.1904, -2.6638, 3.7535) = 0.0230112$
$Eval(C_3''') = f(3.0953, -3.9811, -2.6638, 3.7535) = 0.0210019$
$Eval(C_4''') = f(1.0152, 0.0153, -2.6638, 1.8794) = 0.0789962$
$Eval(C_5''') = f(0.2073, 2.9932, -4.0802, 3.7535) = 0.0245465$
因为 $Max(0.0558585, 0.0230112, 0.0210019, 0.0789962, 0.0245465) = 0.0789962 > Eval(Best)$，故更新 $Best$：
$Best = C_4'''$，$Eval(Best) = 0.0789962$。

图 4.10 使用遗传算法求解例4.1的步骤图示

4.3 遗传算法的改进

遗传算法简单、可操作性强,具有较强的健壮性和普适性以及潜在的并行性,并且拥有较好的全局搜索能力,能够以较大的概率得到全局最优解,因此多个领域的复杂问题相继采用了遗传算法进行解决,进而促进了遗传算法理论研究的不断发展。遗传算法从提出到现在不过几十年的时间,成功的应用案例展示了其作为一种随机全局搜索算法的强大优势和能力,同时,在应用中出现的问题也暴露了现有遗传算法的局限和不足[23][24]。因此,大量的对算法进行改进的研究活动从未停止过,人们一直致力于提高和拓展算法的能力。

在本节中,我们将从以下几个重要方面阐述关于遗传算法的改进,其中包括算子的选择、参数的设置、混合遗传算法和并行遗传算法。

4.3.1 算子选择

首先是选择操作。种群的选择是遗传算法中一项重要的操作。自然选择保存下来的物种决定了生物的进化程度。同样地,选择的效率如何,即是否能够保证留下来的染色体是具有进化发展潜力的染色体或是目前较好的染色体,对遗传算法的性能具有主要的决定作用。

在 4.2 节介绍的遗传算法的基本流程中,我们给出的选择算子是基于轮盘赌选择法的。轮盘赌选择算法由于其思想简单、实现容易而成为遗传算法最常用的选择算子。从轮盘赌选择的实现机制可以看到,较优染色体的 P 值较大,被选择的概率相对较大。同时由于选择的随机性,当前较差的染色体也具有一定的生存空间。这正是人们倾向于使用轮盘赌选择算法的原因,但轮盘赌选择算法并不是一种完美的方法。随机地选择会导致选择误差较大,有时候可能选不上适应值较高的染色体。

选择算法的研究一直是改进遗传算法的重要内容之一。各种不同的选择算法和模型相继推出。表 4.3 给出了几种较为常见的选择算法模型。

表 4.3 遗传算法选择模型

选择模型(中文)	英 文	参考文献
适应值比例模型(轮盘赌选择)	Fitness Proportional Model	[6]
最佳个体保存模型	Elitist Model	[6]
排挤模型	Crowding Model	[6]
确定性采样	Deterministic Sampling	[25]
期望值模型	Expected Value Model	[25]
无回放余数随机采样	Remainder Stochastic Sampling with Replacement	[25]
随机锦标赛模型	Stochastic Tournament Model	[25]
排序模型	Rank-based Model	[26]

其次是交配操作。在 4.2 节给出的交配规则属于**单点交配**(One-point Crossover)[6][9]。

随着对遗传算法研究的深入，人们提出了一些其他的交配算子，并进行了大量的改进。表 4.4 给出了这些典型的交配算子，如**两点交配**（Two-point Crossover）、**多点交配**（Multi-point Crossover）、**均匀交配**（Uniform Crossover）、**算术交配**（Arithmetic Crossover）。同时，学者在研究遗传算法的具体应用时，针对问题和具体的染色体编码方式开发出了许多独特的较为成功的交配算子，这些交配算子同样被广泛地借鉴和应用。如表 4.4 所示，针对**旅行商问题**（Traveling Salesman Problem，TSP）问题基于路径表示的染色体编码方法，Goldberg 等人[27]在 1985 年提出**部分匹配交配算子**，同一年 Davis 等人[28]提出了**顺序交配算子**，Oliver 等人[29]则在 1987 年提出**循环交配算子**，还有 Whitley[30]于 1989 年给出的**边重组交配算子**。Nagata 和 Kobayashi[31]提出的**边集合交配算子**成为目前用于 TSP 的极为重要的交配算子。

表 4.4　遗传算法交配算子

算子名称(中文)	英　　文	参考文献
多点交配	Multi-point Crossover	[6]
部分匹配交配算子	Partially Matched Crossover，PMX	[27]
顺序交配算子	Ordered Crossover，OX	[28]
循环交配算子	Cycle Crossover，CX	[29]
边重组交配算子	Edge Recombination，ER	[30]
边集合交配算子	Edge Assembly Crossover，EAX	[31]
两点交配	Two-point Crossover	[32]
均匀交配	Uniform Crossover	[33]
算术交配	Arithmetic Crossover	[34]
单性孢子交配算子	Partheno-Crossover	[35]

最后是变异操作。前面在 4.2 节所涉及的二进制编码染色体和浮点数编码染色体的变异操作分别属于**简单变异**（Simple Mutation）[6]和**均匀变异**（Uniform Mutation）[36]。对遗传算法的改进研究同样给出了一些新的变异算子，如表 4.5 所示。

表 4.5　遗传算法变异算子

算子名称(中文)	英　　文	参考文献
边界变异	Boundary Mutation	[34]
高斯变异	Gaussian Mutation	[34]
非均匀变异	Non-uniform Mutation	[36]

4.3.2　参数设置

遗传算法涉及的主要控制参数[6][37]有群体规模 N，染色体的长度 L，基因的取值范围 R，交配概率 P_c，变异概率 P_m，适应值评价，终止条件。表 4.6 将这些参数对于遗传算法的意义和经验设置进行了归纳。

表 4.6　遗传算法参数经验设置

参　　数	参考设置
群体规模 N	√ 影响算法的搜索能力和运行效率。 • 若 N 设置较大,一次进化所覆盖的模式较多,可以保证群体的多样性,从而提高算法的搜索能力,但是由于群体中染色体的个数较多,势必增加算法的计算量,降低了算法的运行效率。 • 若 N 设置较小,虽然降低了计算量,但是同时降低了每次进化中群体包含更多较好染色体的能力[6]。 • N 的设置一般为 20~100。
染色体的长度 L	√ 影响算法的计算量和交配变异操作的效果。 • L 的设置跟优化问题密切相关,一般由问题定义的解的形式和选择的编码方法决定。 • 对于二进制编码方法,染色体的长度 L 根据解的取值范围和规定精度要求选择大小。 • 对于浮点数编码方法,染色体的长度 L 跟问题定义的解的维数 D 相同。 • 除了染色体长度一定的编码方法,Goldberg 等人[38]还提出了一种变长度染色体遗传算法 Messy GA,其染色体的长度并不是固定的。
基因的取值范围 R	√ R 视采用的染色体编码方案而定。 • 对于二进制编码方法,$R=\{0,1\}$,而对于浮点数编码方法,R 与优化问题定义的解每一维变量的取值范围相同。
交配概率 P_c	√ 决定了进化过程种群参加交配的染色体平均数目 $P_c \times N$。 • P_c 的取值一般为 0.4~0.99。 • 也可采用自适应的方法调整算法运行过程中的 P_c 值[39]。
变异概率 P_m	√ 增加群体进化的多样性,决定了进化过程中群体发生变异的基因平均个数。 • P_m 的值不宜过大。因为变异对已找到的较优解具有一定的破坏作用,如果 P_m 的值太大,可能会导致算法目前所处的较好的搜索状态倒退回原来较差的情况。 • P_m 的取值一般为 0.001~0.1。 • 也可采用自适应的方法调整算法运行过程中的 P_m 值[39][40]。
适应值评价	√ 影响算法对种群的选择,恰当的评估函数应该能够对染色体的优劣做出合适的区分,保证选择机制的有效性,从而提高群体的进化能力。 • 评估函数的设置同优化问题的求解目标有关。 • 评估函数应满足较优染色体的适应值较大的规定。 • 为了更好地提高选择的效能,可以对评估函数做出一定的修正。 • 目前主要的评估函数修正方法有: 　◇ 线性变换 　◇ 乘幂变换 　◇ 指数变换等
终止条件	√ 决定算法何时停止运行,输出找到的最优解。 • 采用何种终止条件,跟具体问题的应用有关。 • 可以使算法在达到最大进化代数时停止,最大进化代数一般可设置为 100~1000,根据具体问题可对该建议值作相应的修改。 • 也可以通过考察找到的当前最优解的情况来控制算法的停止。例如,当目前进化过程算法找到的最优解达到一定的误差要求,则算法可以停止。误差范围的设置同样跟具体的优化问题相关。或者是算法在持续很长的一段进化时间内所找到的最优解没有得到改善时,算法可以停止。

√ 表示参数的意义　　• 表示参数的经验设置

4.3.3 混合遗传算法

混合遗传算法(Hybrid Genetic Algorithm,HGA)[41-44]是将遗传算法同其他优化算法有机结合的混合算法,目的在于得到性能更优的算法,提高遗传算法求解问题的能力。

提出混合遗传算法思想的主要原因有二:一是遗传算法存在局部搜索能力较弱的缺点,而遗传算法之外的其他搜索方法如**爬山法**(Hillclimbing Algorithm)、**最速下降法**(Steepest Descent Method)、**局部搜索算法**(Local Search Algorithm)和**模拟退火算法**(Simulated Annealing Algorithm)却在局部搜索方面具有得天独厚的优势,将这些优化方法融入遗传算法可以成为改进遗传算法局部搜索能力的有效途径。

二是虽然遗传算法对问题应用求解具有很强的普适性,但是应用于特定的专门领域问题时,遗传算法可能不是解决问题的最佳方法,并不能保证最佳的求解性能。而当人们试图往遗传算法中加入专门领域特定知识时,发现遗传算法的性能明显改善[42]。

混合的思想能够成功地使得到的混合算法在性能上超过原有的遗传算法[45]。表4.7归纳了一些混合遗传算法的成功实例。

表 4.7 混合遗传算法的成功实例

混合算法名称	参考文献
并行组合模拟退火算法(Parallel Recombination Simulated Annealing,PRSA)	[43]
并行模拟退火遗传算法(Parallel Simulated Annealing and Genetic Algorithms,PSAGA)	[44]
贪婪遗传算法(Greedy Genetic Algorithm,GGA)	[46]
遗传比率切割算法(Genetic Ratio-Cut Algorithm,GRCA)	[47]
遗传爬山法(Genetic Hillclimbing Algorithm,GHA)	[48]
引入局部改善操作的混合遗传算法	[49]
免疫遗传算法(Immune Genetic Algorithm,IGA)	[50]

4.3.4 并行遗传算法

并行计算(Parallel Computing)区别于在单指令流单数据流(Single Instruction Single Data,SISD)处理器上执行的**串行计算**(Serial Computing),是一种通过使用单指令流多数据流(Single Instruction Multiple Data,SIMD)计算机、多指令流多数据流(Multiple Instruction Multiple Data,MIMD)计算机或并行计算网络来快速解决大型而又复杂的计算问题的新的现代计算技术。并行计算能够充分利用各种计算资源和存储资源,是突破目前计算机计算瓶颈的可行技术之一。随着并行计算机和网络的飞速发展,并行计算的基础越来越稳固,并以较快的速度发展和完善。并行计算技术为解决遗传算法的计算效率问题提供了有效的技术手段。在遗传算法运行过程中,算法的计算量在群体规模较大时将急剧增加,尤其是染色体适应值的计算将占据 CPU 大量的计算时间,从而降低了算法的运行速度。另一方面,遗传算法具有潜在的并行性[51],虽然算法从整体的流程上看仍然是串行的,但是算法运行过程中对每个染色体的处理却是具有一定的相互独立性的,例如变异操作、适应值计算。这为向遗传算法中引入并行计算技术的实现提供了可行条件。因此出现了**并行遗传算法**(Parallel Genetic Algorithm,PGA)[52-54]的概念。

接下来讨论如何将并行计算应用于遗传算法。在目前的研究应用中,并行遗传算法有两种表现形式,一种是**标准型并行方法**(Standard Parallel Approach),另一种是**分解型并行方法**(Decomposition Parallel Approach)。

标准型并行方法并没有根本改变遗传算法整体上的串行计算结构,只是在算法的某些操作中引入并行计算技术,这些操作包括适应值计算、选择操作、交配操作、变异操作等[55-57]。图 4.11 是标准型并行方法实现遗传算法各个操作并行化的示意图。

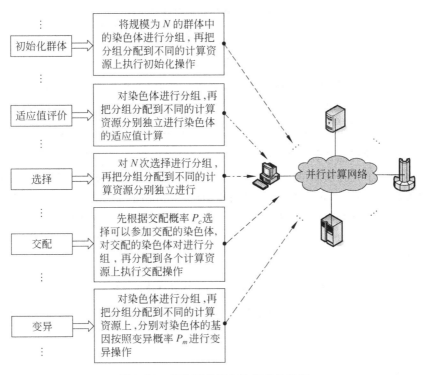

图 4.11 标准型并行方法简单示意图

分解型并行方法的基本思想是将整个群体分解成几个子群体,各个子群体分配到不同的计算资源上分别独立地使用原有的遗传算法进行进化。可见,这种思想更贴近于自然界的生物进化系统。由于地域的限制,分布在不同地域的同一种生物的进化过程是不相同的,最终导致出现各种不同的物种。不同物种适应环境的能力不尽相同。同样地,独立进行进化的各个子群体在各个阶段的进化程度也是不同的。因此,分解型并行方法要求每隔一定的进化代数需要对各个子群体的进化结果信息进行交换。图 4.12 给出了分解型并行方法简单示意图。

在分解型并行遗传算法中,各个子群体的信息交换是一个重要的操作。对于子群体之间如何交换进化信息,需要解决表 4.8 中列出的几个重要问题。

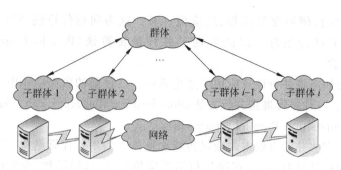

图 4.12　分解型并行方法简单示意图

表 4.8　子群体进化信息交换问题

问题	对 应 的 定 义
交换的时间	每隔多少个进化代数实行信息交换
交换的方式	每次参与信息交换的子群体如何确定,每个子群体和其他哪些子群体进行交换
交换的内容	可以是用子群体之间适应值最大的最优染色体取代参与交换的子群体的最优染色体,也可以是交换子群体的部分较优染色体等

围绕分解型并行遗传算法的信息交换操作,学者们提出了许多创造性的方法。目前的研究成果给出了几种典型的实现并行遗传算法的群体模型:**岛屿模型**(Island Model)、**踏脚石模型**(Stepping-stone Model)、**邻居模型**(Neighborhood Model)。基于这些群体模型,许多学者使用不同的信息交换策略,开发出了各种独特的并行遗传算法。这些算法各有自己的优点,成功地提高了算法的运行效率。表 4.9 给出了各种群体模型下成功的并行遗传算法实例。

表 4.9　各种群体模型下成功的并行遗传算法实例

群体模型	并行遗传算法的名称或开发人员	参考文献
岛屿模型	Kroger 等人	[58]
	Maruyama 等人	[59]
	Chen 等人	[60]
踏脚石模型	Mühlenbein H 等人	[54]
	Genetic Algorithm with Punctuated Equilibria,GAPE	[61]
	Tanese	[62][63]
	Starkweathe 等人	[64]
邻居模型	Manderick 等人	[53][65]
	异步并行遗传优化策略 (Asynchronous Parallel Genetic Optimization Strategy,ASPARAGOS)	[66]
	Kitano 等人	[67]
	Tamaki 等人	[68]

4.4 遗传算法的应用

遗传算法最早用于研究和设计人工自适应系统[9][14]和求解函数优化问题[6]。随着对遗传算法的研究逐步深入,遗传算法的性能不断地得到改进和完善,算法的应用涉及更加广泛的领域,并表现出很好的解决问题的能力。目前,遗传算法的应用范围已延伸到组合优化[69-71]、图像处理[72-76]、模式识别[10]、智能控制[20]、神经网络[77-79]、自动程序设计[80]、机器学习[81-89]、人工生命[90]、数据挖掘[91]、网络通信[92]等多个领域和各类学科如电子工程学[61]、电力学[93]、社会学[94]、经济学[95]和电磁学[96][97]等。

1. 优化与调度应用

大量实际工程系统的设计和优化问题可以转换为函数优化问题进行解决。函数优化问题是一类通过对函数变量进行数值的设置优化以达到函数优化目标的问题。函数优化是遗传算法的传统应用领域,随着对遗传算法的不断改进,遗传算法应用于解决函数优化问题已经越来越成熟。

实际生产生活中存在许多调度和规划问题,这类问题属于组合优化问题,通常涉及比函数优化更为复杂的优化目标,例如作业调度问题、旅行商问题、布局问题等。到目前为止,遗传算法已经成功地在许多调度和规划问题上给出了令人满意的解决结果。表4.10提供了遗传算法在工程系统设计优化与调度规划方面的成功应用。

表4.10 遗传算法在工程系统设计优化与调度规划方面的成功应用

应用(中文)	英文	参考文献
管道系统优化	Pipe system optimization	[10]
作业调度问题	Job shop scheduling problem	[98][99]
图划分问题	Graph partitioning problem	[100]
木材切割优化问题	Lumber cutting optimization problem	[101]
指派问题	Assignment problem	[102]
网络划分问题	Network partitioning problem	[103]
映射问题	Mapping problem	[104]
设备布局设计	Facility layout design	[105]
运输问题	Transportation problem	[106]
背包问题	Knapsack problem	[107][108]
最小生成树问题	Minimum spanning tree problem	[109]
旅行商问题	Traveling salesman problem	[110]
影片递交问题	Film-copy deliverer problem	[111]
可靠性优化问题	Reliability optimization problem	[112]
流水车间问题	Flow shop problem	[113]
模糊车辆路径问题	Fuzzy vehicle routing problem	[114]
其他	Others	……

2. 其他方面的应用

遗传算法的应用范围并不局限于函数优化和组合优化问题,而且广泛地应用于图像处理和模式识别、机器学习、智能控制、人工生命、自动程序设计等重要领域,如表 4.11 所示。目前关于遗传算法应用的研究和尝试活动依然蓬勃发展,随着遗传算法的不断发展,相信遗传算法能够有效地应用于其他更多的领域。

表 4.11 遗传算法在其他方面的应用

> 图像处理和模式识别

- 图像分割
  Bhanu B,Lee S 和 Ming J 将遗传算法应用于自优化图像分割[72];
  Chun D N 和 Yang H S 使用带模糊测度的遗传算法实现具有健壮性的图像分割技术[73]。
- 图像复原及重建优化
  Chen Y W 使用基于岛屿模型的并行遗传算法实现对图像的复原[60];
  Chen Y W 使用调和算子约束的遗传算法对中子半影成像的重建问题进行了研究[74]。
- 图像识别检索
  Bhandarkar S M 等人成功将遗传算法应用于对图像边缘的检测[75];
  Cross A D 等人使用遗传算法进行图形匹配[76]。

> 机器学习

- 学习分类系统
  Holland J H 等人[81]在 1978 年成功实现了第一个基于遗传算法的分类系统(Classifier Systems)——第一级认知系统 CS-1;
  Smith S F 在 1980 年成功实现基于遗传算法的机器学习系统 LS-1[82];
  Booker L B 于 1982 年在其博士论文中提出另一种基于遗传算法的分类系统[83];
  Wilson S W 使用遗传算法于 1985 年[84]成功开发了用于协调可移动视频摄像机感知运动的分类系统 EYE-EYE;此后他又提出新的分类系统 ANIMAT[85];
  Goldberg D E 运用遗传算法和规则学习实现用于控制煤气管道计算机辅助系统的分类系统[86];
  De Jong K A 等人使用遗传算法研制了概念学习系统 GABIL[87];
  Janikow C Z 实现的 GIL[88]和 Green D P 等人研制的 COGIN[89]也是通过遗传算法实现概念学习的特有操作。
- 神经网络
  Vittorio Maniezzo 将遗传算法应用于神经网络拓扑结构和连接权值的优化[77];
  Bornholdt S 等人成功将遗传算法应用于非对称神经网络的设计[78];
  Schaffer J D 等人利用遗传算法改进神经网络的突现行为[79];
  Marshall S J 等人实现基于遗传算法的前馈神经网络优化和训练[115]。

> 智能控制

- 使用 GA 实现系统识别和控制[20]
- 使用 GA 实现谈判支持系统[116]
- 使用 GA 实现模糊控制器的自动调整[117]
- 使用 GA 实现控制器的设计和调整[118]

> 其他

- 人工生命[90]
- 自动程序设计[80]
- ……

4.5 本章习题

1. 请阐述遗传算法的基本思想来源。
2. 请写出遗传算法执行过程的基本步骤。
3. 假设函数 $y=f(x_1,x_2,x_3,x_4)=\dfrac{1}{1+|x_1|+|x_2|+|x_3|+|x_4|}$,其中 $-10\leqslant x_1,x_2,x_3,x_4\leqslant 10$,使用遗传算法求解 y 的最大值,请仿照例 4.1 写出关键的求解步骤。
4. 谈谈你对 4.3.1 节涉及的几种选择算法孰优孰劣的看法。
5. 列举遗传算法主要的控制参数,并简单描述各个控制参数对算法的作用和意义。
6. 请写出对评估函数进行修正的主要方法。
7. 参阅有关文献,探讨混合遗传算法优于基本遗传算法的特点。
8. 试比较并行遗传算法中标准型并行方法和分解型并行方法的不同之处。
9. 按照 4.2 节给出的遗传算法基本流程结构上机编写完整的遗传算法程序,实现对例 4.1 和习题 3 完整的求解。
10. 在习题 9 的遗传算法程序中对遗传算法几个主要控制参数的取值进行修改,比较修改前后程序的运行性能。

本章参考文献

[1] Holland J H. Genetic algorithms. Scientific American,1992:44-50.
[2] Holland J H. Outline for a logical theory of adaptive system. Journal of the Association for Computing Machinery,1962(3):297-314.
[3] Bagley J D. The behavior of adaptive systems which employ genetic and correlation algorithms. Ph. D. Dissertation,University of Michigan,1967.
[4] Cavicchio D J. Adaptive search using simulated evolution. Ph. D. Dissertation,University of Michigan,1970.
[5] Hollstien R B. Artificial genetic adaptation in computer control systems. Ph. D. Dissertation,University of Michigan,1971.
[6] De Jong K A. An analysis of the behavior of a class of genetic adaptive systems. Ph. D. Dissertation,University of Michigan,1975.
[7] Holland J H. A new kind of turnpike theorem. Bulletin of the American Mathematical Society,1969:1311-1317.
[8] Holland J H. Genetic algorithms and the optimal allocations of trials. SIAM Journal of Computing,1973:88-105.
[9] Holland J H. Adaptation in Nature and Artificial Systems. 2nd ed. Cambridge:MIT Press,1992.
[10] Goldberg D E. Genetic algorithms in search,optimization and machine learning. Addison-Wesley Publishing,1989.
[11] Axelrod R M. The evolution of strategies in the iterated prisoner's dilemma. Genetic Algorithms and Simulated Annealing. London:Pitman,1987:32-41.

[12] De Jong K A. Learning with genetic algorithms: an overview. Machine Learning, 1988 (3): 121-138.

[13] Booker L B, Goldberg D E, Holland J H. Classifier systems and genetic algorithms. Artificial Intelligence, 1989: 235-182.

[14] De Jong K A. Adaptive systems design: a genetic approach. IEEE Trans. on Systems, Man, and Cybernetics, 1980(10): 566-574.

[15] Grefenstette J J. Optimization of control parameters for genetic algorithms. IEEE Trams. on Systems, Man and Cybernetics, 1986(16): 122-128.

[16] Cohoon J P, Paris W D. Genetic placement. IEEE Trans. on Computer-Aided Design, 1987(6): 956-964.

[17] Cohoon J P, Hegde S U, Martin W N, et al. Distributed genetic algorithms for the floorplan design problem. IEEE Trans on Computer-Aided Design of Integrated Circuits and Systems, 1991 (10): 483-492.

[18] Sugato B, Uckun S, Miyabe Y, et al. Exploring problem-specific recombination operators for job shop scheduling. Proceedings of ICGA'91. Morgan Kaufmann, 1991: 10-17.

[19] Whitley D, Mathias K, Fitzhorn P. Delta coding: an iterative search strategy for genetic algorithms. Proceedings of ICGA'91. Morgan Kaufmann, 1991: 77-84.

[20] Kristinsson K, Dumont G A. System identification and control using genetic algorithms. IEEE Trans on Systems, Man and Cybernetics, 1992(22): 1033-1046.

[21] Brill F Z, Brown D E, Martin M N. Fast genetic selection of features for neural network classifiers. IEEE Trans on Neural Network, 1992(3): 324-328.

[22] Jomikow C Z, Michalewicz Z. An experimental comparison of binary and floating point representations in genetic algorithm. Proceedings of ICGA'91. Morgan Kaufmann, 1991: 31-36.

[23] Goldberg D E. Simple genetic algorithms and the minimal deceptive problem. Genetic Algorithms and Simulated Annealing. London: Pitman, 1987: 74-78.

[24] Frantz D R. Non-linearities in genetic adaptive search. Ph. D. Dissertation. University of Michigan, 1972.

[25] Brindle A. Genetic algorithms for function optimization. Ph. D. Dissertation. University of Alberta, 1981.

[26] Back T. The interaction of mutation rate, selection and self — adaptation within a genetic algorithm. Parallel Problem Solving from Nature 2. North Holland, 1992: 84-94.

[27] Goldberg D E, Lingle R, Jr Alleles. Loci and the traveling salesman problem. Proceedings of ICGA'85, 1985: 154-159.

[28] Davis L. Applying adaptive algorithms to epistatic domains. Proceedings of the 9th International Joint Conference on Artificial Intelligence, 1985: 162-164.

[29] Oliver L M, Smith D J, Holland J R C. A study of permutation crossover operators on the traveling salesman problem. Proceedings of ICGA'87. Lawrence Erlbaum Associates, 1987: 224-230.

[30] Whitley D, Starkweather T, Fuquay D. Scheduling problems and traveling salesman: the genetic edge combination operator. Proceedings of ICGA'89. Morgan Kaufmann, 1989: 133-140.

[31] Nagata Y, Kobayashi S. Edge assembly crossover: a high-power genetic algorithm for the traveling salesman problem. Proceedings of ICGA'97, 1997: 450-457.

[32] Cavicchio D J. Reproductive adaptive plans. Proceedings of the ACM 1972 Annual Conference, 1972: 1-11.

[33] Syswerda G. Uniform crossover in genetic algorithm. Proceedings of ICGA'89. Morgan Kaufmann, 1989: 2-9.

[34] Michalewicz Z. Genetic Algorithms + Data Structure = Evolution Program. Berlin: Springer-Verlag, 1992.

[35] DaJiang Jin, Ji Ye Zhang. A new crossover operator for improving ability of global searching. International Conference on Machines Learning and Cybernetics, 2007: 2328-2332.

[36] Michalewicz Z, et al. A modified genetic algorithm for optimal control problems. Computers and Mathematics with Applications, 1992: 83-94.

[37] Davis L. Handbook of Genetic Algorithms. New York: VanNosbandReinhold, 1991.

[38] Goldberg D E, Korb B, Deb K. Messy genetic algorithms: motivation, analysis and first results. Complex Systems, 1989: 493-530.

[39] Davis L. Adapting operator probabilities in genetic algorithms. Proceedings of ICGA'89. Morgan Kaufmann, 1989: 61-70.

[40] Whitley D, et al. Genitor II: a distributed genetic algorithm. Journal of Experimental and Theoretical Artificial Intelligence, 1990: 189-214.

[41] Whitley D. Modeling hybrid genetic algorithms. Genetic Algorithms in Engineering and Computer Science. Wiley, 1995.

[42] Grefenstette J J. Incorporating problem specific knowledge into genetic algorithms. Genetic Algorithms and Simulated Annealing. Pitman, 1987: 42-60.

[43] Mathefoud S W, Goldberg D E. A genetic algorithm for parallel simulated annealing. Parallel Problem Solving from Nature 2. North Holland, 1992: 301-310.

[44] Chen H, Flann N S. Parallel simulated annealing and genetic algorithms: a space of hybrid methods. Parallel Problem Solving from Nature 3. Springer-Verlag, 1994: 428-438.

[45] Kaur D, Murugappan M M. Performance enhancement in solving traveling salesman problem using hybrid genetic algorithm. Fuzzy Information Processing Society, 2008: 1-6.

[46] Yingzi Wei, Yulan Hu, Kanfeng Gu. Parallel search strategies for TSPs using a greedy genetic algorithm. Third International Conference on Natural Computation, 2007: 786-790.

[47] Thang Nguyen Bui, Byung-Ro Moon. GRCA: a hybrid genetic algorithm for circuit ratio-cut partitioning. IEEE Trans. on Computer-Aided Design of Integrated Circuits and Systems, 1998(17): 193-204.

[48] Ackley D. A connectionist machine for genetic hillclimbing. Boston: Kluwer Academic Publishers, 1987.

[49] Miller J A, Potter W D, Gandham R V, et al. An evaluation of local improvement operators for genetic algorithms. IEEE Trans. on Systems, Man and Cybernetics, 1993(23): 1340-1351.

[50] Hongda Liu, Zhongli Ma, Sheng Liu, et al. A new solution to economic emission load dispatch using immune genetic algorithm. IEEE Conference on Cybernetics and Intelligent Systems, 2006: 1-6.

[51] Bertoni A, Dorigo M. Implicit parallelism in genetic algorithms. Artificial Intelligence, 1993: 307-314.

[52] Kosak C, Marks J, Shieber S. A parallel genetic algorithm for network-diagram layout.

Proceedings of ICGA'91. Morgan Kaufmann, 1991: 458-465.

[53] Spiessens P, Manderick B. A massively parallel genetic algorithm: implementation and first analysis. Proceedings of ICGA'91. Morgan Kaufmann, 1991: 279-286.

[54] Mühlenbein H, Schomisch M, Born J. The parallel genetic algorithm as function optimizer. Parallel Computing, 1991: 619-632.

[55] Fogarty T C, Huang R. Implementing the genetic algorithm on transputer based parallel processing systems. Parallel Problem Solving from Nature 1. Springer-Verlag, 1991: 145-149.

[56] Chen R, Meyer R R, Yackel J. A genetic algorithm for diversity minimization and its parallel implementation. Proceedings of ICGA'93. Morgan Kaufmann, 1993: 163-170.

[57] Neuhause P. Solving the mapping-problem-experience with a genetic algorithm. Parallel Problem Solving from Nature 1. Springer-Verlag, 1991: 170-175.

[58] Kroger B, Schwenderling P, Vorberger O. Parallel genetic packing of rectangles. Parallel Problem Solving from Nature 1. Springer-Verlag, 1991: 160-164.

[59] Maruyama T, et al. An asynchronous fine-grained parallel genetic algorithm. Parallel Problem Solving from Nature 2. Elsevier Science, 1992: 563-572.

[60] Chen Yen Wei, et al. A parallel genetic algorithm based on the island model for image restoration. Proceedings of the 1996 IEEE Signal Processing Society Workshop, 1996: 109-118.

[61] Cohoon J P, Matin W N, Richards D. Genetic algorithm and punctuated equilibria in VLSI. Parallel Problem Solving from Nature 1. Springer-Verlag, 1991: 134-144.

[62] Tanese R. Parallel genetic algorithm for a hypercube. Proceedings of ICGA'87. Lawrence Erlbaum Associates, 1987: 177-183.

[63] Tanese R. Distributed genetic algorithm. Proceedings of ICGA'89. Morgan Kaufmann, 1989: 434-439.

[64] Starkweathe T, Whitley D, Marhias K. Optimization using distributed genetic algorithm. Parallel Problem Solving from Nature 1. Springer-Verlag, 1991: 176-184.

[65] Manderick B, Spiessens P. Fine-grained parallel genetic algorithms. Proceedings of ICGA'89. Morgan Kaufmann, 1989: 428-433.

[66] Schleute M G. ASPARAGOS: an asynchronous parallel genetic optimization strategy. Proceedings of ICGA'89. Morgan Kaufmann, 1989: 422-427.

[67] Kitano H, Smith S F, Higuchi T. A parallel associative memory processor for rule learning with genetic algorithms. Proceedings of ICGA'91. Morgan Kaufmann, 1991: 311-317.

[68] Tamaki H, Nishikawa Y. A parallel genetic algorithm based on neighborhood model and its application to the jobshop scheduling. Parallel Problem Solving from Nature 2. Amsterdam: North Holland, 1992: 573-582.

[69] Abdullah A R. A robust method for linear and nonlinear optimization based on genetic algorithm. Cybernetica, 1991: 279-287.

[70] Goldberg D E, Samtani M P. Engineering optimization via genetic algorithms. Proceedings of the 9th Conference on Electronic Computation, 1986: 471-482.

[71] Fam Quang Bao, Perov V L. New evolutionary genetic algorithms for NP-complete combinational optimization problem. Biological cybernetics, 1993: 229-234.

[72] Bhanu B, Lee S, Ming J. Self-optimizing image segmentation system using a genetic algorithm. Proceedings of ICGA'91. Morgan Kaufmann, 1991: 362-369.

[73] Chun D N, Yang H S. Robust image segmentation using genetic algorithm with a fuzzy measure. Pattern Recognition, 1996: 1195-1211.

[74] Chen Yen Wei, et al. Reconstruction of neutron penumbral images by a genetic algorithm with laplacian constraint. Proceedings of the 1996 IEEE Signal Processing Society Workshop, 1996: 99-108.

[75] Bhandarkar S M, et al. An edge detection technique using genetic algorithm-based optimization. Pattern Recognition, 1994: 1159-1180.

[76] Cross A D J, et al. Inexact graph matching using genetic search. Pattern Recognition, 1997: 953-970.

[77] Maniczzo V. Genetic evolution of the topology and weight distribution of neural networks. IEEE Trans. on Neural Networks, 1994: 39-53.

[78] Bornholdt S, Graudenz D. Genetic asymmetric neural networks and structure design by genetic algorithms. Neural Networks, 1992: 327-334.

[79] Schaffer J D, Garuana R A, Eshelman L J. Using Genetic Search to Exploit the Emergent Behavior of Neural networks. Physical D: Nonlinear Phenomena, 1990: 244-248.

[80] Koza J R. Genetic programming: on the programming of computers by means of natural selection. Cambridge: The MIT Press, 1992.

[81] Holland J H, Reitman J S. Cognitive systems based on adaptive algorithms. Pattern Directed Inference Systems, Waterman and Hayes-Roth, Ed. Academic Press, 1978.

[82] Smith S F. Flexible learning of problem solving heuristics through adaptive search. Proceedings of the 8th International Joint Conference on Artificial Intelligence, 1983: 422-425.

[83] Booker L B. Intelligent behavior as an adaptation to the task environment. Ph. D. Dissertation. University of Michigan, 1982.

[84] Wilson S W. Adaptive cortical pattern recognition. Proceedings of ICGA'85, L. Erlbaum Associates Inc. Hillsdale, 1985: 188-196.

[85] Wilson S W. Knowledge growth in an artificial animal. Proceedings of ICGA'5, L. Erlbaum Associates Inc. Hillsdale, 1985: 16-23.

[86] Goldberg D E. Computer-aided gas pipeline operation using genetic algorithms and rule learning. Ph. D. Dissertation. University of Michigan, 1983.

[87] De Jong K A, Spears W M, Gordon D F. Using genetic algorithms for concept learning. Machine Learning, 1993: 161-188.

[88] Janikow C Z. A knowledge-intensive genetic algorithm for supervised learning. Machine Learning, 1993: 189-228.

[89] Green D P, Smith S F. Competition-based induction of decision models from examples. Machine Learning, 1993: 229-257.

[90] Mitchell M, Forrest S. Genetic algorithms and artificial life. Santa Fe Institute Working Paper, 1993.

[91] Larose D T. Data Mining Methods and Models, 2006.

[92] Prahlada Rao B B, Hansdah, R. C. Extended distributed genetic algorithm for channel routing. Proceedings of the 5th IEEE Symposium on Parallel and Distributed Processing, 1993: 726-733.

[93] Yalcinoz T, Altun H. Power economic dispatch using a hybrid genetic algorithm. IEEE, Power Engineering Review, 2001(21): 59-60.

[94] Loop B P, Sudhoff S D, Zak S H, et al. An optimization approach to estimating stability regions using genetic algorithms. Proceedings of the 2005 American Control Conference, 2005(1): 231-236.

[95] Skolpadungket P, Dahal K, Harnpornchai N. Portfolio optimization using multi-objective genetic algorithms. Proceedings of the IEEE Congress on Evolutionary Computation, 2007: 516-523.

[96] Chang Hwan Irn, Hyun Kyo Jung, Yong-Joo Kim. Hybrid genetic algorithm for electromagnetic topology optimization. IEEE Trans. on Magnetics, 2003(39): 2163-2169.

[97] Arkadan A A, Sareen T, Subramaniam S. Genetic algorithms for nondestructive testing in crack identification. IEEE Trans. on Magnetics, 1994(30): 4320-4322.

[98] Nakano R, Yamada T. Conventional genetic algorithm for job shop problems. Proceedings of ICGA'91. Morgan Kaufmann, 1991: 474-479.

[99] Davis L. Job shop scheduling with genetic algorithm. Proceedings of ICGA'85. Lawrence Erlbaum Associates, 1985: 136-140.

[100] Maruyama T. Parallel graph partitioning algorithm using a genetic algorithm. JSPP, 1992: 71-78.

[101] Cook D F, Wolfe M L. Genetic algorithm approach to a lumber cutting optimization problem. Cybernetics and Systems: An International Journal, 1991: 357-365.

[102] Levitin G, Rubinovitz J. Genetic algorithm for linear and cyclic assignment problem. Computers and Operations Research, 1993: 575-586.

[103] Lin Ming Jin, Sbu Pack Chan. A genetic approach for network partitioning. Intern J. Computer Math, 1992: 47-60.

[104] Talbi E G, Bessiere P. A parallel genetic algorithm applied to the mapping problem. SIAM NEWS, 1991(7).

[105] Tam K Y. Genetic algorithms, function optimization, and facility layout design. European Journal of Operational Research, 1992: 322-346.

[106] Vignaux G A, Michalewicz Z. A genetic algorithm for the linear transportation problem. IEEE Trans. on Systems. Man and Cybernetics, 1991: 445-452.

[107] Hinteding R. Mapping, order-independent genes and the knapsack problem. Proceedings of the 1st IEEE Conference on Evolutionary Computation, 1994: 13-17.

[108] Olsen A L. Penalty functions and the knapsack problem. Proceedings of the 1st IEEE Conference on Evolutionary Computation, 1994: 554-558.

[109] Hesser J, Manner R, Stucky O. Optimization of steiner trees using genetic algorithms. Proceedings of ICGA'89. Morgan Kaufmann, 1989: 231-236.

[110] Jyh Da Wei, Lee D T. A new approach to the traveling salesman problem using genetic algorithms with priority encoding. IEEE Congress on Evolutionary Computation, 2004: 1457-1464.

[111] Cheng R, Gen M, Sasaki M. Film-copy deliverer problem using genetic algorithms. Computers and Industrial Engineering, 1995: 549-553.

[112] Coit D W, Smith A E. Reliability optimization of series-parallel systems using a genetic algorithm. IEEE Trans. on Reliability, 1996: 254-260,266.

[113] Reeves C. A genetic algorithm for flow shop sequencing. Computers and Operations Research, 1995: 5-13.

[114] Cheng R, Gen M. Fuzzy vehicle routing and scheduling problem using genetic algorithms. Genetic Algorithms and Soft Computing. Physica-Verlag, 1996: 683-709.

[115] Marshall S J, Harrison R F. Optimization and training of feedforward neural networks by genetic algorithms. Proceedings of the 2nd International Conference on Artificial Neural Networks, 1991: 39-43.

[116] Matwin S, Szapiro T, Haigh K. Genetic algorithms approach to a negotiation support system. IEEE Trans on Systems, Man and Cybernetics, 1991: 102-114.

[117] Bonissone P P, et al. Genetic algorithms for automated tuning of fuzzy controllers: a transportation application. Proceedings of the 5th IEEE International Conference of Fuzzy Systems, 1996: 674-680.

[118] Varsek A, Urbancic T, Filipic B. Genetic algorithms in controller design and tuning. IEEE Trans. on Systems, Man and Cybernetics, 1993: 1330-1339.

普通高校本科计算机专业 **特 色** 教材精选

第 5 章　蚁群优化算法

　　自然界中蚂蚁总是成群结队地寻找面包碎屑并进行搬运,它们是如何确立寻找的路线的?是如何与同伴合作交流的?会不会也是一种优化行为呢?我们能据此设计出一种最优化搜索算法吗?

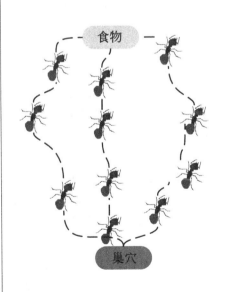

　　蚂蚁群体寻找食物的过程可以看做是一种启发式搜索过程。蚂蚁之间通过一种称为信息素(Pheromone)的物质实现了相互的间接通信,从而能够合作发现从蚁穴到食物源的最短路径。

　　通过对这种群体智能行为的抽象建模,研究者提出了蚁群优化算法(Ant Colony Optimization, ACO),为最优化问题,尤其是组合优化问题的求解提供了一强有力的手段。

蚁群优化算法(Ant Colony Optimization, ACO)作为一种全局最优化搜索方法,同遗传算法一样来源于自然界的启示,并有着良好的搜索性能。不同的是,蚁群算法通过模拟蚂蚁觅食的过程,是一种天然的解决离散组合优化问题的方法,在解决典型组合优化问题,如旅行商问题(TSP)、车辆路径问题(VRP)、车间作业调度问题(JSP)时具有明显的优越性。目前针对蚁群算法在数学理论、算法改进、实际应用等方面的研究是计算智能领域的热点,取得了一定的进展。

本章将从 ACO 算法的基本原理、研究进展、基本流程、改进版本、参数设置和相关应用等各个方面进行介绍,具体包括如下的内容:

- 蚁群优化算法的基本原理;
- 蚁群优化算法的研究进展;
- 蚁群优化算法的基本流程;
- 蚁群优化算法的改进版本;
- 蚁群优化算法的相关应用;
- 蚁群优化算法的参数设置。

5.1 蚁群优化算法简介

5.1.1 基本原理

自然界常常是人类创新思想的源泉。自然界中蕴含的内在规律、生物的作息规则往往被借鉴,并诞生新的学科。许多这种在自然界启示下诞生的新学科新方法都在数学基础没有被完全证明的情况下,通过仿真实验验证了其有效性,因为神奇的生物界常常可以通过自身的演化解决许多人类看来十分复杂的优化问题。而在这些方法被验证有效性后,科学家们又不断尝试着给出其数学理论的证明,在对数学理论基础探索的过程中,不论是这些思想和方法本身,还是自然界生物界的理论,都会不断地发展和完善。

蚁群优化算法(Ant Colony Optimization, ACO)由 Dorigo 等人[1]于 1991 年在第一届欧洲人工生命会议(European Conference on Artificial Intelligence, ECAL)上提出,是模拟自然界真实蚂蚁觅食过程的一种随机搜索算法。蚁群算法与遗传算法(Genetic Algorithm, GA)、粒子群优化算法(Particle Swarm Optimization, PSO)、免疫算法(Immune Algorithm, IA)等同属于仿生优化算法,具有鲁棒性强、全局搜索、并行分布式计算、易与其他方法结合等优点,在典型组合优化问题如**旅行商问题**(Traveling Salesman Problem, TSP)[2-5]、**车辆路径问题**(Vehicle Routing Problem, VRP)[6-9]、**车间作业调度问题**(Job-shop Scheduling Problem, JSP)[10][11]和动态组合规划问题如通信领域的**路由问题**[12-15]中均得到了成功的应用。

在对图 5.1 所示的蚂蚁觅食过程的观察中,我们不禁要提出两个疑问:(1)蚂蚁没有发育完全的视觉感知系统,甚至很多种类完全没有视觉,它们在寻找食物的过程中是如何选择路径的呢?(2)蚂蚁往往像军队般有纪律、有秩序地搬运食物,它们通过什么方式进行群体间的交流协作呢?仿生学家经过长期的试验与研究告诉我们问题的答案:无论是

图 5.1 蚂蚁的觅食行为

蚂蚁与蚂蚁之间的协作还是蚂蚁与环境之间的交互,均依赖于一种化学物质——**信息素**(pheromone)。蚂蚁在寻找食物的过程中往往是随机选择路径的,但它们能感知当前地面上的信息素浓度,并倾向于往信息素浓度高的方向行进。信息素由蚂蚁自身释放,是实现蚁群内间接通信的物质。由于较短路径上蚂蚁的往返时间比较短,单位时间内经过该路径的蚂蚁多,所以信息素的积累速度比较长路径快。因此,当后续蚂蚁在路口时,就能感知先前蚂蚁留下的信息,并倾向于选择一条较短的路径前行。这种正反馈机制使得越来越多的蚂蚁在巢穴与食物之间的最短路径上行进。由于其他路径上的信息素会随着时间蒸发,最终所有的蚂蚁都在最优路径上行进。蚂蚁群体的这种自组织工作机制适应环境的能力特别强,假设最优路径上突然出现障碍物,蚁群也能够绕行并且很快重新探索出一条新的最优路径。

图 5.2 是蚂蚁通过传递信息素寻找食物的示意图。蚂蚁 1 正处于一个路口,它将根据"自己瞧瞧"(启发式信息)和"兄弟们的气息"(信息素浓度)来选择前进的路线。选择是一个概率随机的过程,启发式信息多、信息素浓度大的路线有更大的概率被选中。当小概率事件发生时,例如蚂蚁 2 选择了一条非常长的路径,它只会产生很少的信息素(并且信息素仍在不断蒸发),使得后面的蚂蚁选择这条路的概率降低甚至不再选择这条路径。而当某只蚂蚁(蚂蚁 3)发现了一条当前最短的路径时,它将产生最多的信息素,并且由于之后的蚂蚁选择这条路径的概率较大,这条路径上爬过的蚂蚁较多(蚂蚁 4、蚂蚁 5……),信

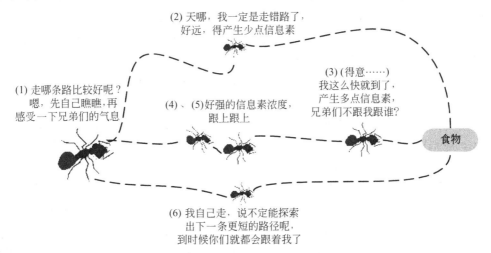

图 5.2 蚁群根据信息素觅食的过程

法[22][23]、超立方体框架 AS 算法[24][25]等。传统的 ACO 算法是解决离散空间的组合优化问题的,到了 21 世纪,各种连续蚁群算法[26-30]的出现,进一步扩展了蚁群算法的应用领域。

表 5.2　典型的 ACO 算法

算法名称	代表性文献	时间	第一作者	备注
蚂蚁系统(AS)	[2]	1991/1996	Dorigo	第一个 ACO 算法
精华 AS(EAS)	[17]	1991	Dorigo	
Ant-Q	[31]	1995	Gambardella	
最大最小 AS(MMAS)	[20]	1996	Stützle	
基于排列的 AS(AS_{rank})	[21]	1997	Bullnheimer	
蚁群系统(ACS)	[5]	1997	Dorigo	
ANTS	[22]	1999	Maniezzo	
连续蚁群(CACO)	[26]	2000	Mathur	优化连续空间问题
最优最差 AS(BWAS)	[32]	2000	Cordon	
超立方体 AS(HC-ACO)	[24]	2001	Blum	
正交连续蚁群(COAC)	[29]	2008	Hu	优化连续空间问题
伪并行蚁群(PACO)	[33]	2008	Lin	

5.2　蚁群优化算法的基本流程

前面已经提到,蚂蚁系统是以 TSP 作为应用实例提出的,虽然它的算法性能不及之后的各种扩展算法如 MMAS、ACS 等优秀,但它是最基本的 ACO 算法,比较易于学习和掌握。本节将以蚂蚁系统求解 TSP 问题的基本流程为例来描述蚁群优化算法的工作机制,各种扩展算法将在下一节中介绍。

5.2.1　基本流程

AS 算法对 TSP 的求解流程主要有两大步骤:路径构建和信息素更新。

已知 n 个城市的集合 $C_n = \{c_1, c_2, \cdots, c_n\}$,任意两个城市之间均有路径连接,$d_{ij}(i, j=1,2,\cdots,n)$ 表示城市 i 与 j 之间的距离,它是已知的(或者城市的坐标集合为已知,d_{ij} 即为城市 i 与 j 之间的欧几里德距离)。如在第 1 章中定义的一样,TSP 的目的是找到从某个城市 c_i 出发,访问所有城市且只访问一次,最后回到 c_i 的最短封闭路线。

1. 路径构建

每只蚂蚁都随机选择一个城市作为其出发城市,并维护一个路径记忆向量,用来存放该蚂蚁依次经过的城市。蚂蚁在构建路径的每一步中,按照一个随机比例规则选择下一个要到达的城市。

定义 5.1　AS 中的**随机比例规则**(random proportional):对于每只蚂蚁 k,路径记忆向量 R^k 按照访问顺序记录了所有 k 已经经过的城市序号。设蚂蚁 k 当前所在城市为 i,

则其选择城市 j 作为下一个访问对象的概率为：

$$p_k(i,j) = \begin{cases} \dfrac{[\tau(i,j)]^\alpha [\eta(i,j)]^\beta}{\sum_{u \in J_k(i)}[\tau(i,u)]^\alpha [\eta(i,u)]^\beta}, & j \in J_k(i) \\ 0, & \text{其他} \end{cases} \quad (5.1)$$

其中，$J_k(i)$ 表示从城市 i 可以直接到达的且又不在蚂蚁访问过的城市序列 R^k 中的城市集合。$\eta(i,j)$ 是一个启发式信息，通常由 $\eta(i,j)=1/d_{ij}$ 直接计算。$\tau(i,j)$ 表示边 (i,j) 上的信息素量。由公式(5.1)我们知道，长度越短、信息素浓度越大的路径被蚂蚁选择的概率越大。α 和 β 是两个预先设置的参数，用来控制启发式信息与信息素浓度作用的权重关系。当 $\alpha=0$ 时，算法演变成传统的随机贪婪算法，最邻近城市被选中的概率最大。当 $\beta=0$ 时，蚂蚁完全只根据信息素浓度确定路径，算法将快速收敛，这样构建出的最优路径往往与实际目标有着较大的差异，算法的性能比较糟糕。实验表明，在 AS 中设置 $\alpha=1, \beta=2\sim5$ 比较合适。

2. 信息素更新

在算法初始化时，问题空间中所有的边上的信息素都被初始化为 τ_0。如果 τ_0 太小，算法容易早熟，即蚂蚁很快就全部集中在一条局部最优的路径上。反之，如果 τ_0 太大，信息素对搜索方向的指导作用太低，也会影响算法性能。对 AS 来说，我们使用 $\tau_0=m/C^m$，m 是蚂蚁的个数，C^m 是由贪婪算法构造的路径的长度。

当所有蚂蚁构建完路径后，算法将会对所有的路径进行全局信息素的更新。注意，我们所描述的是 AS 的 ant-cycle 版本，更新是在全部蚂蚁均完成了路径的构造后才进行的，信息素的浓度变化与蚂蚁在这一轮中构建的路径长度相关，实验表明 ant-cycle 比 ant-density 和 ant-quantity 的性能要好很多。

信息素的更新也有两个步骤：首先，每一轮过后，问题空间中的所有路径上的信息素都会发生蒸发，我们为所有边上的信息素乘上一个小于 1 的常数。信息素蒸发是自然界本身固有的特征，在算法中能够帮助避免信息素的无限积累，使得算法可以快速丢弃之前构建过的较差的路径。随后所有的蚂蚁根据自己构建的路径长度在它们本轮经过的边上释放信息素。蚂蚁构建的路径越短、释放的信息素就越多；一条边被蚂蚁爬过的次数越多、它所获得的信息素也越多。AS 中城市 i 与城市 j 的相连边上的信息素量 $\tau(i,j)$ 按如下公式进行更新：

$$\tau(i,j) = (1-\rho) \cdot \tau(i,j) + \sum_{k=1}^{m} \Delta\tau_k(i,j)$$

$$\Delta\tau_k(i,j) = \begin{cases} (C_k)^{-1}, & (i,j) \in R^k \\ 0, & \text{其他} \end{cases} \quad (5.2)$$

这里，m 是蚂蚁个数；ρ 是信息素的蒸发率，规定 $0<\rho\leqslant1$，在 AS 中通常设置为 $\rho=0.5$。$\Delta\tau_k(i,j)$ 是第 k 只蚂蚁在它经过的边上释放的信息素量，它等于蚂蚁 k 本轮构建路径长度的倒数。C_k 表示路径长度，它是 R^k 中所有边的长度和。

AS 求解 TSP 的流程图和伪代码如图 5.3 所示。

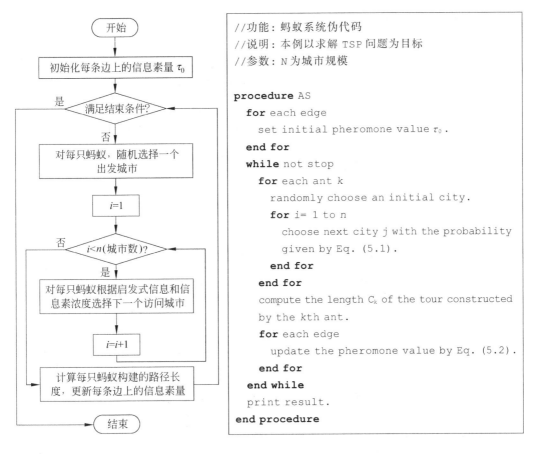

图 5.3 AS 求解 TSP 的流程图和伪代码

最后,我们讨论一下路径的两种构建方式:**顺序构建**和**并行构建**。顺序构建是指当一只蚂蚁完成一轮完整的构建并返回到初始城市之后,下一只蚂蚁才开始构建;并行构建是指所有蚂蚁同时开始构建,每次所有蚂蚁各走一步(从当前城市移动到下一个城市)。两种构建方式对 AS 算法来说是等价的,但对于之后的一些改进 ACO 算法就不等价了。请读者思考,图 5.3 所示 AS 流程使用的是哪种构建方式呢?

5.2.2 应用举例

下面通过一个简单的 TSP 的例子,说明蚁群优化算法的执行过程。

例 5.1 给出用蚁群算法求解一个四城市的 TSP 问题的执行步骤,四个城市 A、B、C、D 之间的距离矩阵如下:

$$W = d_{ij} = \begin{bmatrix} \infty & 3 & 1 & 2 \\ 3 & \infty & 5 & 4 \\ 1 & 5 & \infty & 2 \\ 2 & 4 & 2 & \infty \end{bmatrix}$$

假设蚂蚁种群的规模 $m=3$,参数 $\alpha=1, \beta=2, \rho=0.5$。

解：使用蚂蚁系统求解例 5.1 的执行步骤如图 5.4 所示。

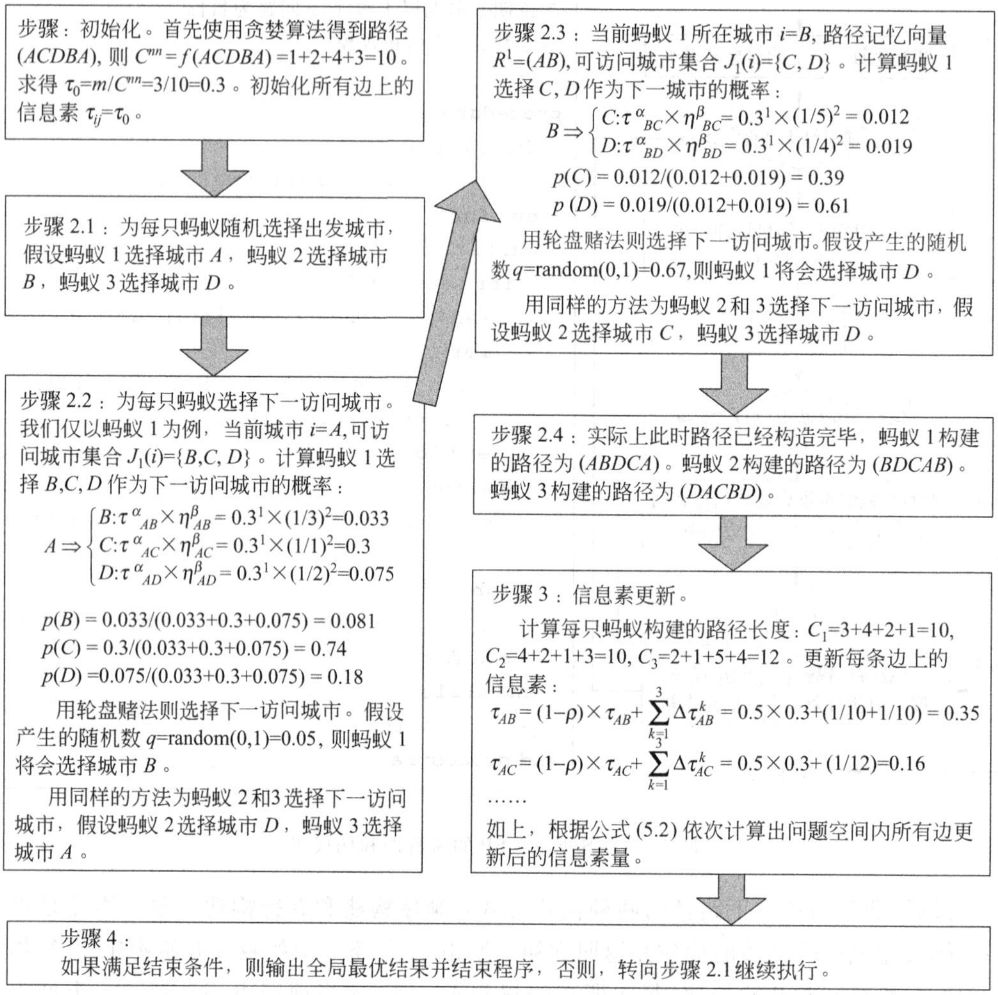

步骤：初始化。首先使用贪婪算法得到路径 $(ACDBA)$，则 $C^{nn} = f(ACDBA) = 1+2+4+3=10$。求得 $\tau_0 = m/C^{nn} = 3/10 = 0.3$。初始化所有边上的信息素 $\tau_{ij} = \tau_0$。

步骤 2.1：为每只蚂蚁随机选出发城市，假设蚂蚁 1 选择城市 A，蚂蚁 2 选择城市 B，蚂蚁 3 选择城市 D。

步骤 2.2：为每只蚂蚁选择下一访问城市。我们仅以蚂蚁 1 为例，当前城市 $i=A$，可访问城市集合 $J_1(i)=\{B,C,D\}$。计算蚂蚁 1 选择 B,C,D 作为下一访问城市的概率：

$$A \Rightarrow \begin{cases} B: \tau_{AB}^{\alpha} \times \eta_{AB}^{\beta} = 0.3^1 \times (1/3)^2 = 0.033 \\ C: \tau_{AC}^{\alpha} \times \eta_{AC}^{\beta} = 0.3^1 \times (1/1)^2 = 0.3 \\ D: \tau_{AD}^{\alpha} \times \eta_{AD}^{\beta} = 0.3^1 \times (1/2)^2 = 0.075 \end{cases}$$

$p(B) = 0.033/(0.033+0.3+0.075) = 0.081$
$p(C) = 0.3/(0.033+0.3+0.075) = 0.74$
$p(D) = 0.075/(0.033+0.3+0.075) = 0.18$

用轮盘赌法则选择下一访问城市。假设产生的随机数 $q=random(0,1)=0.05$，则蚂蚁 1 将会选择城市 B。

用同样的方法为蚂蚁 2 和 3 选择下一访问城市，假设蚂蚁 2 选择城市 D，蚂蚁 3 选择城市 A。

步骤 2.3：当前蚂蚁 1 所在城市 $i=B$，路径记忆向量 $R^1=(AB)$，可访问城市集合 $J_1(i)=\{C,D\}$。计算蚂蚁 1 选择 C,D 作为下一城市的概率：

$$B \Rightarrow \begin{cases} C: \tau_{BC}^{\alpha} \times \eta_{BC}^{\beta} = 0.3^1 \times (1/5)^2 = 0.012 \\ D: \tau_{BD}^{\alpha} \times \eta_{BD}^{\beta} = 0.3^1 \times (1/4)^2 = 0.019 \end{cases}$$

$p(C) = 0.012/(0.012+0.019) = 0.39$
$p(D) = 0.019/(0.012+0.019) = 0.61$

用轮盘赌法则选择下一访问城市。假设产生的随机数 $q=random(0,1)=0.67$，则蚂蚁 1 将会选择城市 D。

用同样的方法为蚂蚁 2 和 3 选择下一访问城市，假设蚂蚁 2 选择城市 C，蚂蚁 3 选择城市 D。

步骤 2.4：实际上此时路径已经构造完毕，蚂蚁 1 构建的路径为 $(ABDCA)$。蚂蚁 2 构建的路径为 $(BDCAB)$。蚂蚁 3 构建的路径为 $(DACBD)$。

步骤 3：信息素更新。
计算每只蚂蚁构建的路径长度：$C_1=3+4+2+1=10$，$C_2=4+2+1+3=10$，$C_3=2+1+5+4=12$。更新每条边上的信息素：

$$\tau_{AB} = (1-\rho) \times \tau_{AB} + \sum_{k=1}^{3} \Delta\tau_{AB}^k = 0.5 \times 0.3 + (1/10+1/10) = 0.35$$

$$\tau_{AC} = (1-\rho) \times \tau_{AC} + \sum_{k=1}^{3} \Delta\tau_{AC}^k = 0.5 \times 0.3 + (1/12) = 0.16$$

……
如上，根据公式 (5.2) 依次计算出问题空间内所有边更新后的信息素量。

步骤 4：
如果满足结束条件，则输出全局最优结果并结束程序，否则，转向步骤 2.1 继续执行。

图 5.4 使用蚂蚁系统求解例 5.1 的步骤图示

5.3 蚁群优化算法的改进版本

在前面的章节中我们已经提到，蚂蚁系统只是蚁群算法的一个最初的版本，它的性能有待提高。在 AS 诞生后的十多年中，蚁群算法持续被改进，算法性能不断提高，应用领域不断扩张。各种改进版本的 ACO 算法有着各自的特点，本节中我们将介绍其中最为经典的几个，包括**精华蚂蚁系统**(Elitist Ant System, EAS)、**基于排列的蚂蚁系统**(rank-based Ant System, AS_{rank})、**最大最小蚂蚁系统**(MAX-MIN Ant System, MMAS)以及**蚁群系统**(Ant Colony System, ACS)。它们基本都在 20 世纪 90 年代提出，虽然算法性能在现在看来不一定是最优的，但这些算法的思想是全世界学者们源源不断的灵感的源泉。掌握这些算法，有助于我们对蚁群优化算法本身产生更深刻的理解。

5.3.1 精华蚂蚁系统

我们回忆 AS 算法,蚂蚁在其爬过的边上释放与其构建路径长度成反比的信息素量,蚂蚁构建的路径越好,属于路径的各个边上所获得的信息素就越多,这些边在以后的迭代中被蚂蚁选择的概率也就越大。但我们不难想象,当城市的规模较大时,问题的复杂度呈指数级增长,仅仅靠这样一个基础单一的信息素更新机制引导搜索偏向,搜索效率有瓶颈。我们能否通过一种"额外的手段"强化某些最有可能成为最优路径的边,让蚂蚁搜索的范围更快、更正确地收敛呢?

答案是肯定的,**精华蚂蚁系统**(Elitist Ant System, EAS)是对基础 AS 的第一次改进,它在原 AS 信息素更新原则的基础上增加了一个对至今最优路径的强化手段。在每轮信息素更新完毕后,搜索到至今最优路径(我们用 T_b 表示)的那只蚂蚁将会为这条路径添加额外的信息素。EAS 中城市 i 与城市 j 的相连边上的信息素量 $\tau(i,j)$ 的更新按如下公式进行:

$$\tau(i,j) = (1-\rho) \cdot \tau(i,j) + \sum_{k=1}^{m} \Delta\tau_k(i,j) + e\Delta_b(i,j)$$

$$\Delta\tau_k(i,j) = \begin{cases} (C_k)^{-1}, & (i,j) \in R^k \\ 0, & \text{其他} \end{cases} \quad (5.3)$$

$$\Delta\tau_b(i,j) = \begin{cases} (C_b)^{-1}, & (i,j) \text{ 在路径 } T_b \text{ 上} \\ 0, & \text{其他} \end{cases}$$

除了式(5.2)中的各个符号定义,在 EAS 中,新增了 $\Delta_b(i,j)$,并定义参数 e 作为 $\Delta_b(i,j)$ 的权值。C_b 是算法开始至今最优路径的长度。可见,EAS 在每轮迭代中为属于 T_b 的边增加了额外的 e/C_b 的信息素量。

引入这种额外的信息素强化手段有助于更好地引导蚂蚁搜索的偏向,使算法更快收敛。Dorigo 等人对 EAS 求解 TSP 问题进行了实验仿真[17],结果表明在一个合适的参数 e 值作用下(一般设置 e 等于城市规模 n),EAS 有着较 AS 更高的求解精度与更快的进化速度。

5.3.2 基于排列的蚂蚁系统

人们的思想总是与时俱进的,在精华蚂蚁系统被提出后,我们又会思考,有没有更好的一种信息素更新方式,它同样使得 T_b 各边的信息素浓度得到加强,且对其余边的信息素更新机制亦有改善?

基于排列的蚂蚁系统(rank-based Ant System, AS_{rank})就是这样一种改进版本,它在 AS 的基础上给蚂蚁要释放的信息素大小 $\Delta\tau_k(i,j)$ 加上一个权值,进一步加大各边信息素量的差异,以指导搜索。在每一轮所有蚂蚁构建完路径后,它们将按照所得路径的长短进行排名,只有生成了至今最优路径的蚂蚁和排名在前 $(\omega-1)$ 的蚂蚁才被允许释放信息素,蚂蚁在边 (i,j) 上释放的信息素 $\Delta\tau_k(i,j)$ 的权值由蚂蚁的排名决定。AS_{rank} 中的信息素更新规则如公式(5.4)所示:

$$\tau(i,j) = (1-\rho) \cdot \tau(i,j) + \sum_{k=1}^{\omega-1}(\omega-k)\Delta\tau_k(i,j) + \omega\Delta_b(i,j)$$

$$\Delta\tau_k(i,j) = \begin{cases}(C_k)^{-1}, & (i,j) \in R^k \\ 0, & 其他\end{cases} \tag{5.4}$$

$$\Delta\tau_b(i,j) = \begin{cases}(C_b)^{-1}, & (i,j) 在路径 T_b 上 \\ 0, & 其他\end{cases}$$

构建至今最优路径 T_b 的蚂蚁(该路径不一定出现在当前迭代的路径中,各种蚁群算法均假设蚂蚁有记忆功能,至今最优的路径总是能被记住)产生信息素的权值大小为 ω,它将在 T_b 的各边上增加 ω/C_b 的信息素量,也就是说,路径 T_b 将获得最多的信息素量。其余的,在本次迭代中排名第 $k(k=1,2,\cdots,\omega-1)$ 的蚂蚁将释放 $(\omega-k)/C_k$ 的信息素。排名越前的蚂蚁释放的信息素量越大,权值 $(\omega-k)$ 对不同路径的信息素浓度差异起到了一个放大的作用,AS$_{rank}$ 能更有力度地指导蚂蚁搜索。一般设置 $\omega=6$。

以往的实验结果[21]表明 AS$_{rank}$ 具有较 AS 以及 EAS 更高的寻优能力和更快的求解速度。

5.3.3 最大最小蚂蚁系统

在介绍最大最小蚂蚁系统之前,我们先思考几个问题:

问题一:对于大规模的 TSP,由于搜索蚂蚁的个数有限,而初始化时蚂蚁的分布是随机的,这会不会造成蚂蚁只搜索了所有路径中的小部分就以为找到了最好的路径,所有的蚂蚁都很快聚集在同一路径上,而真正优秀的路径并没有被探索到呢?

问题二:当所有蚂蚁都重复构建着同一条路径的时候,意味着算法已经进入停滞状态。此时,不论是基本 AS、EAS 还是 AS$_{rank}$,之后的迭代过程都不再可能有更优的路径出现。这些算法收敛的效果虽然是"单纯而快速的",但我们都懂得"欲速则不达"的道理,我们有没有办法利用算法停滞后的迭代过程进一步搜索以保证找到更接近真实目标的解呢?

为了解决上面的两个问题,**最大最小蚂蚁系统**(MAX-MIN Ant System,MMAS)在基本 AS 算法的基础上进行了下列四项改进。

(1) 只允许迭代最优蚂蚁(在本次迭代构建出最短路径的蚂蚁),或者至今最优蚂蚁释放信息素。

(2) 信息素量大小的取值范围被限制在一个区间内。

(3) 信息素初始值为信息素取值区间的上限,并伴随一个较小的信息素蒸发速率。

(4) 每当系统进入停滞状态,问题空间内所有边上的信息素量都会被重新初始化。

下面我们介绍这四项改进带来的优势。

改进(1)借鉴于精华蚂蚁系统,但又有细微的不同。在 EAS 中,只允许至今最优的蚂蚁释放信息素,而在 MMAS 中,释放信息素的不仅有可能是至今最优蚂蚁,还有可能是迭代最优蚂蚁。实际上,**迭代最优更新规则**和**至今最优更新规则**在 MMAS 中会被交替使用。这两种规则使用的相对频率将会影响算法的搜索效果。如果只使用至今最优更新规则进行信息素的更新,搜索的导向性很强,算法会很快收敛到 T_b 附近;反之,如果只使用迭代最优更新规则,则算法的探索能力会得到增强,但收敛速度会下降。实验结果表明[20],对于小规模的 TSP 问题,仅仅使用迭代最优信息素更新方式即可。随着问题规模的增大,至今最优信息素规则的使用变得越来越重要。一种好的方式是,在算法迭代过程中,逐渐加大至今最优更新的概率。需要指出的是,计算智能领域的各个算法大多是不确定搜索,我们不能完全通过理论的分析就判断出一种方法好还是不好,不论是对遗传算法、蚁群优化算法还是下一章将要介绍的粒子群优化算法的研究与改进,往往都是一个"理论猜想→实验探索→理论分析总结"的过程。

在 MMAS 中,为了避免某些边上的信息素浓度增长过快,算法出现早熟现象,即所有的蚂蚁都搜索一条较优而不是最优的路径,提出了改进(2)。信息素量的大小被限定在一个取值范围$[\tau_{min}, \tau_{max}]$内。我们知道,蚂蚁是依据启发式信息和信息素浓度选择下城市节点的,其中启发式信息为蚂蚁当前所在城市 i 到下一可能城市 j 的距离的 d_{ij} 的倒数,由于各个 d_{ij} 的大小是事先给定的,取值范围已经确定,所以当信息素浓度也被限制在一个范围内以后,位于城市 i 的蚂蚁 k 选择城市 j 作为下一城市的概率 $p_k(i,j)$ 也将被限制在一个区间内。我们假设这个区间为$[p_{min}, p_{max}]$,关于 p_{min} 和 p_{max} 的值有兴趣的读者可以自行求解,我们在这里仅仅确定有 $0 < p_{min} \leq p_k(i,j) \leq p_{max} \leq 1$,当且仅当蚂蚁只剩下一个可以选择的城市时才会有 $p_{min} = p_{max} = 1$。实际上,我们无需计算 p_{min} 和 p_{max} 的值的大小,只要知道 $0 < p_{min} \leq p_k(i,j) \leq p_{max} \leq 1$ 就可以确定算法已经有效避免了陷入停滞状态的可能性。

由改进(3)我们知道,算法在初始化阶段,问题空间内所有边上的信息素均被初始化为 τ_{max} 的估计值,且信息素蒸发速率非常小(在 MMAS 中,一般将 ρ 置为 0.02),这样一来,不同边上的信息素浓度差异只会缓慢地增加,因此在算法的初始化阶段,MMAS 有着较基本 AS、EAS 和 AS_{rank} 更强的探索能力。增强算法在初始阶段的探索能力有助于蚂蚁"视野开阔地"进行全局范围内的搜索,随后再逐渐缩小搜索范围,最后定格在一条全局最优路径上。

改进(2)和(3)为我们解决了本小节开头提出的问题一,下面我们讨论问题二的解决方式:改进(4)。之前的蚁群算法,不论是 AS、EAS 还是 AS_{rank},均属于"一次性探索",即随着算法的执行,某些边的信息素量变得越来越小,某些路径被选择的概率也越来越小,系统的探索范围不断减小直至陷入停滞状态。在 MMAS 中,当算法接近或是进入停滞状态时,问题空间内所有边上的信息素浓度都将被重新初始化,从而有效地利用系统进入停滞状态后的迭代周期继续进行搜索,使算法具有更强的全局寻优能力。我们通常通过对各条边上信息素量大小的统计或观察算法在指定次数的迭代内至今最优路径有无被更新来判断算法是否停滞。

在本小节的最后,我们指出,最大最小蚂蚁系统具有较之前各种版本的蚁群系统更好的性能,是最受关注的 ACO 算法之一,它对基本 AS 算法引入的四项改进规则或思想常常被后续的各种 ACO 算法借鉴。

5.3.4 蚁群系统

前面我们已经介绍了三种改进版本的 AS 算法:精华蚁群系统、基于排列的蚂蚁系统和最大最小蚂蚁系统,它们均是对基本蚂蚁系统的信息素更新规则做了少量的修改而获得了更好的性能。1997 年,蚁群算法的创始人 Dorigo 在 *Ant colony system: a cooperative learning approach to the traveling salesman problem* 一文[5]中提出了一种具有全新机制的 ACO 算法——**蚁群系统**(Ant Colony System,ACS),进一步提高了 ACO 算法的性能。ACS 是蚁群算法发展史上的又一里程碑式的作品,我们在这一小节详细介绍蚁群系统的工作流程。

ACS 与蚂蚁系统的不同主要体现在三个方面:(1)使用一种**伪随机比例规则**(pseudorandom proportional)选择下一城市节点,建立开发当前路径与探索新路径之间的平衡。(2)**信息素全局更新规则**只在属于至今最优路径的边上蒸发和释放信息素。(3)新增**信息素局部更新规则**,蚂蚁每次经过空间内的某条边,它都会去除该边上一定量的信息素,以增加后续蚂蚁探索其余路径的可能性。

一般来说,ACS 是这样工作的:将 m 只蚂蚁随机或是均匀地分布在 n 个城市上,然后每只蚂蚁根据**状态转移规则**确定下一步要去的城市。蚂蚁倾向于选择信息素浓度高且距离短的路径。蚂蚁被设定为是有记忆的,每只蚂蚁都配有一张搜索禁忌表,在每轮的遍历中,它们不会去到自己已经经过的城市,且单个蚂蚁在遍历过程中会在它们经过的路径上进行**信息素局部更新**。在每轮所有的蚂蚁均完成汉密尔顿回路的构造后,需记录下这些回路中最短的一条,并按照**信息素全局更新规则**增加这条路径上的信息素。此后算法反复迭代直至满足终止条件。图 5.5 是 ACS 求解旅行商问题的流程图,如遗传算法中有选择、交叉和变异三大基本算子一样,ACS 中有状态转移规则、信息素全局更新规则和信息素局部更新规则三大核心规则,接下来我们将一一介绍。

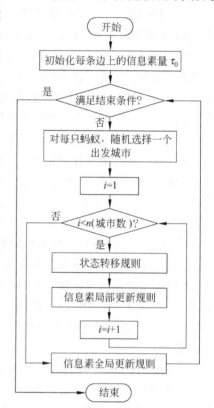

图 5.5 ACS 求解 TSP 的流程图

1. 状态转移规则

在 ACS 中,位于某个城市 i 的某蚂蚁 k 会根据定义 5.2 所示的伪随机比例规则选择下一个城市节点 j。

定义 5.2 ACS 中的**伪随机比例规则**(pseudorandom proportional):对于每只蚂蚁 k,路径记忆向量 R^k 按照访问顺序记录了所有 k 已经经过的城市序号。设蚂蚁 k 当前所在城市为 i,则下一个访问城市

$$j = \begin{cases} \arg\max_{j \in J_k(i)} \{[\tau(i,j)], [\eta(i,j)]^\beta\}, & q \leqslant q_0 \\ S, & \text{其他} \end{cases} \quad (5.5)$$

其中,$J_k(i)$ 表示从城市 i 可以直接到达的且又不在蚂蚁访问过的城市序列 R^k 中的城市

集合。$\eta(i,j)$ 是启发式信息，$\tau(i,j)$ 表示边 (i,j) 上的信息素量。β 是描述信息素浓度和路径长度信息相对重要性的控制参数。q_0 是一个 $[0,1]$ 区间内的参数，当产生的随机数 $q \leqslant q_0$ 时，蚂蚁直接选择使启发式信息与信息素量的 β 指数乘积最大的下一城市节点，我们通常称之为**开发**（exploitation）；反之，当产生的随机数 $q > q_0$ 时，ACS 将和各种 AS 算法一样使用轮盘赌选择策略，公式 (5.6) 是位于城市 i 的蚂蚁 k 选择城市 j 作为下一个访问对象的概率，我们通常将 $q > q_0$ 时的算法执行方式称为**偏向探索**（biased exploration）。

$$p_k(i,j) = \begin{cases} \dfrac{[\tau(i,j)][\eta(i,j)]^\beta}{\sum\limits_{u \in J_k(i)}[\tau(i,u)][\eta(i,u)]^\beta}, & j \in J_k(i) \\ 0, & \text{其他} \end{cases} \quad (5.6)$$

q_0 是 ACS 中引入的一个很重要的控制参数，在 ACS 的状态转移规则中，蚂蚁选择当前最优移动方向的概率为 q_0，同时，蚂蚁以 $(1-q_0)$ 的概率有偏向地搜索各条边。通过调整 q_0，我们能有效调节"开发"与"探索"之间的平衡，以决定算法是集中开发最优路径附近的区域，还是探索其他的区域，如图 5.6 所示。

图 5.6 ACS 中的"开发"与"探索"

2. 信息素全局更新规则

在 ACS 的信息素全局更新规则中，只有至今最优蚂蚁（构建出了从算法开始到当前迭代中最短路径的蚂蚁）被允许释放信息素，这个策略与伪随机比例状态转移规则一起作用，大大地增强了算法搜索的导向性。在每轮的迭代中，所有蚂蚁均构建完路径后，信息素全局更新规则才被使用，由下面的公式给出：

$$\tau(i,j) = (1-\rho) \cdot \tau(i,j) + \rho \cdot \Delta\tau_b(i,j), \quad \forall (i,j) \in T_b \quad (5.7)$$

其中 $\Delta\tau_b(i,j) = 1/C_b$。要强调的是，不论是信息素的蒸发还是释放，都只在属于至今最优路径的边上进行，这里与 AS 有很大的区别。因为 AS 算法将信息素的更新应用到了系统的所有边上，信息素更新的计算复杂度为 $O(n^2)$，而 ACS 算法的信息素更新计算复杂度降低为 $O(n)$。参数 ρ 代表信息素蒸发的速率，新增加的信息素 $\Delta\tau_b(i,j)$ 被乘上系数 ρ 后，更新后的信息素浓度被控制在旧信息素量与新释放的信息素量之间，用一种隐含的又更简单的方式实现了 MMAS 算法中对信息素量取值范围的限制。

同样，我们需要考虑在 ACS 中使用迭代最优更新规则和至今最优更新规则对算法性能造成的影响。实验结果表明，在优化小规模的 TSP 实例时，迭代最优更新和至今最优更新两者得到差不多的求解精度和收敛速度；然而，随着城市数目的增多，使用至今最优更新规则的优势越来越大；当城市数目超过 100 时，使用至今最优更新规则的性能远远优于使用迭代最优更新规则，这与 MMAS 是类似的。

3. 信息素局部更新规则

ACS 在 AS 的基础上进行的另一项重大改进是信息素局部更新规则的引入。在路径构建过程中，对每一只蚂蚁，每当其经过一条边 (i,j) 时，它将立刻对这条边进行信息素的更新，更新所使用的公式如下：

$$\tau(i,j) = (1-\xi) \cdot \tau(i,j) + \xi \cdot \tau_0 \tag{5.8}$$

其中，ξ 是信息素局部挥发速率，满足 $0<\xi<1$。τ_0 是信息素的初始值。通过实验我们发现，ξ 为 0.1，τ_0 取值为 $1/(nC^{nn})$ 时，算法对大多数实例有着非常好的性能。其中 n 为城市个数，C^{nn} 是由贪婪算法构造的路径的长度。

由于 $\tau_0 = 1/(nC^{nn}) \leqslant \tau(i,j)$，公式 (5.8) 所计算出来的更新后的信息素相比更新前减少了，也就是说，信息素局部更新规则作用于某条边上会使得这条边被其他蚂蚁选中的概率减少。这种机制大大增加了算法的探索能力，后续蚂蚁倾向于探索未被使用过的边，有效地避免了算法进入停滞状态。

在前面对 AS 的介绍中我们曾提到过**顺序构建**和**并行构建**两种路径构建方式，对于 AS 算法，不同的路径构建方式不会影响算法的行为。但对于 ACS，由于信息素局部更新规则的引入，两种路径构建方式会造成算法行为的区别，通常我们选择让所有蚂蚁并行地工作，如图 5.7 所示。

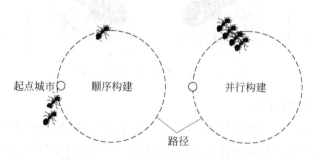

图 5.7　ACS 中的顺序构建与并行构建

在本小节的最后，我们指出，ACS 的前身是 1995 年 Gambardella 和 Dorigo 提出的 **Ant-Q 算法**[31]，ACS 与 Ant-Q 的区别仅在于 τ_0 的取值。在 ACS 中 $\tau_0 = 1/(nC^{nn})$ 为常量，但在之前提出的 Ant-Q 算法中 τ_0 依据剩余可访问边中最高的信息素量定义。当人们发现把 τ_0 置为一个很小的常数值亦能达到相当的性能时，Ant-Q 被淘汰掉了。我们在这里只是想说明，对于致力于科学研究的人来说，KISS 是最基本的思考方法。KISS 方法来源于美国的军队用语，当部下做得不好的时候，长官就会大声训斥"Keep It Simple, Stupid!"，意思是"简单点，笨蛋！"，在工程学和科研中，这也是非常适用的。

5.3.5　蚁群算法的其他改进版本

从第一个蚂蚁系统诞生至今，蚁群优化算法已经发展了近 20 年，从意大利的一个实验室传播到了全世界千千万万的实验室中。蚁群算法作为一种新兴的仿生学算法,有着鲁棒性强、分布式并行计算、易于与其他方法结合等优点,但由于其搜索时间较长、易于陷入局部最优,算法还有待进一步的改进。前面,我们介绍了精华蚂蚁系统、基于排列的蚂蚁系统、最大最小蚂蚁系统以及蚁群系统,它们大多由蚁群优化的创始人 Dorigo 以及在蚁群优化界有着杰出贡献的 Stützle 等人提出,是经典的蚁群算法改进版本,是全世界学者们源源不断的灵感的源泉。之后世界上又出现了许多新的算法改进设计,本小节将介绍这些改进设计,包括一些离散域蚁群算法的改进研究,以及连续域蚁群算法的改进研究,希望对有兴趣进一步研究 ACO 算法的读者或优化算法爱好者有所启发。

1. 近似非确定性树搜索(Approximate Nondeterministic Tree Search,ANTS)

ANTS 的名字来源于这种算法类似一种近似非确定性树搜索,ANTS 在三个方面对 AS 算法进行了修改:它使用部分解的完全代价估计的下界来计算各边的启发式信息;它使用加法而非乘法来实现启发式信息与信息素的结合;没有直观的信息素蒸发步骤,信息素增加量的计算公式也与之前各种 ACO 算法很大不同。ANTS 算法在它的第一篇文献以及后续研究中,很少有被应用于 TSP,大多数有关 ANTS 的文献都关注于二次分配问题,它在这个领域中有着很好的计算结果[22][23]。

2. 多态蚁群算法(Polymorphic Ant Colony Algorithm,PACA)

实际上,自然界中的蚁群是有组织有分工的,这种自组织分工方式对蚁群完成复杂的任务起着十分重要的作用。我国的徐精明等人在文献[34]中提出了一种多态蚁群算法,将蚁群中的蚂蚁分为三类:侦查蚁、搜索蚁和工蚁。侦查蚁的任务是在算法初期以每个城市为中心做局部区域观察,并将侦查结果与已有的先验知识结合,生成侦查素,问题空间内各边的初始信息素量与侦查素有关。搜索蚁是各类传统蚁群算法通常所指的蚂蚁,它根据启发式信息和信息素选择下一城市节点,直至构建出最佳路径。工蚁只负责从已经找到的最优路径上搬运食物,与算法最优路径的寻找无关。文献[34]中选用 TSPLIB 中的 Oliver30 作为仿真实例,对 PACA 与 AS 进行性能的对比,实验结果表明,在搜索到相同结果的情况下,PACA 所需的迭代次数比基本 AS 要少很多。

3. 带聚类处理的蚁群算法(Clustering Processing Ant Colony Algorithm,CPACA)

我们知道,蚁群算法对求解小规模的旅行商问题有非常好的算法性能,那么,如果我们找到一种方式,将大规模的 TSP 分解为小规模子问题分别用蚁群算法进行求解,再将各个小规模子问题的解合并,便可高效地得到原待求解问题的解。CPACA 就是这样一种方法,它对城市空间进行聚类处理,在每一个类中用蚁群算法求得类内最短路径,随后将各个类的中心看成一个 TSP 也用蚁群算法求解得类间最短路径,最后确定每个类的边界城市,通过边界城市将各个类连接起来。文献[35]中的实验结果表明,CPACA 的性能优于基本蚁群算法。CPACA 示意图如图 5.8 所示。

4. 连续正交蚁群算法(Continuous Orthogonal Ant Colony,COAC)

近年来,将应用领域扩展到连续空间的蚁群算法也在发展,连续正交蚁群就是其中比较优秀的一种。COAC 通过在问题空间内自适应地选择和调整一定数量的区域,并利用

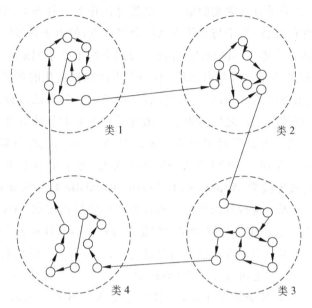

图 5.8 CPACA 示意图

蚂蚁在这些区域内进行正交搜索、在区域间进行状态转移,并更新各个区域的信息素来搜索问题空间中的最优解。COAC 的基本思想是利用正交试验的方法将连续空间离散化。文献[29]中的实验结果表明,COAC 的性能优于之前的连续蚁群算法 API[36]和 CACO[26]。

5.4 蚁群优化算法的相关应用

蚁群优化算法自 1991 年由 Dorigo 提出并应用于 TSP 问题以来,已经发展了近 20 年。由于具有鲁棒性强、全局搜索、并行分布式计算、易与其他方法结合等优点,近年来 ACO 的应用领域不断扩张,如车间调度问题、车辆路径问题、分配问题、子集问题、网络路由问题、蛋白质折叠问题、数据挖掘、图像识别、系统辨识等。这些问题大多是 NP 难的组合优化问题,用传统算法难以求解或无法求解,各种蚁群算法及其改进版本的出现,为这些难题提供了有效而高效的解决手段。

本节将列举 ACO 的经典应用,有兴趣致力于蚁群优化应用研究的读者或是算法爱好者可以进一步深入地阅读我们列出的参考文献。

1. 车间作业调度问题

车间作业调度问题(Job-Shop Scheduling Problem,JSP)是生产与制造业的核心问题,它的本质是在时间上合理地分配系统的有限资源,以达到特定的目标。典型的 JSP 包括一个待加工的零件集合,每种零件都有一个工序集合,为了完成各个工序,需要在多台机器上执行操作。调度的目的就是为各个零件合理地分配机床等资源,合理地安排加工时间,在满足一些现实约束条件的同时,达到某些目标的最优化。车间调度问题是一个

NP 难问题,包括的种类也很多,蚁群优化算法在解决不同类别的 JSP 时所表现出来的性能也往往有一些差异。不过总的来说,ACO 是针对 JSP 的各种求解方法中非常优秀的一种,JSP 在 ACO 的应用研究中处于一个比较核心的地位,如表 5.3 所示。

表 5.3 蚁群优化算法在车间调度问题中的应用

应用(中文)	英 文	参考文献
工序车间问题	Job-shop scheduling problem,JSP	[10]
开放车间问题	Open-shop scheduling problem,OSP	[37][38]
排列流车间问题	Permutation flow shop problem,PFSP	[39]
单机器总延迟问题	Single machine total tardiness problem,SMTTP	[40]
单机器总权重延迟问题	Single machine total weighted tardiness problem,SMTWTP	[41]~[43]
资源受限项目调度问题	Resource-constrained project scheduling problem,RCPSP	[44]
组车间调度问题	Group-shop scheduling problem,GSP	[38][45]
带序列依赖设置时间的单机器总延迟问题	Single-machine total tardiness problem with sequence dependent setup times,SMTTPDST	[46]
其他	Others	……

2. 车辆路径问题

车辆路径问题(Vehicle Routing Problem,VRP)是运输组织优化的核心问题,它的一般描述是:对一系列指定的客户,确定车辆配送行驶路线,使得车辆从货仓出发,有序地经过一系列客户点,并返回货仓。要求在满足一定约束的条件下(如车辆载重、客户需求、时间窗等),使总运输成本最小。从 VRP 的定义中我们不难发现,VRP 实际上包含了 TSP 作为它的子问题,VRP 也是一个 NP 难问题,且它涉及了更多的约束,比 TSP 更难解。近年来,学者们对利用蚁群优化算法解决各种 VRP 问题进行了大量的研究,取得了丰富的成果,如表 5.4 所示。

表 5.4 蚁群优化算法在车辆路径问题中的应用

应用(中文)	英 文	参考文献
有容量限制的 VRP	Capacitated vehicle routing problem,CVRP	[47]~[49]
多车场 VRP	Multi-depot vehicle routing problem,MDVRP	[50]
周期性 VRP	Period vehicle routing problem,PVRP	[51]
分离配送 VRP	Split delivery vehicle routing problem,SDVRP	[52]
随机需求 VRP	Stochastic vehicle routing problem,SVRP	[53]
集货送货一体化 VRP	Vehicle routing problem with pick-up and delivery,VRPPD	[54][55]
有时间窗的 VRP	Vehicle routing problem with time windows,VRPTW	[54]~[58]
其他	Others	……

3. 其他方面的应用

当今蚁群优化算法的应用领域非常地广泛，表 5.5 列出了 ACO 算法在分配问题、网络路由问题、子集问题、最短公共超序列问题、二维格模型蛋白质折叠问题、数据挖掘、图像处理、系统辨识等各个应用领域的相关参考文献。

表 5.5 蚁群优化算法在其他方面的应用

应用（中文）		英 文	参考文献
分配问题	二次分配问题	Quadratic assignment problem, QAP	[20][22][59]
	广义分配问题	Generalized assignment problem, GAP	[60][61]
	频率分配问题	Frequency assignment problem, FAP	[23][62]
	冗余分配问题	Redundancy allocation problem, RAP	[63]
网络路由	有向连接网络路由	Connection-oriented network routing	[64]
	无连接网络路由	Connectionless network routing	[65]~[67]
	光纤网络路由	Optical network routing	[68]
子集问题	集合覆盖问题	Set covering problem, SCP	[69][70]
	集合分离问题	Set partition problem, SPP	[71]
	带权约束的图树分割	Weight constrained graph tree partition problem, WCGTPP	[72]
	边带权 l-基数问题	Arc-weighted l-cardinality tree problem, AWlCTP	[73]
	多重背包问题	Multiple knapsack problem, MKP	[74]
	最大独立集问题	Maximum independent set problem, MIS	[75]
最短公共超序列问题		Shortest common supersequence problem, SCSP	[76]
二维格模型蛋白质折叠问题		2D HP protein folding problem, 2D-HP-PFP	[77]
数据挖掘		Data mining	[78][79]
图像处理		Imagine processing	[80][81]
系统辨识		System identification	[82][83]
其他		Others	……

5.5 蚁群优化算法的参数设置

前面的章节已经提到，参数的设置对蚁群优化算法的搜索性能有着较大影响。在这一节我们简要讨论 ACO 中各个参数的意义以及经验设置。表 5.6 所示的是绝大多数 ACO 算法都具有的参数变量的设置，表 5.7 所示的是某些 ACO 算法中特有的、经典的参数变量的设置。

表 5.6　各种蚁群优化算法共有参数的经验设置

参数	参考设置	√ 表示参数的意义　　　　• 表示参数的经验设置
蚂蚁数目 m	√ • • •	影响着算法的搜索能力和计算量。 蚂蚁数目过多时,每轮迭代的计算量大,且被搜索过的路径上信息素变化比较平均,此时算法的全局随机搜索能力得到增强,但收敛速度减慢。 蚂蚁数目过少时,算法的探索能力变差,容易出现早熟现象。特别是当问题规模很大时,算法的全局寻优能力会变得十分糟糕。 Dorigo 等人的实验[84]表明,在用 AS、EAS、AS$_{rank}$ 和 MMAS 求解 TSP 问题时,m 取值等于城市数目 n 算法有较好性能;而对于 ACS,$m=10$ 比较合适
信息素权重 α 与启发式信息权重 β	√ • • •	决定算法搜索的导向,影响算法的搜索能力。 α 越小,最邻近城市被选中的概率越大,蚂蚁越注重"眼前利益"。$\alpha=0$ 时,算法等同于随机贪婪算法。 β 越小,蚂蚁越倾向于根据信息素浓度确定路径,算法收敛越快。$\beta=0$ 时,构建出的最优路径与实际目标有着较大差异,算法的性能比较糟糕。 Dorigo 等人的实验[84]表明,在各类 ACO 算法中设置 $\alpha=1$,$\beta=2\sim5$ 比较合适
信息素挥发因子 ρ	√ • • •	影响蚂蚁个体之间相互影响的强弱,关系到算法的全局搜索能力和收敛速度。 ρ 较大时,信息素挥发速率大,那些从未被蚂蚁选择过的边上的信息素急剧减小到接近 0,降低算法的全局探索能力。 ρ 较小时,算法具有较高的全局搜索能力,但是由于各个路径的信息素浓度差距拉大较慢,算法收敛速度较慢。 Dorigo 等人的实验[84]表明,对于 AS 和 EAS,$\rho=0.5$;对于 AS$_{rank}$,$\rho=0.1$;对于 MMAS,$\rho=0.02$;对于 ACS,$\rho=0.1$,算法的综合性能较高
初始信息素量 τ_0	√ • • •	决定算法在初始化阶段的探索能力,影响算法的收敛速度。 τ_0 太小,未被蚂蚁选择过的边上信息素太少,蚂蚁很快就全部集中在一条局部最优的路径上,算法容易早熟。 τ_0 太大,信息素对搜索方向的引导能力增长得十分缓慢,算法收敛慢。 Dorigo 等人的实验[84]推荐:对于 AS,$\tau_0=m/C^{nn}$;对于 EAS,$\tau_0=(e+m)/\rho C^{nn}$;对于 AS$_{rank}$,$\tau_0=0.5r(r-1)/\rho C^{nn}$;对于 MMAS,$\tau_0=1/\rho C^{nn}$;对于 ACS,$\tau_0=1/nC^{nn}$(各个变量符号的定义与本章 5.2 节和 5.3 节中所述一致)
终止条件	√ • • •	决定算法运行何时结束,由具体的应用和问题本身确定。 将最大循环数设定为 500、1000、5000,或者最大的函数评估次数,等等。 也可以使用算法求解得到一个可接受的解作为终止条件。 或者是当算法在很长一段迭代中没有得到任何改善时,可以终止算法

表 5.7　蚁群优化算法中其他一些经典参数的经验设置

参数	参考设置	√ 表示参数的意义　　　　• 表示参数的经验设置
释放信息素的蚂蚁个数 ω	√ •	影响算法的全局搜索能力和收敛速度。 在 AS$_{rank}$ 中,参数 ω 设置为 $\omega=6$
进化停滞判定代数 rs	√ •	影响算法的全局搜索能力。 在 MMAS 中,参数 rs 设置为 $rs=25$
信息素局部挥发因子 ξ	√ •	决定蚂蚁搜索时相互影响的强度,影响算法的全局搜索能力。 在 ACS 中,参数 ξ 设置为 $\xi=0.1$
伪随机因子 q_0	√ •	决定算法"开发"与"探索"的相互关系,影响算法的全局搜索能力和收敛速度。 在 ACS 中,参数 q_0 设置为 $q_0=0.9$

5.6 本章习题

1. 请指出蚁群优化算法的基本思想来源。
2. 请绘制蚂蚁系统的流程图，并描述算法执行过程的基本步骤。
3. 蚁群系统在蚂蚁系统的基础上新添加的信息素局部更新规则有什么作用？
4. 随机比例规则和伪随机比例规则的区别是什么？思考为什么蚁群系统要使用伪随机比例规则？
5. 通过查阅相关参考文献，了解蚁群优化算法在车间调度问题中的应用，并完成表 5.8。

表 5.8　车间调度问题与蚁群优化算法中各要素的对应

车间调度问题	蚁群优化算法
零件	
机床	
工序	
操作	
加工时间	

6. 如果现在有人向你请教蚁群优化算法的应用领域有哪些，你将如何向他介绍？
7. 试描述在 ACO 中参数 α、β、ρ 对算法性能的影响。
8. 上机编写完整的 ACO 程序，实现对例 5.1 完整的求解。
9. （开放性问题）对于蚁群优化算法，你能自己设计出一种改进方案吗？

本章参考文献

[1] A Colorni, M Dorigo, V Maniezzo. Distributed optimization by ant colonies. Proceedings of 1st European Conference on Artificial Life, 1991: 134-142.

[2] M Dorigo, V Maniezzo, A Colorni. Ant system: optimization by a colony of cooperating agents. IEEE Trans. on Systems, Man, and Cybernetics-part B Cybernetics, 1996, 26(2): 19-41.

[3] L M Gambardella, M Dorigo. Solving symmetric and asymmetric TSPs by ant colonies. Proceedings of the 1996 IEEE International Conference on Evolutionary Computation (ICEC'96), 1996: 622-627.

[4] M Dorigo, L M Gambardella. Ant colonies for the traveling salesman problem. Bio Systems, 1997 (43): 73-81.

[5] M Dorigo, L M Gambardella. Ant colony system: a cooperative learning approach to the traveling salesman problem. IEEE Trans. on Evolutionary Computation, 1997, 1(1): 53-66.

[6] B Bullnheimer, R F Hartl, C Strauss. An improved ant system algorithm for the vehicle routing problem. Technical Report POM-10/97. Institute of Management Science University of

Vienna，1997.

[7] B Bullnheimer，R F Hartl，C Strauss. Applying the ant system to the vehicle routing problem. Metaheuristics：Advances and Trends in Local Search Paradigms for Optimization，1999：285-296.

[8] L M Gambardella，E Taillard，G Agazzi. A multiple ant system for vehicle routing problem with time windows. New ideas in Optimization，1999：285-296.

[9] L S Sui，J F Tang，Z D Pan，et al. Ant colony optimization algorithm to solve split delivery vehicle routing problem. Control and Decision Conference 2008（CCDC '08），2008(7)：997-1001.

[10] A Colorni，M Dorigo，V Maniezzo. Ant system for job-shop scheduling. Belgian Journal of Operations Research，Statistics and computer Science，1994(34)：39-53.

[11] J Zhang，X M Hu，X Tan，et al. Implementation of an ant colony optimization technique for job scheduling problem. Transactions of the Institute of Measurement and Control，2006，28(1)：93-108.

[12] R Schoonderwoerd，O Holland，J Bruten. Ant-like agents for load balancing in telecommunications networks. Proceedings of the 1st International Conference on Autonomous Agents，1997：209-216.

[13] R Schoonderwoerd，O Holland，J Bruten. Ant-based load balancing in telecommunications networks. Adaptive Behavior，1996，5(2)：169-207.

[14] G C Di，M Dorigo. AntNet：distributed stigmergetic control for communications networks. Journal of Artificial Intelligence Research，1998，9(2)：317-365.

[15] Yuan Zhang，Hua Chun Cai，Ying Lin，et al. An ant colony system algorithm for the multicast routing problem. Proceeding of the 3rd International Conference of Natural Computation 2007 （ICNC '07），2007(8)：756-760.

[16] A Colorni，M Dorigo，V Maniezzo. An investigation of some properties of an ant algotithm. Proceedings of 2nd International Conference on Parallel problem solving from nature，1992：509-520.

[17] M Dorigo. Optimization，Learning and Natural Algorithms，ph. D. Thesis，Department of Electronics，Politecnico di Milano，1992.

[18] T Stützle，H H Hoos. Improving the ant system：a detailed report on the MAX-MIN ant system. Technical report AIDA-96-12，1996.

[19] T Stützle，H H Hoos. The MAX-MIN ant system and local search for the traveling salesman problem. Proceedings of the 1997 IEEE International Conference on Evolutionary computation （ICEC '97），1997：309-314.

[20] T Stützle，H H Hoos. MAX-MIN ant system. Future Generation Computer Systems，2000，16(8)：889-914.

[21] B Bullnheimer，R F Hartl，C Strauss. A new rank based version of the Ant System：a computational study. Central European Journal for Operations Research and Economics，1999，7(1)：25-38.

[22] V Maniezzo. Exact and approximate nondeterministic tree-search procedures for the quadratic assignment problem. INFROMS Journal on computing，1999，11(4)：358-369.

[23] V Maniezzo，A Colorni. An ANTS heuristic for the frequency assignment problem. Future

Generation Computer Systems, 2000,16(8): 927-935.

[24] C Blum, A Roli, M Dorigo. HC-ACO: The hyper-cube framework for ant colony optimization. Proceedings of 2001 Metaheuristic International Conference, 2001(2): 399-403.

[25] C Blum, M Dorigo. The hyper-cube framework for ant colony optimization. IEEE Transactions on Systems, Man and Cybernetics-Part B, 2004,34(2): 1161-1172.

[26] M Mathur, S B Karale, S Priye, et al. Ant colony approach to continuous function optimization. Ind. Eng. Chem. Res, 2000(39): 3814-3822.

[27] Y Lin, H C Cai, J Xiao, et al. Pseudo parallel ant colony optimization for continuous functions. Proceeding of the 3rd International Conference on Natural Computation 2007 (ICNC '07), 2007 (8): 494-498.

[28] J Zhang, W N Chen, J H Zhong, et al. Continuous function optimization using hybrid ant colony approach with orthogonal design scheme. LNCS4247 SEAL'06, 2006(10): 126-133.

[29] X M Hu, J Zhang, Y Li. Orthogonal methods based ant colony search for solving continuous optimization problems. Journal of Computer Science and Technology, 2008,23(1): 2-18.

[30] J Zhang, W N Chen, X Tan. An orthogonal search embedded ant colony optimization approach to continuous function optimization. LNCS4150 ANTS'2006,2006(9): 372-379.

[31] L M Gambardella, M Dorigo. Ant-Q: a reinforcement learning approach to the traveling salesman problem. Proceedings of the Twelfth International Conference on Machine Learning (ML-95), 1995: 252-260.

[32] O Cordon, L F de Viana, F Herrera, et al. A new ACO model integrating evolutionary computation concepts: the best-worst Ant System. Proc ANTS 2000, 2000: 22-29.

[33] Ying Lin, Jun Zhang, Jing Xiao. A pseudo parallel ant algorithm with an adaptive migration controller. Applied Mathematics and Computation,2008,205(2): 677-687.

[34] 徐精明,曹先彬,王煦法. 多态蚁群算法. 中国科学技术大学学报,2005,35(1): 59-65.

[35] 胡小兵,黄席樾. 对一类带聚类特征TSP问题的蚁群算法求解. 系统仿真学报,2004,16(2): 2683-2686.

[36] N Monmarché, G Venturini, M Slimane. On how Pachycondyla apicalis ants suggest a new search algorithm. Future Generation Computer Systems, 2000(16): 937-946.

[37] B Pfahring. Multi-agent search for open scheduling: adapting the Ant-Q formalism. Technical report TR-96-09, 1996.

[38] C Blem. Beam-ACO, Hybridizing ant colony optimization with beam search. An application to open shop scheduling. Technical report TR/IRIDIA/2003-17, 2003.

[39] T Stützle. An ant approach to the flow shop problem. Technical report AIDA-97-07, 1997.

[40] A Baucer, B Bullnheimer, R F Hartl, et al. Minimizing total tardiness on a single machine using ant colony optimization. Central European Journal for Operations Research and Economics, 2000, 8(2): 125-141.

[41] M den Besten. Ants for the single machine total weighted tardiness problem. Master's thesis, University of Amsterdam, 2000.

[42] M den Bseten, T Stützle, M Dorigo. Ant colony optimization for the total weighted tardiness problem. Proceedings of PPSN-VI, Sixth International Conference on Parallel Problem Solving

from Nature,2000(1917):611-620.

[43] D Merkle, M Middendorf. An ant algorithm with a new pheromone evaluation rule for total tardiness problems. Real World Applications of Evolutionary Computing, 2000(1803): 287-296.

[44] D Merkle, M Middendorf, H Schmeck. Ant colony optimization for resource-constrained project scheduling. Proceedings of the Genetic and Evolutionary Computation Conference (GECCO 2000), 2000: 893-900.

[45] C Blum. ACO applied to group shop scheduling: a case study on intensification and diversification. Proceedings of ANTS 2002, 2002(2463): 14-27.

[46] C Gagné, W L Price, M Gravel. Comparing an ACO algorithm with other heuristics for the single machine scheduling problem with sequence-dependent setup times. Journal of the Operational Research Society, 2002(53): 895-906.

[47] P Toth, D Vigo. Models, relaxations and exact approaches for the capacitated vehicle routing problem. Discrete Applied Mathematics, 2002(123): 487-512.

[48] J M Belenguer, E Benavent. A cutting plane algorithm for capacitated arc routing problem. Computers & Operations Research, 2003, 30(5): 705-728.

[49] T K Ralphs. Parallel branch and cut for capacitated vehicle routing. Parallel Computing, 2003(29): 607-629.

[50] S Salhi, M Sari. A multi-level composite heuristic for the multi-depot vehicle fleet mix problem. European Journal for Operations Research, 1997, 103(1): 95-112.

[51] E Angelelli, M G Speranza. The periodic vehicle routing problem with intermediate facilities. European Journal for Operations Research, 2002, 137(2): 233-247.

[52] S C Ho, D Haugland. A tabu search heuristic for the vehicle routing problem with time windows and split deliveries. Computers & Operations Research, 2004, 31(12): 1947-1964.

[53] N Secomandi. Comparing neuro-dynamic programming algorithms for the vehicle routing problem with stochastic demands. Computers & Operations Research, 2000, 27(11): 1201-1225.

[54] W P Nanry, J W Barnes. Solving the pickup and delivery problem with time windows using reactive tabu search. Transportation Research Part B, 2000, 34(2): 107-121.

[55] R Bent, P V Hentenryck. A two-stage hybrid algorithm for pickup and delivery vehicle routing problems with time windows. Computers & Operations Research, 2003, 33(4): 875-893.

[56] A Bachem, W Hochstattler, M Malich. The simulated trading heuristic for solving vehicle routing problems. Discrete Applied Mathematics, 1996(65): 47-72.

[57] S C Hong, Y B Park. A heuristic for bi-objective vehicle routing with time window constraints. International Journal of Production Economics, 1999, 62(3): 249-258.

[58] R A Rusell, W C Chiang. Scatter search for the vehicle routing problem with time windows. European Journal for Operations Research, 2006, 169(2): 606-622.

[59] T Stützle. MAX-MIN Ant System for the quadratic assignment problem. Technical Report AIDA-97-4, FB Informatik, TU Darmstadt, 1997.

[60] R Lourenço, D Serra. Adaptive search heuristics for the generalized assignment problem. Mathware & soft computing, 2002, 9(2-3).

[61] M Yagiura, T Ibaraki, F Glover. An ejection chain approach for the generalized assignment

problem. INFORMS Journal on Computing, 2004, 16(2): 133-151.

[62] K I Aardal, S P M Van Hoesel, A M C A Koster, et al. Models and solution techniques for the frequency assignment problem. A Quarterly Journal of Operations Research, 2001, 1(4): 261-317.

[63] Y C Liang, A E Smith. An ant colony optimization algorithm for the redundancy allocation problem (RAP). IEEE Transactions on Reliability, 2004, 53(3): 417-423.

[64] G D Caro, M Dorigo. Extending AntNet for best-effort quality-of-service routing. Proceedings of the First Internation Workshop on Ant Colony Optimization (ANTS'98), 1998.

[65] G D Caro, M Dorigo. AntNet: a mobile agents approach to adaptive routing. Proceedings of the Thirty-First Hawaii International Conference on System Science, 1998(7): 74-83.

[66] G D Caro, M Dorigo. AntNet: distributed stigmergetic control for communications networks. Journal of Artificial Intelligence Research, 1998, 9(2): 317-365.

[67] G D Caro, M Dorigo. Two ant colony algorithms for best-effort routing in datagram networks. Proceedings of the Tenth IASTED International Conference on Parallel and Distributed Computing and Systems (PDCS'98), 1998: 541-546.

[68] G N Varela, M C Sinclair. Ant colony optimization for virtual-wavelength-path routing and wavelength allocation. Proceedings of the IEEE Congress on Evolutionary Computation (CEC1999), 1999(2): 1478-1484.

[69] G Leguizamon, Z Michalewicz. A new version of ant system for subset problems. Proceedings of the 1999 Congress on Evolutionary Computation (CEC 99), 1999(2): 1458-1464.

[70] R Hadji, M Rahoual, E Talbi, et al. Ant colonies for the set covering problem. Abstract proceedings of ANTS2000, 2000: 63-66.

[71] V Maniezzo, M Milandri. An ant-based framework for very strongly constrained problems. Proceedings of ANTS2000, 2002: 222-227.

[72] R Cordone, F Maffioli. Colored Ant System and local search to design local telecommunication networks. Applications of Evolutionary Computing: Proceedings of Evo Workshops, 2001(2037): 60-69.

[73] C Blum, M J Blesa. Metaheuristics for the edge-weighted k-cardinality tree problem. Technical Report TR/IRIDIA/2003-02, IRIDIA, 2003.

[74] S Fidanova. ACO algorithm for MKP using various heuristic information. Numerical Methods and Applications, 2003(2542): 438-444.

[75] G Leguizamon, Z Michalewicz, Martin Schutz. An ant system for the maximum independent set problem. Proceedings of the 2001 Argentinian Congress on Computer Science, 2001(2): 1027-1040.

[76] R Michel, M Middendorf. An ACO algorithm for the shortest supersequence problem. Mcgraw-Hill'S Advanced Topics In Computer Science Series, 1999: 51-62.

[77] A Shmygelska, R A Hernández, H H Hoos. An ant colony algorithm for the 2D HP protein folding problem. Proceedings of the 3rd International Workshop on Ant Algorithms/ANTS 2002, Lecture Notes in Computer Science, 2002(2463): 40-52.

[78] R S Parpinelli, H S Lopes, A A Freitas. An ant colony algorithm for classification rule

discovery. Data Mining: A heuristic Approach, 2002: 191-209.

[79] R S Parpinelli, H S Lopes, A A Freitas. Data mining with an ant colony optimization algorithm. IEEE Transaction on Evolutionary Computation, 2002,6(4): 321-332.

[80] S Meshoul, M Batouche. Ant colony system with extremal dynamics for point matching and pose estimation. Proceeding of the 16th International Conference on Pattern Recognition, 2002(3): 823-826.

[81] Hybrid ant colony algorithm for texture classification. Proceeding of the 2003 IEEE Congress on Evolutionary Computation, 2003(4): 2648-2652.

[82] L Wang, Q D Wu. Linear system parameters identilication based on ant system algorithm. Proceedings of the IEEE Conference on Control Applications, 2001: 401-406.

[83] K C Abbaspour, R Schulin, M T Van Genuchten. Estimating unsaturated soil hydraulic parameters using ant colony optimization. Advances In Water Resources, 2001,24(8): 827-841.

[84] M Dorigo, T Stützle. Ant Colony Optimization, 2004.

普通高校本科计算机专业 特色 教材精选

第 6 章　粒子群优化算法

鸟群，鱼群的迁徙、觅食等群体行为是一个优化现象吗？是一种优化行为吗？这能够为我们设计最优化算法提供灵感吗？

鸟群、鱼群的迁徙、觅食等行为属于群体智能行为，本身是一个最优化的过程。通过模拟这些群体智能行为，并融入社会心理学的个体认知和社会影响等概念，研究者提出了一种称为粒子群优化算法(Particle Swarm Optimization, PSO)的群体智能算法。

大自然是我们的老师,生物进化过程、群体智能活动等为我们设计一个又一个的优化算法提供了灵感的源泉。粒子群优化算法(Particle Swarm Optimization,PSO)就是仿生算法的一个著名代表。它是一种模拟自然界的生物活动以及群体智能的随机搜索算法。因此粒子群优化算法一方面吸取了人工生命(Artificial Life)、鸟群觅食(Birds Flocking)、鱼群学习(Fish Schooling)和群理论(Swarm Theory)的思想,另一方面又具有进化算法的特点,和遗传算法、进化策略、进化规划等算法有相似的搜索和优化能力。

本章将对粒子群优化算法进行介绍,从算法的思想来源、基本流程、改进版本、算法应用和参数设置等几个方面为读者展示了PSO的有关知识。具体包括如下的内容:

- 粒子群优化算法的基本思想;
- 粒子群优化算法的基本流程;
- 粒子群优化算法的改进版本;
- 粒子群优化算法的相关应用;
- 粒子群优化算法的参数设置。

6.1 粒子群优化算法简介

6.1.1 思想来源

粒子群优化算法(Particle Swarm Optimization,PSO)[1][2]作为进化计算的一个分支,是由Eberhart和Kennedy于1995年提出的一种全局搜索算法,同时它也是一种模拟自然界的生物活动以及群体智能的随机搜索算法。因此粒子群优化算法一方面吸取了**人工生命**(Artificial Life)、**鸟群觅食**(Birds Flocking)、**鱼群学习**(Fish Schooling)和**群理论**(Swarm Theory)的思想,另一方面又具有进化算法的特点,和遗传算法、进化策略、进化规划等算法有相似的搜索和优化能力。

粒子群优化算法的发明,可以说是Eberhart和Kennedy在借鉴前人科学家对自然界生物群体活动的认识以及这些活动行为计算机可视化仿真的基础上,并与各自的研究背景知识相结合的产物。Eberhart是一位电子电气工程师,Kennedy是一名社会心理学家,他们在合作研究PSO的时候,目的就是为了将社会心理学上的个体认知、社会影响、群体智慧等思想融入到组织性和规律性很强的群体行为中,开发一个可以用于工程实践的优化模型和优化工具。

在动物的群体行为中,科学家们很早就发现了自然界的鸟群、兽群、鱼群等在其迁徙、捕食过程中(如图6.1所示),往往表现出高度的组织性和规律性。这些现象受到了高度的重视和广泛的关注,吸引着大批生物学家、动物学家、计算机科学家、行为学家和社会心理学家等的深入研究。例如1987年,Reynolds[3]实现了鸟群运动的计算机可视化仿真。1990年,动物学家Heppner和Grenander[4]也对动物的群体活动规律进行了研究,包括大规模群体同步聚合,突然地改变方向,规律的分散与重组等相关的机制和潜在的规律。众多的研究成果都为粒子群优化算法的发明奠定了思想来源和理论基础。

图 6.1 动物界中的鸟群、兽群和鱼群

在群体智慧方面,社会心理学在揭示人类以及动物的群体活动过程中所表现出来的智慧方面取得的研究成果也被引入到了 PSO 中。Wilson[5]在 20 世纪 70 年代就指出:"至少在理论上,在群体觅食的过程中,群体中的每一个个体都会受益于所有成员在这个过程中所发现和累积的经验。"因此 PSO 直接采用了这一思想。Kennedy 和 Eberhart[1]也指出,他们在设计 PSO 的时候,除了考虑模拟生物的群体活动之外,更重要的是融入了**个体认知**(Self-Cognition)和**社会影响**(Social-Influence)这些社会心理学的理论。这些也许是 Kennedy 在结合了自身研究领域的优势和社会生物学家 Wilson 的启发的成果。后来在 1996 年,Boyd 和 Richerson[6]在研究人类的决策过程时,也提出了个体学习和文化传递的概念。根据他们的研究结果,人们在决策过程中使用两类重要的信息:一是自身的经验,二是其他人的经验。也就是说,人们根据自身的经验和他人的经验进行自己的决策。这也给 PSO 的合理性提供了另一个佐证。

因此,粒子群优化算法是一种**群体智能**(Swarm Intelligence,SI)算法,它结合了动物的群体行为特性以及人类社会的认知特性,它的思想来源如图 6.2 所示。

6.1.2 基本原理

在自然界鸟群捕食的过程,小鸟们是通过什么样的机制找到食物的呢?事实上,捕食的鸟群都是通过各自的探索与群体的合作最终发现食物所在的位置的。可以考虑这样的一个情景,一群分散的鸟在随机地飞行觅食,它们不知道食物所在的具体位置,但是有一个间接的机制会让小鸟知道它当前位置离食物的距离(例如食物香味的浓淡等)。于是各个小鸟就会在飞行的过程中不断地记录和更新它曾经到达的离食物最近位置,同时,它们

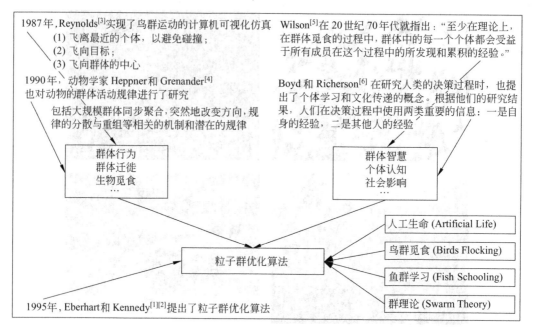

图 6.2　粒子群优化算法的基本思想来源

通过信息交流的方式比较大家所找到的最好位置,得到一个当前整个群体已经找到的最佳位置。这样,每个小鸟在飞行的时候就有了一个指导的方向,它们会结合自身的经验和整个群体的经验,调整自己的飞行速度和所在位置,不断地寻找更加接近食物的位置,最终使得群体聚集到食物位置。

在粒子群优化算法中,鸟群中的每个小鸟被称为一个"粒子",通过随机产生一定规模的粒子作为问题搜索空间的有效解,然后进行迭代搜索,得到优化结果。和小鸟一样,每个粒子都具有速度和位置,可以由问题定义的适应度函数确定粒子的适应值,然后不断进行迭代,由粒子本身的历史最优解和群体的全局最优解来影响粒子的飞行速度和下一个位置,让粒子在搜索空间中探索和开发,最终找到全局最优解。鸟群觅食的基本生物要素和粒子群优化算法的基本定义如表 6.1 所示,而图 6.3 则给出了从生物界的鸟群觅食行为到粒子群优化算法的关系示意图。

表 6.1　鸟群觅食和粒子群优化算法的基本定义对照表

鸟群觅食	粒子群优化算法
鸟群	搜索空间的一组有效解(表现为种群规模 N)
觅食空间	问题的搜索空间(表现为维数 D)
飞行速度	解的速度向量 $v_i = [v_i^1, v_i^2, \cdots, v_i^D]$
所在位置	解的位置向量 $x_i = [x_i^1, x_i^2, \cdots, x_i^D]$
个体认知与群体协作	每个粒子 i 根据自身历史最优位置和群体的全局最优位置更新速度和位置
找到食物	算法结束,输出全局最优解

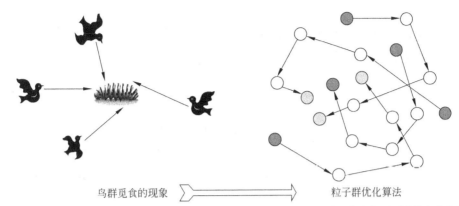

| 鸟群觅食的现象 | 粒子群优化算法 |

一群分散的鸟在随机地飞行觅食,它们不知道食物所在的具体位置,但是有一个间接的机制会让小鸟知道它当前位置离食物的距离(例如食物的香味的浓淡等)。于是各个小鸟就会在飞行过程中不断地记录和更新它曾经到达的离食物最近位置,同时,它们通过信息交流的方法比较大家找到的最好位置,得到一个当前整个群体已经找到的最佳位置。这样,每个小鸟在飞行的时候就有了一个指导的方向,它们会结合自身的经验和整个群体的经验,调整自己的飞行速度和所在位置,不断地寻找更加接近食物的位置,最终使得群体聚集到食物位置。

在粒子群优化算法中,鸟群中的每个小鸟被称为一个"粒子",通过随机产生一定规模的粒子作为问题搜索空间的有效解。和小鸟一样,每个粒子都具有速度和位置,可以由问题定义的适应度函数确定粒子的适应值,然后不断进行迭代,由粒子本身的历史最优解和群体的全局最优解来影响粒子的速度和位置,让粒子在搜索空间中探索和开发,最终找到全局最优解。

图 6.3　从鸟群觅食到粒子群优化算法的关系示意图

6.2　粒子群优化算法的基本流程

6.2.1　基本流程

粒子群优化算法(PSO)要求每个个体(粒子)在进化的过程中维护两个向量,就是速度向量 $v_i=[v_i^1,v_i^2,\cdots,v_i^D]$ 和位置向量 $x_i=[x_i^1,x_i^2,\cdots,x_i^D]$,其中 i 表示粒子的编号,D 是求解问题的维数。粒子的速度决定了其运动的方向和速率,而位置则体现了粒子所代表的解在解空间中的位置,是评估该解质量的基础。算法同时还要求每个粒子各自维护一个自身的历史最优位置向量(用 *pBest* 表示),也就是说在进化的过程中,如果粒子到达了某个使得适应值更好的位置,则将该位置记录到该粒子的历史最优向量中,而且如果粒子能够不断地找到更优的位置的话,该向量也会不断地更新。另外,群体还维护一个全局最优向量,用 *gBest* 表示,代表所有粒子的 *pBest* 中最优的那个,这个全局最优向量起到引导粒子向该全局最优区域收敛的作用。

粒子群优化算法和遗传算法相比,没有了选择算子、交配算子和变异算子[7],而仅仅是通过速度更新公式和位置更新公式这两个公式(见公式(6.1)和公式(6.2))不断地进化而到全局最优解,因此,PSO 的原理和机制更加简单,算法实现也相对的容易,运行效率更高。PSO 的算法步骤如下所述:

(1) 初始化所有的个体(粒子),初始化它们的速度和位置,并且将个体的历史最优 *pBest* 设为当前位置,而群体中最优的个体作为当前的 *gBest*。

(2) 在每一代的进化中,计算各个粒子的适应度函数值。

(3) 如果该粒子当前的适应度函数值比其历史最优值要好,那么历史最优将会被当前位置所替代。

(4) 如果该粒子的历史最优比全局最优要好,那么全局最优将会被该粒子的历史最优所替代。

(5) 对每个粒子 i 的第 d 维的速度和位置分别按照公式(6.1)和公式(6.2)进行更新。这两个公式在二维空间中的关系如图 6.4 所示。

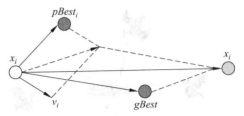

图 6.4　PSO 中粒子的速度与位置在二维空间中的关系及更新示意图

$$v_i^d = \omega \times v_i^d + c_1 \times rand_1^d \times (pBest_i^d - x_i^d) + c_2 \times rand_2^d \times (gBest^d - x_i^d) \quad (6.1)$$

$$x_i^d = x_i^d + v_i^d \quad (6.2)$$

(6) 如果还没有到达结束条件,转到(2),否则输出 $gBest$ 并结束。

在公式(6.1)中,ω 是**惯量权重**(Inertia Weight)[8],一般初始化为 0.9,然后随着进化过程线性递减到 0.4;c_1 和 c_2 是**加速系数**(Acceleration Coefficients 也称**学习因子**),传统上都是取固定值 2.0;$rand_1^d$ 和 $rand_2^d$ 是两个 $[0,1]$ 区间上的随机数。需要注意的是,在更新过程中,PSO 要求采用一个由用户设定的 V_{max} 来限制速度的范围,V_{max} 的每一维 V_{max}^d 一般可以取相应维的取值范围的 10%~20%。另外公式(6.2)中的位置更新必须是合法的,所以在每次进行更新之后都要检查更新后的位置是否在问题空间之中,否则必须进行修正,一般的修正方法可以是重新随机设定或者限定在边界。

PSO 的流程图和伪代码如图 6.5 所示。

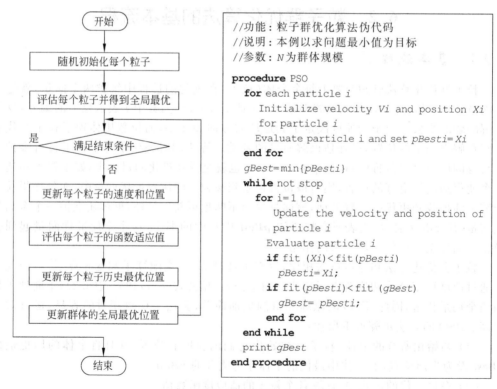

图 6.5　PSO 的流程图和伪代码

6.2.2 应用举例

下面通过一个简单的函数优化的例子，说明粒子群优化算法的执行过程。

例 6.1 已知函数 $y=f(x_1,x_2)=x_1^2+x_2^2$，其中，$-10 \leqslant x_1, x_2 \leqslant 10$，用粒子群优化算法求解 y 的最小值，请写出关键的执行步骤。

解：使用粒子群优化算法求解例 6.1 的执行步骤如图 6.6 所示。

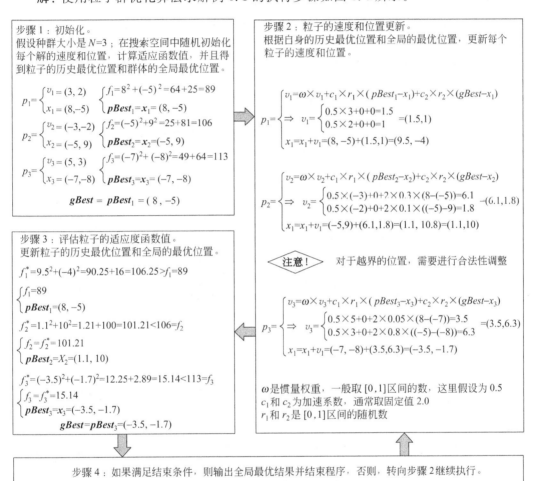

图 6.6 使用粒子群优化算法求解例 6.1 的步骤图示

6.3 粒子群优化算法的改进研究

由于粒子群优化算法的简单易用、高效实用，自其提出以来，受到众多研究者的探讨和改进，并且被运用到了越来越广泛的领域之中。

Eberhart 等人[9]于 2004 年在进化计算的国际顶级期刊 IEEE Transactions on Evolutionary Computation 上组织了一个关于粒子群优化算法的专刊（Special Issue）。在

卷首语中，Eberhart 和 Shi 在描述 PSO 研究与进展的时候提到了 PSO 相关的五个热点和难点问题。这五个问题分别是：算法的理论研究、算法的参数研究、算法的拓扑结构研究、PSO 与其他算法的混合以及算法的应用。该 Special Issue 刊登了 7 篇不同研究方面的文章[10-16]。可以说，2004 年的 Special Issue on Particle Swarm Optimization 对 PSO 算法研究、发展与应用起到了承前启后的作用。一来，它对 1995 年以来关于 PSO 的研究进展和成果进行了比较全面和具体的综述和评价；二来，发表的 7 篇文章对 PSO 进行了比较全面和系统的完善与拓展，使得算法性能更加高效，应用范围更加广泛；三来，它为 PSO 的进一步研究和发展提供了更高的起点，并且指明了相关的方向。关于 PSO 的研究内容和改进方向，我们在图 6.7 中给出了总结。

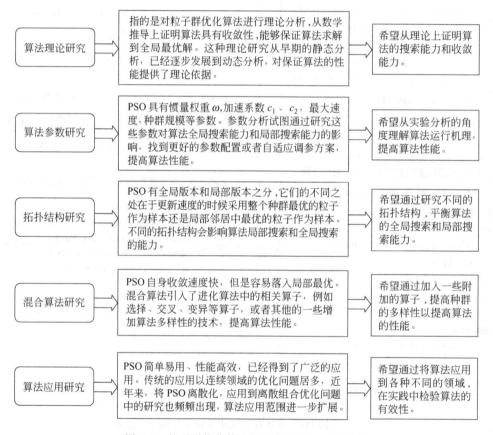

图 6.7　粒子群优化算法的研究内容和改进方向

从 1995 年提出到现在，PSO 已经经过了十多年的发展和完善，相关的理论研究、算法改进和应用拓展都取得了很大的进展。无论是研究队伍的规模、发表的论文数量还是网上的信息资源，发展速度都很快，PSO 已经得到了国际学术界的广泛认可，像 IEEE 和 ACM 等的相关学术期刊和国际会议都对 PSO 的研究和发展非常重视。收录 PSO 文章较多，质量较高的相关学术期刊和国际会议名录如表 6.2 所示。

表 6.2 收录 PSO 科研论文较多的学术期刊和国际会议一览表

学术期刊	IEEE Transactions on Evolutionary Computation IEEE Transactions on Systems, Man and Cybernetics IEEE Transactions on …… Machine Learning Evolutionary Computation ……
国际会议	IEEE Congress on Evolutionary Computation (CEC) IEEE International Conference on Systems, Man, and Cybernetics (SMC) ACM Genetic and Evolutionary Computation Conference (GECCO) International Conference on Ant Colony Optimization and Swarm Intelligence (ANTS) International Conference on Simulated Evolution And Learning (SEAL) ……

有关 PSO 的综述文章不断出现,其中较有代表性的综述文章分别于 2001 年[17]和 2004 年[18]的 IEEE 进化计算国际会议,2007 年的 ACM 遗传与进化计算国际会议[19]上发表。同时,在 IEEE Transactions on Evolutionary Computation[20][21]和 Natural Computing[22][23]等著名期刊上也收录了有关 PSO 的研究进展和应用情况的综述文章。同时,有关 PSO 的著作也陆续出现[24-26]。这些文章和著作的发表与出现,都为广大读者、研究人员把握 PSO 研究的最新进展、动态、应用和发展趋势提供了重要的参考材料。此外,有关 PSO 的网络资源也在日益增多,例如 Particle Swarm Central 就是一个专门对 PSO 的研究进展和最新动态进行跟踪的网站(http://www.particleswarm.info),而且该网站收集和整理了很多关于 PSO 的资源,如各种版本的 PSO 源代码,PSO 研究中的热点和难点问题等。

6.3.1 理论研究改进

关于 PSO 的数学基础、收敛性和稳定性研究,最早的比较权威的成果可以参考法国数学家 Clerc 与 Kennedy 于 2002 年合作的文章[27]。此外,Trelea[28]在 2003 年也对 PSO 的收敛性和稳定性进行了调查、研究与分析,指出 PSO 最终稳定地收敛于空间中的某一个点,但是不能保证收敛到全局最优的点,有时候甚至连局部最优也可能不是,而是停滞在一个当前最好的位置。在 2006 年,Kadirkamanathan 等人[29]和 F. van den Bergh 等人[30]对 PSO 的研究和数学分析,已经由以前的静态分析深入到了动态的系统分析。表 6.3 对这些研究进行了总结。

表 6.3 粒子群优化算法理论研究一览表

年度	作者	特点	参考文献
2002	Clerc 与 Kennedy	设计了一个称为压缩因子的参数。在使用了此参数之后,PSO 能够更快地收敛	[27]
2003	Trelea	指出 PSO 最终稳定地收敛于空间中的某一个点,但不能保证是全局最优点	[28]
2006	Kadirkamanathan 等人	在动态环境中对 PSO 的行为进行研究,由静态分析深入到了动态分析	[29]
2006	F. van den Bergh 等人	对 PSO 的飞行轨迹进行了跟踪,深入到了动态的系统分析和收敛性研究	[30]

算法的理论研究与分析,对巩固算法的理论基础有重要的意义,同时,在理论研究的基础上,可以对粒子群优化算法的运行机理进一步深入了解和认识,对加强和改善算法的性能有实际的指导意义。

6.3.2 拓扑结构改进

粒子群算法的拓扑结构也称为社会结构,指的是算法中的个体如何进行相互作用的问题。群体中的每个个体都在相互学习,除基于自身的认知之外,还在不断地向比自己更好的邻居移动。通过这样的信息交流,整个群体将能够聚集到一个全局最优的位置。PSO 的拓扑结构是由相互重叠的邻域构成的,而粒子就在这些邻域之内相互影响。因此,不同的拓扑结构的定义将影响着粒子间信息交流的方式和信息流通的速度,从而影响着算法的性能。PSO 的研究者普遍都认为拓扑结构对算法有着重要的影响,并且提出了众多的改进方案,希望设计出性能更好的算法。图 6.8 对关于 PSO 拓扑结构改进的情况进行了分类与总结。

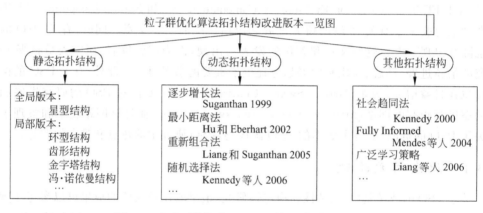

图 6.8　粒子群优化算法拓扑结构改进版本一览图

1. 静态拓扑结构

早在 PSO 提出之初,Kennedy 和 Eberhart 就已经注意到了群体的拓扑结构对算法的性能有着重要的影响。他们在 1995 年提出 PSO 的时候就提到了**全局版本 PSO**(Global Version PSO,GPSO)和**局部版本 PSO**(Local Version PSO,LPSO)两个主要**范式**(paradigm)[2]。这两种范式的主要区别在于社会网络结构的定义的不同。在 GPSO 中,整个群体构成一个"社会",也就是说,粒子在进行速度和位置更新的时候,将会使用自身的历史最好位置 *pBest* 和整个群体中最好的位置 *gBest* 作为更新的向导。而在 LPSO 中,每个粒子所处的"社会"仅仅是一个小的邻域。这样在 LPSO 版本中,粒子在进行速度和位置更新的时候,除了使用自身的历史最好位置 *pBest* 之外,还要使用邻域中的最好位置 *lBest* 作为更新的向导。由此可见,LPSO 中能够被用作更新向导的位置将要比 GPSO 要多(因为在 LPSO 中每个粒子对应的 *lBest* 很可能是不同的,而在 GPSO 中每个粒子对应的 *gBest* 都是一样的),所以 LPSO 的多样性更好,往往能够在处理复杂的问题时表现出比 GPSO 更好的性能。图 6.9 给出了 GPSO 和 LPSO 中粒子的更新示意图。

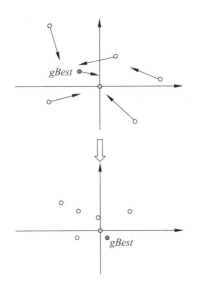 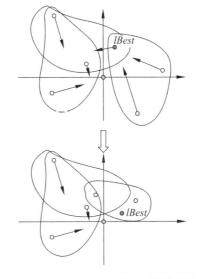

在全局版本 PSO 中，每个粒子受到群体中最优的粒子 ***gBest*** 的影响，因此所有粒子都将快速趋向该全局最优解。但是这种快速的收敛容易导致算法落入局部最优
GPSO

在局部版本 PSO 中，每个粒子受到其邻域结构中最优的粒子 ***lBest*** 的影响，因此整个群体表现出更好的多样性，不容易受到当前全局最优解的过分影响而落入局部最优
LPSO

图 6.9　GPSO 和 LPSO 中粒子的更新示意图

2002 年，Kennedy 在进化计算国际会议 CEC 上发表了文章[31]，提出了例如星型结构、环型结构、齿形结构、金字塔结构、冯·诺依曼结构等等不同的拓扑结构，并且比较了它们在 PSO 中的性能。2006 年，Kennedy 和 Mendes[32] 也将这些拓扑结构在 Fully Informed 的 PSO 上进行了测试。关于这些不同结构的特点，表 6.4 进行了比较和总结。同时，图 6.10 给出了这些不同结构的示意图。

表 6.4　不同拓扑结构特点比较

拓扑名称	结构特点
星型结构	任意两个粒子都相互连接，如图 6.10(a) 所示
环型结构	每个粒子和左右两个粒子相连，如图 6.10(b) 所示
齿形结构	邻域中仅有一个粒子作为"焦点"，和其他粒子相连，如图 6.10(c) 所示
冯·诺依曼结构	每个粒子和平面网格中的上下左右四个粒子相连，如图 6.10(d) 所示

2. 动态拓扑结构

尽管这些静态的拓扑结构已经取得了很好的研究成果，但即使是 LPSO，也不能解决 PSO 容易落入局部最优的问题。研究 PSO 的动态拓扑结构是希望能够通过在不同的进化阶段使用不同的拓扑结构，动态地改变算法的探索能力和开发能力，在保持种群多样性和算法收敛性上取得动态的变化和平衡，以提高算法的整体性能。因此，很多研究者也致

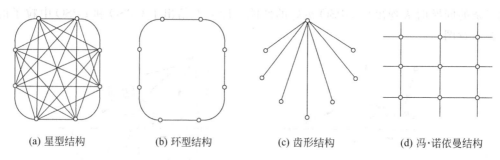

(a) 星型结构　　　(b) 环型结构　　　(c) 齿形结构　　　(d) 冯·诺依曼结构

▶ 全局版本 PSO 和局部版本 PSO 的收敛特点：
(1) GPSO 由于其很高的连接度，往往具有比 LPSO 更快的收敛速度。但是，快速的收敛也让 GPSO 付出了多样性迅速降低的代价
(2) LPSO 由于具有更好的多样性，因此一般不容易落入局部最优，在处理多峰问题上具有更好的性能

▶ 在解决具体问题的时候，可以遵循以下一些规律：
(1) 邻域较小的拓扑结构在处理复杂的、多峰值的问题上具有优势，例如环型结构的 LPSO
(2) 随着邻域的扩大，算法的收敛速度将会加快，这对简单的、单峰值的问题非常的有利，例如 GPSO 在这些问题上就表现很好
(3) 冯·诺依曼结构的 PSO 在 GPSO 和 LPSO 两者间取得了一个平衡，适合大多数问题的求解，而且具有良好的性能

图 6.10　不同拓扑结构的示意图

力于研究 PSO 的动态拓扑结构。其中比较有代表性的有 Suganthan[33]、Hu 和 Eberhart[34]、Liang 和 Suganthan 等人[35]提出的解决方案，如表 6.5 所示。

表 6.5　粒子群优化算法动态拓扑结构研究一览表

作　　者	特　　点
Suganthan(1999)[33]	逐步增长法：根据进化代数将其邻居从粒子自身逐渐扩大到整个群体
Hu 等人(2002)[34]	最小距离法：每一代中选择 m 个"距离"最近的粒子作为邻居
Liang 等人(2005)[35]	重新组合法：随机分成多个小种群进化了一定代数后重新随机组合，继续进化
Kennedy 等人(2006)	随机选择法：随机为每个粒子选择 K 个粒子（包括自身）作为邻域

此外，包括 Kennedy、Clerc 和 Eberhart 等在内的一些研究者提出了一种"标准的 PSO 算法"，读者可以通过在 Particle Swarm Central 网站上下载 Standard_PSO_2006 和 Standard_PSO_2007 的源代码（http://www.particleswarm.info/Programs.html）。这里的 Standard PSO 定义了一种随机的拓扑结构。**随机拓扑结构 PSO**(Random Topology PSO，RPSO)为每个粒子定义一个规模为 K 的邻域，该邻域内的个体是从整个群体中随机选择的（包括粒子本身）。在每一代进化中，每个粒子将在其本身历史最优位置和其对应的随机拓扑邻域中的最优位置的影响下进行速度和位置的更新。如果在该代的进化中得到的最优解对已经找到的全局最优解有所改善，那么这些拓扑结构将不会发生改变而在下一代继续发挥作用。否则，RPSO 将在下一代中对每个粒子重新构造其随机邻域，以期增强粒子的搜索能力，提高算法的性能。因此，RPSO 也可以看做是一种动态拓扑结构的 PSO。

3. 其他拓扑结构

在针对 PSO 的拓扑结构的众多改进版本中，除了前面提到的标准的静态拓扑结构和

有关的动态拓扑结构之外，还存在很多其他的改进版本，我们将一些典型的改进方案列举在表 6.6 中。

表 6.6　粒子群优化算法其他拓扑结构研究一览表

年度	作　者	特　　点	参考文献
2000	Kennedy	社会趋同法（Social Stereotyping）	[36]
2004	Mendes 等人	Fully Informed PSO	[10]
2006	Liang 等人	广泛学习策略 CLPSO	[37]

6.3.3　混合算法改进

自 PSO 提出以来，研究者就不断地通过将 PSO 算法和其他搜索算法或者思想技术相结合，形成了形形色色的关于 PSO 的混合算法改进版本。这些混合算法要么融合了传统进化计算中的有关算子，例如选择算子、交叉算子、变异算子等，要么直接与其他一些搜索算法相结合，例如模拟退火算法、免疫算法、差分进化算法、局部搜索算法等。另外，还有不少的改进形式是通过使用一些数学、物理学、生物学等相关科学的一些技术手段对原始 PSO 进行改进和完善。图 6.11 对这些混合算法进行了分类与总结。相关的算法特点和参考文献如表 6.7 所示。

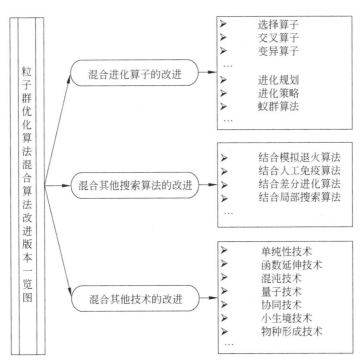

图 6.11　粒子群优化算法混合算法改进版本一览图

表 6.7　粒子群优化算法混合算法研究一览表

混合进化算子	选择算子 (Selection)	Angeline(1998)[38]将每次迭代产生的新的粒子群根据适应函数进行选择,用适应度较高的一半粒子的位置和速度矢量取代适应度较低的一半粒子的相应矢量,而保持后者个体极值不变
	交叉算子(Crossover)	Lovbjerg 等人(2001)[39],Chen 等人(2007)[40]
	变异算子 (Mutation)	Andrews(2006)[41]对 PSO 中混合使用变异算子的算法进行了较为全面的综述和比较
混合其他搜索算法	结合差分进化算法 (Differential Evolution)	Hendtlass(2001)[42]对同一个种群轮流地使用 PSO 和 DE 进行优化,结果表明这种方式比单纯的 PSO 具有更好的性能 Zhang 和 Xie(2003)[43]针对粒子的历史最优 *pBest* 利用差分操作进行扰动,有点类似于变异,而且是当且仅当扰动后的位置比当前的 *pBest* 更优时,才替换 *pBest*
	结合局部搜索算法 (Local Search)	Liang 和 Suganthan(2005)[44]在设计动态的多种群 PSO 算法的时候,增强了种群的多样性,但是牺牲了快速收敛的能力,因此引入了准牛顿法对一部分适应值较好的 *lBest* 执行局部搜索操作
混合其他技术	函数延伸技术 (Function Stretching)	Parsopoulos 等人(2004)[11]将自适应改变目标函数方法用到了粒子群优化算法中,以防止粒子群优化算法返回已经找到的局部极值
	混沌技术 (Chaos Technique)	Chuanwen 和 Bompard(2005)[45]以及 Coelho 和 BM Herrera(2007)[46],使用混沌技术生成 PSO 相应的参数,包括惯量权重和加速系数等 Liu 等人(2005)[47]采取混沌技术对当前的最优位置进行扰动,使得最优解质量进一步提高
	量子技术 (Quantum Technique)	Sun 等人(2004)[48]以及 Mikki 和 Kishk(2006)[49]分别提出了一种具有"量子行为"的 QDPSO,他们的算法改变了传统 PSO 在牛顿空间中的运动形式,而采用了量子式的更新方式对粒子的位置进行调整和优化 Yang 等人(2004)[50]将量子的思想应用于二进制版本的 PSO 中
	协同技术 (Cooperative Technique)	Van den Bergh 和 Engelbrecht(2004)[12]将 D 维向量分到 D 个独立粒子群中,每个粒子群优化一维向量,评价适应值时将分量合成一个完整向量 Baskar 和 Suganthan(2004)[51]使用 S 个独立的粒子群,其中前 $S-1$ 个粒子群根据"本粒子群"迄今搜索到的最优解来更新群中粒子的速度,而第 S 个粒子群则是根据"全部粒子群"迄今搜索到的最优解更新群中粒子的速度
	小生境技术 (Niche Technique)	Brits 等人(2002)[52]和(2007)[53]提出的 NichePSO 中,他们采用了一个大的种群开始在问题空间中寻优,当发现了一个可能的最优解或者局部最优解的时候,种群自适应的分裂,让一小部分个体在该解附近形成一个小生境继续优化,而剩下的部分继续在解空间中寻优,直到发现下一个最优解的时候再进行自适应分裂,通过这样的方式,NichePSO 可以有效地搜索到多个最优解
	物种形成技术 (Speciation Technique)	Parrott 和 Li(2006)[54]将物种形成技术融入到了 PSO 算法中以求解多峰值问题和跟踪动态环境中的多个解

6.3.4 离散版本改进

虽然 PSO 是一个非常适合于连续领域问题优化的算法,并且已经在很多连续空间领域获得了相当成功的应用,但是很多现实问题都是定义在离散空间中的,例如典型的离散组合问题就有整数规划问题、背包问题、皇后问题、旅行商问题、调度问题、路由问题等。为了将 PSO 应用到这些离散组合问题,研究者也在不断地尝试将 PSO 离散化后将算法运用到离散领域(组合优化)之中。在众多的离散 PSO 改进版本中,二进制编码 PSO 和整数编码 PSO 是常见的两种形式,另外还有一些其他的改进方案也相继出现,如图 6.12 所示。

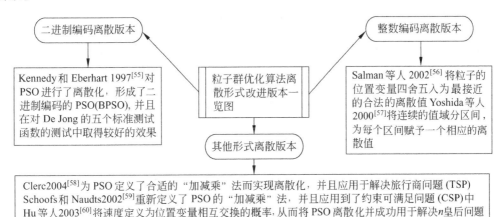

图 6.12　粒子群优化算法离散形式改进版本一览图

6.4　粒子群优化算法的相关应用

随着 PSO 的不断改进和完善,PSO 被众多的研究者应用到了越来越多的领域当中。作为连续领域的优化方法,PSO 基本上能够胜任所有这方面的应用。很多已经在遗传算法中得到很好应用的领域在采用了 PSO 作为优化方法之后,都取得了更好的优化效果并且提高了优化速度,同时也降低了程序的复杂度,使得算法应用更加的高效。PSO 最早是用来优化神经网络的网络连接权重的[61],目前的应用已经涉及了电力系统[57]、电磁学[62]、经济分配[63][64]、医学图像配准[14]、多目标优化[15]、系统设计[65][66]、机器学习与训练[16][67][68]、数据挖掘与分类[69-71]、模式识别[17]、信号控制[72]、离散组合优化[55-60][73]等各个领域。

6.4.1　优化与设计应用

许多实际的工程与实践问题本质上是函数优化问题,或者说这些问题本身就是要求进行参数的设计与优化,因此都可以转换为函数优化问题进行求解,粒子群优化算法在解决这些问题时具有天然的优势,非常适合这种类型问题的求解。随着粒子群优化算法的进一步发展和不断的完善，其在越来越多的工程与系统设计优化问题上取得了相当成功的应用。如表 6.8 所示，这些设计优化问题主要包括：神经网络优化、电磁螺旋管优化、AVR 单片机系统参数优化、相控阵控制器参数优化、天线设计优化、电力系统稳定器设计、机翼设计、电路设计、放大器设计、桁架系统优化等。

表 6.8 粒子群优化算法在工程与系统设计优化问题中的应用

应用（中文）	英　　文	参考文献
神经网络优化	Neural network optimization	[61] [74]
无功功率与电压控制	Reactive power and voltage control	[57]
电磁螺旋管优化	Electromagnetic Loney's solenoid	[62]
电力系统稳定器参数优化	Power system stabilizers optimization	[65]
AVR 单片机系统参数优化	AVR system parameters optimization	[66]
相控阵控制器参数优化	Phased-Arrays control optimization	[72]
机翼设计优化	Aircraft wing design	[75]
放大器设计优化	Amplifiers	[76]
天线设计优化	Antenna design	[72][77]
悬臂梁设计	Cantilevered beam design	[78]
组合逻辑电路	Combinational circuits	[79]
电力系统稳定器	Power system stabilizers	[80]
最优的并行设计系统	Optimal concurrent design system	[81]
鲁棒性设计	Robust design	[82]
桁架优化	Truss optimization	[83]
其他	Others	……

6.4.2 调度与规划应用

调度（scheduling）和规划（planning）是一类密切影响着我们日常生活的优化问题，例如会议安排、公车路线规划、飞机调度等。PSO 已经在众多的调度与规划问题中取得了非常成功的应用，如表 6.9 所示。

表 6.9 粒子群优化算法在调度与规划问题中的应用

应用（中文）	英　　文	参考文献
经济调度的电力系统	Economic dispatch in power systems	[63][64]
发电机组检修计划	Generator maintenance scheduling	[84]
业务规划	Operational planning	[85]
电力系统最优潮流	Optimal power flow	[86]
输电网络扩展规划	Power transmission network expansion planning	[87]
任务分配	Task assignment	[88][89]
旅行商问题	Traveling salesman problem	[90]
流车间调度问题	Flow shop scheduling	[73]
其他	Others	……

6.4.3 其他方面的应用

粒子群优化算法的应用领域非常广泛,如表 6.10 所示,PSO 已经在机器学习与训练、数据挖掘与分类、生物与医学等各个方面都取得了成功的应用。随着研究者对算法本身不断地改进和完善以及对算法应用领域的不断探索,PSO 算法将会在更多的实践领域中发挥其重要的作用。

表 6.10 粒子群优化算法在其他方面的应用

机器学习与训练
• Messerschmidt 和 Engelbrecht[16] 使用 PSO 对用于博弈的神经网络进行训练,并且在"零和博弈"游戏 tic-tack-toe 中取得成功的应用
• Franken 和 Engelbrecht[67] 将基于 PSO 的训练方法用于"非零和博弈"游戏囚徒困境中
• Papacostantis 等人[68] 将基于 PSO 的训练方法用于"概率博弈"的 tic-tack-toe 游戏中
数据挖掘与分类
• Sousa 等人[69-71] 首次将 PSO 应用于数据挖掘领域,他们的目标就是使用 PSO 根据一个给定的数据集提取一组最简约的用于分类的规则
• 基于 PSO 的数据聚类方法和图像分类算法也在不断地提出和发展[91][92]
生物与医学应用
• 使用 PSO 训练神经网络实现对医学中的震颤行为进行分析[74]
• 使用 PSO 实现多模态医学图像配准[14]
• 使用 PSO 对医药 Echinocandin B 的生产过程进行优化[93]
• 使用 PSO 进行多序列比对[94]
• 使用 PSO 实现多癌症分类[95]
其他方面的应用
……

6.5 粒子群优化算法的参数设置

PSO 中并没有许多需要调节的参数,下面列出了这些参数及其经验设置,如表 6.11 所示。

表 6.11 粒子群优化算法参数经验设置

参 数	参考设置	✓ 表示参数的意义 • 表示参数的经验设置
种群规模 N	✓	影响着算法的搜索能力和计算量 • PSO 对种群规模要求不高,一般取 20~40 就可以达到很好的求解效果[96] • Carlisle 和 Dozier[97] 的研究中建议将 N 设为 30 • 不过对于比较难的问题或者特定类别的问题,粒子数可以取到 100 或 200
粒子的长度 D	✓	由优化问题本身决定,就是问题解的长度
粒子的范围 R	✓	由优化问题本身决定,每一维可以设定不同的范围

续表

参　　数	参考设置	∨ 表示参数的意义　　• 表示参数的经验设置
最大速度 $V_{\max}$		∨ 决定粒子每一次的最大移动距离，制约着算法的探索和开发能力 • $V_{\max}$ 的每一维 $V_{\max}^d$ 一般可以取相应维搜索空间的 10%～20%，甚至 100% • 在文献[98]中，就提出了一种将 $V_{\max}$ 按照进化代数从大到小递减的设置方案
惯性权重 ω		∨ 控制着前一速度对当前速度的影响，用于平衡算法的探索和开发能力 • 一般设置为从 0.9 线性递减到 0.4[8][96]，也有非线性递减的设置方案 • 可以采用模糊控制的方式设定[99]，或者在[0.5, 1.0]之间随机取值[100] • ω 设为 0.729 的同时将 c_1 和 c_2 设为 1.49445，有利于算法的收敛[96]
压缩因子 χ		∨ 限制粒子的飞行速度的，保证算法的有效收敛 • Clerc 等人[27]通过数学计算得到 χ 取值 0.729，同时 c_1 和 c_2 设为 2.05
加速系数 c_1 和 c_2		∨ 代表了粒子向自身极值 *pBest* 和全局极值 *gBest* 推进的加速权值 • c_1 和 c_2 通常都等于 2.0，代表着对两个引导方向的同等重视[1] • 也存在一些 c_1 和 c_2 不相等的设置[33][97]，但其范围都在 0～4 之间 • 将 c_1 线性减少，c_2 线性增大的设置能动态平衡算法的多样性和收敛性[13] • 研究对 c_1 和 c_2 的自适应调整方案对算法性能的增强有重要意义[101-103]
终止条件		∨ 决定算法运行的结束，由具体的应用和问题本身确定 • 将最大循环数设定为 500、1000、5000，或者最大的函数评估次数等 • 也可以使用算法求解得到一个可接受的解作为终止条件 • 或者是当算法在很长一段迭代中没有得到任何改善，则可以终止算法
全局和局部 PSO		∨ 决定算法如何选择两种版本的粒子群优化算法——全局版 PSO 和局部版 PSO • 全局版本 PSO 速度快，不过有时会陷入局部最优 • 局部版本 PSO 收敛速度慢一点，不过不容易陷入局部最优 • 在实际应用中，可以根据具体问题选择具体的算法版本
同步和异步更新		∨ 两种更新方式的区别在于对全局的 *gBest* 或者局部的 *lBest* 的更新方式 • 在同步更新方式中，在每一代中，当所有粒子都采用当前的 *gBest* 进行速度和位置的更新之后才对粒子进行评估，更新各自的 *pBest*，再选最好的 *pBest* 作为新的 *gBest* • 在异步更新方式中，在每一代中，粒子采用当前的 *gBest* 进行速度和位置的更新，然后马上评估，更新自己的 *pBest*，而且如果其 *pBest* 要优于当前的 *gBest*，则立刻更新 *gBest*，迅速将更好的 *gBest* 用于后面的粒子的更新过程中 • 一般而言，异步更新的 PSO 具有高效的信息传播能力，具有更快的收敛速度

6.6　本章习题

1. 请指出粒子群优化算法的基本思想来源。
2. 请写出粒子群优化算法执行过程的基本步骤。
3. 粒子群优化算法有哪些典型的拓扑结构？各有什么优缺点？
4. 如果需要对 PSO 的拓扑结构设计自适应的动态调整方案，你将会从哪些方面进行考虑？

5. 通过查阅相关参考文献,指出 PSO 在混合遗传算法的选择、交叉和变异算子的时候,有哪些典型的混合手段。

6. 阅读参考文献[55],理解 Kennedy 和 Eberhart 于 1997 年提出的二进制离散版本 PSO 的算法原理和执行过程。

7. 请分别列举出 PSO 在工程与系统设计、调度与规划等问题上的一些具体应用。

8. 粒子群优化算法中惯量权重参数 ω 对算法性能有什么影响?有哪些设置方案?

9. 粒子群优化算法的同步更新版本和异步更新版本有什么区别?

10. 上机编写完整的 PSO 程序,实现对例 6.1 完整的求解。

本章参考文献

[1] J Kennedy, R C Eberhart. Particle swarm optimization. in Proc. IEEE Int. Conf. Neural Networks, 1995(4): 1942-1948.

[2] R C Eberhart, J Kennedy. A new optimizer using particle swarm theory. in Proc. 6th Int. Symp. Micro Machine and Human Science, 1995: 39-43.

[3] C W Reynolds. Flocks, herds and schools: a distributed and behavioral model. ACM Computer Graphics, 1987, 21(4): 25-34.

[4] F Heppner, U Grenander. A stochastic nonlinear model for coordinated bird flocks. The Ubiquity of Chaos. Washington: AAAS Publications, 1990.

[5] E O Wilson. Sociobiology: The New Synthesis. Cambridge: Belknap Press, 1975.

[6] R Boyd, P J Richerson. Why culture is common, but cultural evolution is rare. in Proc. British Academy, 1996: 77-93.

[7] Y Shi, R C Eberhart. Comparison between genetic algorithms and particle swarm optimization. in Proc. 7th Int. Conf. Evolutionary Programming, 1998(3): 611-616.

[8] Y Shi, R C Eberhart. A modified particle swarm optimizer. in Proc. IEEE World Congr. Comput. Intell, 1998: 69-73.

[9] R C Eberhart, Y Shi. Guest editorial: special issue on particle swarm optimization. IEEE Trans. on Evol. Comput., 2004, 8(3): 201-203.

[10] R Mendes, J Kennedy, J Neves. The fully informed particle swarm: Simper, maybe better. IEEE Trans. on Evol. Comput., 2004, 8(6): 204-210.

[11] K E Parsopoulos, M N Vrahatis. On the computation of all global minimizers through particle swarm optimization. IEEE Trans. on Evol. Comput., 2004, 8(6): 211-224.

[12] F van den Bergh, A P Engelbrecht. A cooperative approach to particle swarm optimization. IEEE Trans on Evol. Comput., 2004, 8(6): 225-239.

[13] A Ratnaweera, S Halgamuge, H Watson. Self-organizing hierarchical particle swarm optimizer with time-varying acceleration coefficients. Evol. Comput., 2004, 8(3): 240-255.

[14] M P Wachowiak, R Smolikova, Y F Zheng, et al. An approach to multimodal biomedical image registration utilizing particle swarm optimization. IEEE Trans. on Evol. Comput, 2004, 8(3): 289-301.

[15] CAC Coello, G T Pulido, M S Lechuga. Handling multiple objectives with particle swarm optimization. IEEE Trans. on Evol. Comput., 2004, 8(3): 256-279.

[16] L Messerschmidt, A Engelbrecht. Learning to play games using a PSO-based competitive learning

approach. IEEE Trans. on Evol. Comput. , 2004,8(6): 280-288.

[17] R C Eberhart, Y Shi. Particle swarm optimization: developments, applications and resources. Proc. IEEE Congr. Evol. Comput. , 2001: 81-86.

[18] X H Hu, Y Shi, R C Eberhart. Recent advances in particle swarm. Proc. IEEE Congr. Evol. Comput. , 2004(1): 90-97.

[19] X D Li, A P Engelbrecht. Particle swarm optimization: an introduction and its recent developments. Genetic Evol. Comput. Conf. , 2007: 3391-3414.

[20] M R AlRashidi, M E El-Hawary. A survey of particle swarm optimization applications in electric power system operations. Electric Power Components and Systems. 2006, 34(12): 1349-1357.

[21] Y del Valle, G K Venayagamoorthy, S Mohagheghi, et al. Particle swarm optimization: Basic concepts, variants and applications in power system. IEEE Trans. on Evol. Comput. , 2008, 12(2): 171-195.

[22] A Banks, J Vincent, C Anyakoha. A review of particle swarm optimization. Part I: background and development. Natural Computing, 2007,6(4): 467-484.

[23] A Banks, J Vincent, C Anyakoha. A review of particle swarm optimization. Part II: hybridisation, combinatorial, multicriteria and constrained optimization, and indicative applications. Natural Computing, 2007, DOI: 10.1007/s11047-007-9050-z.

[24] R C Eberhart, P K Simpson, R W Dobbins. Computational Intelligence PC Tools. 1st ed. Academic Press Professional, 1996.

[25] J Kennedy, R C Eberhart. Swarm Intelligence. San Mateo: Morgan Kaufmann, 2001.

[26] A P Engelbrecht, Fundamentals of Computational Swarm Intelligence. John Wiley & Son, 2005.

[27] M Clerc, J Kennedy. The particle swarm-explosion, stability and convergence in a multidimensional complex space. IEEE Trans. Evol. Comput. , 2002,6(2): 58-73.

[28] I C Trelea. The particle swarm optimization algorithm: Convergence analysis and parameter selection. Information Processing Letters, 2003,85(3): 317-325.

[29] V Kadirkamanathan, K Selvarajah, P J Fleming. Stability analysis of the particle dynamics in particle swarm optimizer. IEEE Trans. Evol. Comput. , 2006,10(3):245-255.

[30] F van den Bergh, A P Engelbrecht. A study of particle optimization particle trajectories. Information Sciences, 2006,176(8): 937-971.

[31] J Kennedy, R Mendes. Population structure and particle swarm performance. Proc. IEEE Congr. Evol. Comput. , 2002: 1671-1676.

[32] J Kennedy, R Mendes. Neighborhood topologies in fully informed and best-of-neighborhood particle swarms. IEEE Trans. on Syst. , Man, Cybern. , C, 2006,36(4): 515-519.

[33] P N Suganthan. Particle swarm optimizer with neighborhood operator. Proc. IEEE Congr. Evol. Comput. , 1999: 1958-1962.

[34] X Hu, R C Eberhart. Multiobjective optimization using dynamic neighborhood particle swarm optimization. in Proc. IEEE Congr. Evol. Comput. , 2002: 1677-1681.

[35] J J Liang, P N Suganthan. Dynamic multi-swarm particle swarm optimizer. Swarm Intelligence Symp. , 2005(6): 124-129.

[36] J Kennedy. Stereotyping: Improving particle swarm performance with cluster analysis. Proc. IEEE Congr. Evol. Comput. , 2000(7): 1507-1512.

[37] J J Liang, A K Qin, P N Suganthan,et al. Comprehensive learning particle swarm optimizer for

global optimization of multimodal functions. IEEE Trans. Evol. Comput., 2006, 10(3): 281-295.

[38] P J Angeline. Using selection to improve particle swarm optimization. Proc. IEEE Congr. Evol. Comput., 1998: 84-89.

[39] M Lovbjerg, T K Rasmussen, T Krink. Hybrid particle swarm optimizer with breeding and subpopulations. Genetic Evol. Comput. Conf., 2001: 469-476.

[40] Y P Chen, W C Peng, M C Jian. Particle swarm optimization with recombination and dynamic linkage discovery. IEEE Trans. on Syst., Man. Cybern., B, 2007,37(6): 1460-1470.

[41] P S Andrews. An investigation into mutation operators for particle swarm optimization. Proc. IEEE Congr. Evol. Comput., 2006: 1044-1051.

[42] T Hendtlass. A combined swarm differential evolution algorithm for optimization problems. in Proc. 14th Int. Conf. Industrial and Engineering Applications of Artificial Intelligence and Expert Systems, 2001: 11-18.

[43] W J Zhang, X F Xie. DEPSO: hybrid particle swarm with differential evolution operator. Proc. IEEE Congr. Sys., Man, Cybern., 2003,(10): 3816-3821.

[44] J J Liang, P N Suganthan. Dynamic multi-swarm particle swarm optimizer with local search. Proc. IEEE Congr. Evol. Comput., 2005: 522-528.

[45] J Chuanwen, E Bompard. A hybrid method of chaotic particle swarm optimization and linear interior for reactive power optimization. Mathematics and Computers in Simulation, 2005(68): 57-65.

[46] L dos Santos Coelho, B M Herrera. Fuzzy identification based on a chaotic particle swarm optimization approach applied to a nonlinear Yo-yo motion system. IEEE Trans. Industrial Electronics,2007,54(6): 3234-3245.

[47] B Liu, L Wang, Y H Jin, et al. Improved particle swarm optimization combined with chaos. Chaos, Solitons Fractals, 2005, 25(5): 1261-1271.

[48] J Sun, B Feng, W B Xu. Particle swarm optimization with particles having quantum behavior. Proc. IEEE Congr. Evol. Comput., 2004: 325-331.

[49] S M Mikki, A A Kishk. Quantum particle swarm optimization for electromagnetics. Antennas and Propagation, 2006,54(10): 2764-2775.

[50] S Y Yang, M Wang, L C Jiao. A quantum particle swarm optimization. Proc. IEEE Congr. Evol. Comput., 2004: 320-324.

[51] S Baskar, P N Suganthan. A Novel concurrent particle swarm optimization. Proc. IEEE Congr. Evol. Comput., 2004: 792-796.

[52] R Brits, A P Engelbrecht, F van den Bergh. A niching particle swarm optimizer. 4th Asia-Pacific Conf. Simulated Evolutionary Learning, 2002: 692-696.

[53] R Brits, A P Engelbrecht, F van den Bergh. Locating multiple optima using particle swarm optimization. Applied Mathematics and Computation, 2007,189(2): 1859-1883.

[54] D Parrott, X D Li. Locating and tracking multiple dynamic optima by a particle swarm model using speciation. IEEE Trans. on Evol. Comput., 2006,10(4): 440-458.

[55] J Kennedy, R C Eberhart. A discrete binary version of the particle swarm algorithm. IEEE Int'l Conf on Computational Cybernetics and Simulation, 1997: 4104-4108.

[56] A Salman, I Ahmad, S Al-Madani. Particle swarm optimization for task assignment problem.

Microprocessors and Microsystems, 2002,26(8): 363-371.

[57] H Yoshida, K Kawata, Y Fukuyama, et al. A particle swarm optimization for reactive power and voltage control considering voltage security assessment. IEEE Trans. on Power Syst., 2000, 15(4): 1232-1239.

[58] M Clerc. Discrete particle swarm optimization illustrated by the traveling salesman problem. http://www.mauriceclerc.net, 2000, Onwubolu GC, Babu B V. New Optimization Techniques in Engineering. Berlin: Springer-Verlag, 2004.

[59] L Schoofs, B. Naudts. Swarm intelligence on the binary constraint satisfaction problem. Proc. IEEE Congr. Evol. Comput., 2002: 1444-1449.

[60] X Hu, R C Eberhart, Y Shi. Swarm intelligence for permutation optimization: A case study on n-Queen problem. Swarm Intelligence Symposium, 2003: 243-246.

[61] R C Eberhart, Y Shi. Evolving artificial neural networks. Proc. 1998 Int'l. Conf. on Neural Networks and Brain, Beijing, P.R.C., 1998: 5-13.

[62] G Ciuprina, D Ioan, I Munteanu. Use of intelligent-particle swarm optimization in electromagnetism. IEEE Trans. on Magn., 2002,38(2): 1037-1040.

[63] Z L Gaing. Particle swarm optimization to solving the economic dispatch considering the generator constraints. IEEE Trans. on Power Syst., 2003,18(3): 1187-1195.

[64] T A A Victoire, A E Jeyakumar. Reserve constrained dynamic dispatch of units with valve-point effects. IEEE Trans. on Power Syst., 2005,20(3): 1273-1282.

[65] M A Abido. Optimal design of power-system stabilizers using particle swarm optimization. IEEE Trans. on Energy Conversion, 2002,17(3): 406-413.

[66] Z L Gaing. A particle swarm optimization approach for optimum design of PID controller in AVR system. IEEE Trans. on Energy Conversion, 2004,19(2): 384-391.

[67] N Franken, A P Engelbrecht. Particle swarm optimization approaches to coevolve strategies for the iterated prisoner's dilemma. IEEE Trans. on Evol. comput., 2005,9(6): 562-579.

[68] E Papacostantis, A P Engelbrecht, N Franken. Coevolving probabilistic game playing agents using particle swarm optimization algorithms. Proc. IEEE Congr. Evol. Comput. in Games Symposium, 2005: 195-202.

[69] T Sousa, A Silva, A Neves. A particle swarm data miner. Lecture Notes in Computer Science (LNCS). Berlin Springer-Verlag,2003: 43-53.

[70] T Sousa, A Neves, A Silva. Swarm optimisation as a new tool for data mining. Parallel and Distributed Processing Symposium, 2003.

[71] T Sousa, A Silva, A Neves. Particle swarm based data mining algorithms for classification tasks. Parallel Computing, 2004(30): 767-783.

[72] M Donelli, R Azaro, F G B De Natale,et al. An innovative computational approach based on a particle swarm strategy for adaptive phased-arrays control. IEEE Trans. on Antennas and Propagation, 2006, 54(3): 888-898.

[73] B Liu,L Wang, Y H Jin. An effective PSO-based memetic algorithm for flow shop scheduling. IEEE Tran. on Syst., Man, and Cybern., 2007,37(1): 18-27.

[74] R C Eberhart, X Hu. Human tremor analysis using particle swarm optimization. Proc. IEEE Congr. Evol. Comput., 1999: 1927-1930.

[75] G Venter, J Sobieszczanski-Sobieski. Multidisciplinary optimization of a transport aircraft wing

using particle swarm optimization. Structural and Multidisciplinary Optimization, 2004(26): 121-131.

[76] H M Jiang, K Xie, Y F Wang. Design of multi-pumped fiber amplifier by particle swarm optimization. Journal of Optoelectronics Laser, 2004, 15(10): 1190-1193.

[77] D W Boeringer, D H Werner. Particle swarm optimization versus genetic algorithms for phased array synthesis. IEEE Trans. Antennas and Propagation, 2004, 52(3): 771-779.

[78] G Venter, J Sobieszczanski-Sobieski. Particle swarm optimization. Journal for AIAA, 2003, 41(8): 1583-1589.

[79] P Moore, G Venayagamoorthy. Evolving combinational logic circuits using particle swarm, differential evolution and hybrid DEPSO. Int. J. Neural Syst. 2006, 16(2): 163-177.

[80] M Abido. Optimal design of power-system stabilizers using particle swarm optimization. IEEE Trans. on Energy Conversion, 2002, 17(3): 406-413.

[81] F Zhang, D Xue. Optimal concurrent design based upon distributed product development life-cycle modeling. Robotics and Computer-Integrated Manufacturing, 2001, 17(6): 469-486.

[82] G Venter, R Haftka, J Sobieszczanski-Sobieski. Robust design using particle swarm and genetic algorithm optimization. in Proc. 5th World Congr. Structural and Multidisciplinary, 2003.

[83] J F Schutte, A A Groenwold. Sizing design of truss structures using particle swarms. Structural and Multidisciplinary Optimization, 2003(25): 261-269.

[84] C A Koay, D Srinivasan. Particle swarm optimization-based approach for generator maintenance scheduling. Swarm Intelligence Symposium, 2003: 167-173.

[85] T Tsukada, T Tamura, S Kitagawa, et al. Optimal operational planning for cogeneration system using particle swarm optimization. Swarm Intelligence Symposium, 2003: 138-143.

[86] M A Abido. Optimal power flow using particle swarm optimization. International Journal of Electrical Power and Energy Systems, 2002, 24(7): 563-571.

[87] S Kannan, S M R Slochanal, P Subbaraj, et al. Application of particle swarm optimization technique and its variants to generation expansion planning. Electric Power Systems Research, 2004, 70(3): 203-210.

[88] A Salman, I Ahmad, S Al-Madani. Particle swarm optimization for task assignment problem. Microprocessors and Microsystems, 2002, 26(8): 363-371.

[89] S Y Ho, H S Lin, W H Liauh, et al. OPSO: Orthogonal particle swarm optimization and its application to task assignment problems. IEEE Trans. Syst., Man, Cybern. A, Syst., Humans, 2008, 38(2): 288-298.

[90] G C Onwubolu, M Clerc. Optimal path for automated drilling operations by a new heuristic approach using particle swarm optimization. International Journal of Production Research, 2004(4): 473-491.

[91] M G Omran, A P Engelbrecht, A Salman. Particle swarm optimization method for image clustering. International Journal on Pattern Recognition and Artificial Intelligence, 2005, 19(3): 297-322.

[92] M G Omran, A P Engelbrecht, A Salman. A color image quantization algorithm based on particle swarm optimization. Information Journal, 2005, 1(3).

[93] A R Cockshot, B E Hartman. Improving the fermentation medium for Echinocandin B production Part II: Particle swarm optimization. Process Biochemistry, 2001(36): 661-669.

[94] T K Rasmussen, T Krink. Improved Hidden Markov Model training for multiple sequence alignment by a particle swarm optimization-evolutionary algorithm hybrid. BioSystems, 2003(72): 5-17.

[95] R Xu, G C Anagnostopoulos, D C Wunsch. Multiclass cancer classification using semisupervised ellipsoid ARTMAP and particle swarm optimization with gene expression data. IEEE/ACM Trans. Computational Biology and Bioinformatics, 2007,4(1): 65-77.

[96] Y Shi, R C Eberhart. Empirical study of particle swarm optimization. Proc. IEEE Congr. Evol. Comput., 1999: 1945-1950.

[97] A Carlisle, G Dozier. An off-the-shelf PSO. in Proc. Workshop on Particle Swarm Optimization, 2001: 1-6.

[98] H Y Fan, Y Shi. Study on Vmax of particle swarm optimization. Workshop on Particle Swarm Optimization, 2001: 101-106.

[99] Y Shi, R C Eberhart. Fuzzy adaptive particle swarm optimization. Proc. IEEE Congr. Evol. Comput., 2001(1): 101-106.

[100] R C Eberhart, Y Shi. Tracking and optimizing dynamic systems with particle swarms. Proc. IEEE Congr. Evol. Comput., 2001: 94-97.

[101] A Ratnaweera, S Halgamuge, H Watson. Particle swarm optimization with self-adaptive acceleration coefficients. First Int. Conf. on Fuzzy Systems and Knowledge Discovery, 2003: 264-268.

[102] T Yamaguchi, K Yasuda. Adaptive particle swarm optimization: Self-coordinating mechanism with updating information. in Proc. IEEE Int. Conf. Syst., Man, and Cybern., 2006: 2303-2308.

[103] P K Tripathi, S Bandyopadhyay, S K Pal. Adaptive multi-objective particle swarm optimization algorithm. Proc. IEEE Congr. Evol. Comput., 2007: 2281-2288.

普通高校本科计算机专业 特色 教材精选

第 7 章　免疫算法

皮肤破裂出血后我们的身体能自己痊愈。在伤口痊愈的这段时间我们会发现伤口有红肿发热的炎症出现，这就是我们身体的免疫系统在运转的标志，而免疫系统执行免疫功能主要依靠淋巴细胞。

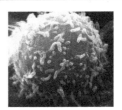

淋巴细胞

流感病毒一直在威胁着人类的健康，那些体质弱的人就需要注射流感病毒的疫苗了，这些疫苗实际上就是病原体，能使人体在再次遇到这种流感病毒时产生免疫。

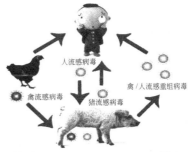

免疫算法(Immune Algorithm, IA)是人们借鉴免疫系统的记忆、学习、自我识别等性质，并建立相应的数学模型，从而设计出的解决一些实际问题的算法。

免疫系统(Immune System,IS)是脊椎动物和人类的防御系统,是机体执行免疫功能——识别非自体物质(通常是病原微生物或异体组织等),从而将之消灭、排除——的器官、组织、细胞和分子的总称。把免疫系统的生物学原理应用到计算机科学中就有了免疫算法(Immune Algorithm,IA)。

本章将介绍免疫算法,从算法的思想来源、数学模型、基本流程、改进版本、算法应用等各个方面为读者展示免疫算法的有关知识。具体包括如下的内容:
- 免疫算法的免疫学原理;
- 免疫算法的数学模型;
- 免疫算法的基本流程;
- 免疫算法的改进版本;
- 免疫算法的实际应用。

7.1 免疫算法简介

7.1.1 思想来源

我们的生活环境充满了各种细菌、病毒、传染性微生物与各种污染物质,但我们平常为什么能保持健康呢? 原因就是人体的**免疫系统**(Immune System,IS)在保护着我们。免疫系统能抵御日常生活中的绝大多数病原体,使我们保持健康。更重要的是免疫系统还有记忆功能,当我们得过某种疾病后,系统就会生成专门的记忆细胞记住那些触发疾病的病原体,细菌再次入侵的时候身体就有了免疫力。当然这些疾病的记忆细胞也可以通过注射疫苗获得,记忆细胞不仅能记住曾经入侵的病原体,对类似的其他疾病也能起到一定的免疫效果。

由于免疫系统具有学习性[6][7],记忆性和模式识别性,研究人员开始考虑把免疫系统信息处理的思想移植到数学和工程学领域并建立相应的信息处理技术和计算机系统,由此产生了**人工免疫系统**(Artificial Immune System,AIS)。现在人工免疫系统的主要工作分成两部分:建立模型和算法应用。其中最令人关注的是研究方向是设计通用或专用的免疫算法,以满足数学、生物学、工程学等领域实际计算问题的需要。

免疫算法(Immune Algorithm,IA)是指以人工免疫系统的理论为基础,在体细胞理论和网络理论的启发下,实现的类似于生物免疫系统的抗原识别、细胞分化、记忆和自我调节功能的一类算法。如果将免疫算法与求解优化问题的一般搜索方法相比较,那么抗原、抗体、抗原和抗体之间的亲和性分别对应于优化问题的目标函数、优化解、解与目标函数的匹配程度。

免疫算法最先起源于 1973—1976 年间 Jerne 的三篇关于免疫网络的文章[1-3],Jerne 在文中提出了一组基于免疫独特型的微分方程,这就是最早的免疫系统。1986 年 Farmer[4] 在此基础上提出了基于网络的二进制的免疫系统,重点是通过描述抗体和抗原,抗体和抗体之间的关系阐述了系统是如何根据实际问题(抗原的独特型)而学习和记忆的。他还探讨了免疫系统与其他人工智能方法的联系,开启了人工免疫系统研究的热潮。但是在20世纪80年代研究免疫系统的人还不多,直到1996年12月,在日本举行了首次基于免疫性系统的国际专题讨论会,首次提出了"人工免疫系统"(AIS)的概念。随后,人工免疫系统进入了兴盛发展时期,Dasgupta和焦李成等[6]认为人工免疫系统已经成为人工智能领域的理论和应用研究热点,相关论文和研究成果正在逐年增加。1997年和1998年IEEE国际会议还组织了相关专题讨论,并成立了"人工免疫系统及应用分会"。鉴于人工免疫系统的研究开始成为热点,人们在2002年组织了人工免疫系统国际会议(International Conference on Artificial Immune Systems,ICARIS),此后这个会议每年举行一次。这个会议也是目前AIS研究领域最有影响力的会议,人们可以在会议材料中找到大量AIS在应用领域的文章,还可以找到AIS的算法和其他理论研究的最新成果。关于ICARIS的最新信息可以在这个网站看到(http://www.artificial-immune-systems.org/index.shtml),这个网站也是AIS研究的权威网站。

7.1.2 免疫系统的生物学原理简介

从人的角度讲,免疫的主要作用就是帮助人体自身的免疫系统抵制由病毒和细菌引起的疾病,从生物学角度讲,免疫或免疫接种是强化一个个体抵御外部个体的能力的过程。

人体免疫系统是怎么对抗病菌的呢?我们在图7.1中给出了免疫系统层次防御示意图。为了了解免疫系统的工作原理,我们首先对以下的一些名词进行解释。

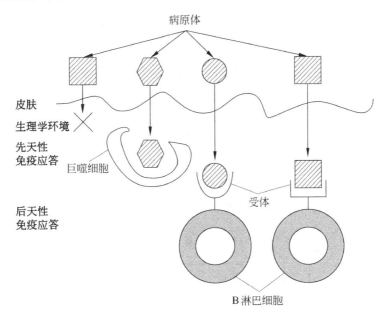

图7.1 免疫系统层次示意图

抗原:被免疫系统看做异体,引起免疫反应的分子。
抗体:免疫系统用来鉴别和移植外援物质的一种蛋白质复合体。每种抗体只识别特定的目标抗原。

淋巴细胞：免疫系统中起主要作用的微小白细胞，包括B细胞和抗体，T细胞和细胞因子以及自然杀伤细胞。

B细胞：全称是B淋巴细胞，在骨髓分化成熟，免疫系统的本质部分。

T细胞：全称是T淋巴细胞，在胸腺分化成熟，按功能可以分为细胞毒T细胞(cytotoxic T cell)，辅助T细胞(helper T cell)，调节/抑制T细胞(regulatory/suppressor T cell)和记忆T细胞(memory T cell)。

亲和力：抗体和抗原，抗体和抗体之间的相似程度。

现在，我们再来看图7.1。该图是人体免疫系统三个层次的示意图。第一层次是皮肤、粘膜等物理屏障，能够阻挡大部分的病原体。但是如果有些病原体突破了第一层防御，侵入人体后，它们首先被噬菌细胞发现，这些细胞物如其名地吞噬病菌并把病菌肢解成小块送到淋巴结，由辅助T细胞(help T cell，白血球的一种)识别病菌的特征，然后告诉人体的淋巴细胞这些入侵敌人的性质。这时B细胞将被激活转化成浆细胞，充当病菌杀手的作用。如果人体已经有细胞感染了病毒，就由细胞毒T细胞负责将其分解和消灭。最后病菌被消灭了，B细胞和T细胞中有杀死该病菌能力的细胞被分解，留下B记忆细胞和T记忆细胞把这些病菌的片段(也就是抗原)记忆下来，继续监视病菌的下次入侵。

7.1.3 二进制模型

1986年Farmer[4]以免疫网络为原型提出了免疫系统模型(二进制)，为了抓住Jerne[2][3]提出的独特型网络的本质，Farmer忽略了T细胞、巨噬细胞等免疫系统重要元素，把重心放在B细胞表层的抗体和抗原之间的机制上。抗体的简单结构如图7.2所示，每个抗体都有抗体决定簇和抗原决定基。和实际免疫系统一样，抗体和抗原的亲和程度由它的抗体决定簇和抗原的决定基的匹配程度决定。同时抗体还有抗原决定基，它对其他的抗体来说也是一个特殊的"抗原"，它们之间的亲和度由它的抗原决定基和其他抗

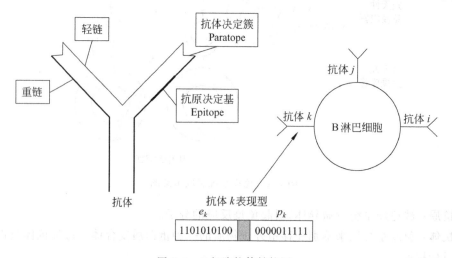

图7.2 B细胞抗体结构图

体的抗体决定簇的匹配程度决定。在模型中 Farmer 首先用二进制串表示那些描述了抗体决定簇和抗原决定基性质的氨基酸序列,然后假设每个抗原和每个抗体型分别只有一个抗原决定簇(实际它们都有许多不同类型的抗原决定基)。通过这些决定基之间的匹配程度控制不同类型抗体的复制和减少,以达到优化系统的目的。

二进制模型模仿了免疫系统的工作原理,主要涉及识别和刺激两方面的内容。

识别:每个抗体可以用(e,p)的二进制串表示,匹配通过计算两个串之间的互补字符个数 t 决定,e 表示抗原决定基,p 表示抗体决定簇,它们的长度分别是 l_e,l_p(所有的抗体或抗原的这两个长度均相同),s 表示一个匹配阈值,当 $s \geqslant \min\{l_e,l_p\}$ 时免疫反应发生,亦称两串相互识别,否则不发生反应。设 $e_i(n)$ 表示第 i 个抗原决定基的第 n 位,$p_i(n)$ 表示第 i 个抗体决定簇的第 n 位。串匹配的运算用异或运算符"∧"(两个 0-1 字符不相同返回 1,相同返回 0),匹配特异矩阵为:

$$m_{ij} = \sum_k G\left(\sum_n e_i(n+k) \wedge p_j(n) - s + 1\right) \tag{7.1}$$

s 表示匹配的阈值,k 表示串之间的错位长度,n 表示串的具体哪位,i 和 j 表示具体哪个抗体或抗原的某种决定基(簇),其中:

$$G(x) = \begin{cases} x, & x > 0 \\ 0, & x \leqslant 0 \end{cases} \tag{7.2}$$

要根据公式(7.1)算出 m_{ij} 必须求出 k 的所有情况之和,但实际上大可不必,如图 7.3 所示,只需求 $-2 \leqslant k \leqslant 2$ 的情况即可。图 7.3 所示的是抗体 i 的抗体决定簇和抗体 j 的抗原决定基在 $k=-1$ 时的匹配情况。这个时候 i 的抗体决定簇和 j 的抗原决定基之间共有 6 个互补字符。所以如果定义匹配阈值 $s > 6$ 则两个串不相互匹配,否则相互匹配。

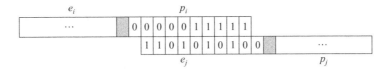

图 7.3 抗体 i 的抗体决定簇和抗体 j 的抗原决定基在 $k=-1$ 时的匹配情况

模型还指出当一个 B 淋巴细胞识别一个抗原决定基时,它受到刺激并分裂,产生更多表面附着相同抗体类型的 B 淋巴细胞(此处简化免疫学的原理,把自由抗体和 B 细胞的抗体集中)。

刺激:前面所说的二进制串之间的匹配,其目的是为了刺激新的抗体的生成。文献[4]以两个抗体的相互识别为例,抗体 A 的抗体决定簇能识别(即匹配个数 t 大于阈值 s)抗体 B 的抗原决定簇,首先导致抗体 A 以固定概率大量繁殖,同时逐渐清除抗体 B。这样就通过抗体决定簇和抗原决定基之间的作用控制了一类抗体的复制和另一类抗体的消亡。

下面建立相应的微分方程模型[4],设 N 种类型的抗体,浓度为 $\{x_1,x_2,\cdots,x_n\}$,n 种类型的抗原,浓度为 $\{y_1,y_2,\cdots,y_n\}$,这里的浓度就是某类抗体或抗原的具体数量。那么抗体浓度的变化方程为:

$$x'_i = c\left[\sum_{j=1}^{N} m_{ji}x_ix_j - k_1\sum_{j=1}^{N} m_{ij}x_ix_j + \sum_{j=1}^{N} m_{ji}x_iy_j\right] - k_2x_i \qquad (7.3)$$

此处 $i=1,\cdots,n$，m_{ij} 表示抗体 i 和抗体 j（或抗原 j）在匹配特异矩阵特定位置的值。公式(7.3)各部分的作用如图 7.4 所示。

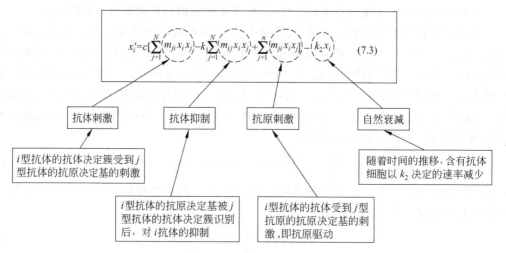

图 7.4 免疫系统的微分方程模型各部分的作用

模型的基本要素是：当前列出的抗原和抗体类型都是动态变化的，会随着新的类型而增加或减少。同时公式(7.3)中的 N 和 n 也是随时间变化的，当然它们变化的速度分别远小于浓度 x_i 和 y_i 的变化速度。抗体和抗原的动态调整规则分别如图 7.5 和图 7.6 所示。

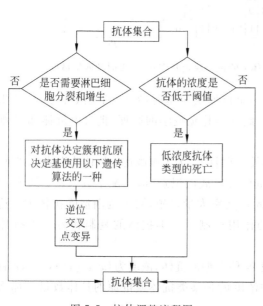

图 7.5 抗体调整流程图

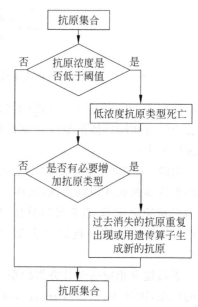

图 7.6 抗原调整流程图

抗原和抗体类型的自我更新是一个十分重要的性质,有了这个性质系统才能用有限的已知细胞搜索新的空间。抗体的初始化采用随机的方法,而抗原的初始化可以用随机化方法也可以用某种指定的策略。系统同时具有"免疫遗忘"和"免疫记忆"的功能。免疫遗忘是指经过一定时间没有被使用的分子将被消除。免疫记忆根据的免疫学原理是病原体被消灭后,B细胞也进入休眠状态,但是抗原仍然能被记忆很长的时间(现实生活中具体的抗原能被记忆多长的时间,对于医学工作者仍然是未解之谜)。通过独特型网络,文献[4]给出了模型具有记忆能力的最好的解释,图7.7详细地解释了抗体是怎么通过形成记忆环记住抗原的。假设抗体集合 Ab_1 表示所有识别抗原的抗体,Ab_2 表示所有能识别 Ab_1 的抗原决定基的抗体集合,……,Ab_n 表示所有能识别 Ab_{n-1} 的抗体决定基的抗体集合,最后 Ab_n 的抗原决定基又能被 Ab_1 的抗体决定簇所识别,那么即使没有抗原,抗原的形状也会被记忆在 Ab_n 中。

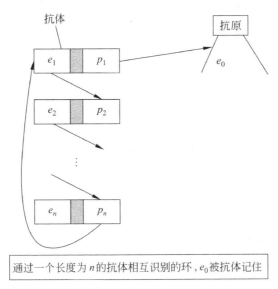

图 7.7 抗体记忆环

7.2 免疫算法的基本流程

7.2.1 基本流程

免疫系统虽然早在20世纪70年代就已经被人们提出,但是一直到20世纪90年代日本的 Kazuyuki Mori 等人[10]最早提出免疫算法,而韩国的 Jang-Sung Chun 等人[11]对免疫算法的研究取得了突破性的进展。本小节首先给出免疫系统和免疫算法的联系(表7.1)[9],然后介绍公认的免疫算法的流程图,最后结合文献[11]对算法的每一步进行具体分析,使读者明白运用免疫算法求解最优化问题的大致过程。

表 7.1 免疫系统和免疫算法的比较

免 疫 系 统	免 疫 算 法
抗原	要求解的问题
抗体	最佳解向量
抗原识别	问题识别
从记忆细胞产生抗体	联想过去的成功解
淋巴细胞分化（记忆细胞分化）	维持最优解
T 细胞抑制	消除多余的候选解
抗体生命增加（细胞克隆）	用遗传算子生成新的抗体

算法是针对一般优化问题提出的，免疫算法的基本流程图如图 7.8 所示。免疫算法假设抗原（目标函数）有一个，抗体（最优化解）有若干个，抗体的性质被统一到一个长度为 M（和具体问题有关）的独特型串中，例如第 v 个抗体的独特型串为 $\{ab_v^1, ab_v^2, \cdots, ab_v^M\}$。算法将通过抗体和抗体，以及抗体和抗原之间的亲和度来控制抗体的新陈代谢过程，达到免疫系统的记忆、学习和自适应的功能，以实现函数优化。基本的免疫算法主要包括以下七个方面的要素。

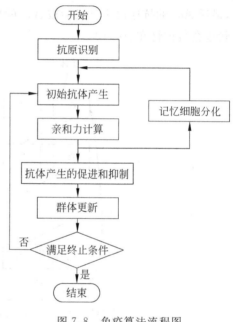

图 7.8 免疫算法流程图

1. 识别抗体[5]

把目标函数和约束作为抗体。

2. 生成初始化的抗体

随机生成独特型串维数为 M 的 N 个抗体。

3. 计算亲和度

（1）抗体 v 和抗原的亲和度为 ax_v：

$$ax_v = \frac{1}{1+opt_v} \tag{7.4}$$

其中 opt_v 表示抗体 v 和抗原的结合强度，对最优化问题，可以用抗体 v 的独特型的解和已知的最优解的相似程度表示，例如对函数 $f = x_1^2 + x_2^2 + x_3^2, x_i \in [-10, 10], i = 1, 2, 3$，求最小值，已知的最优解是 0，那么抗体 v 的 opt_v 就是其所代表的解在该函数下的适应值。若是一个最大化问题，则 $opt_v = \left|\frac{f_v - f_{\max}}{f_{\max}}\right|$。其中 $f_{\max}$ 是最优解的适应值，f_v 是抗体 v 的适应值。

（2）抗体 v 和抗体 w 的亲和度为：

$$ay_{v,w} = \frac{1}{1+E(2)} \tag{7.5}$$

其中 $E(2)$ 为 v 和 w 的平均信息熵。通过这些平均信息熵，算法实现了多样化。下面简单介绍一下信息熵。基因的信息熵如图 7.9 所示。

免疫系统有 N 个抗体，有 M 个基因（或独特型串的长度为 M），第 j 个基因的信息熵为 $E_j(N)$：

$$E_j(N) = \sum_{i=1}^{N} -p_{ij} \log_K p_{ij} \qquad (7.6)$$

其中 K 表示独特型串的字母表的长度，若为二进制数就是 2，p_{ij} 表示选择第 i 个抗体的第 j 位等位基因的概率，很明显 $\sum_{i=1}^{N} p_{ij} = 1$，所以代表多样性的平均信息熵 $E(N)$ 为：

$$E(N) = \frac{1}{M} \sum_{j=1}^{M} E_j(N) \qquad (7.7)$$

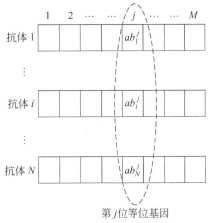

图 7.9 基因的信息熵

4. 记忆细胞分化

与抗原有最大亲和度的抗体加入了记忆细胞。由于记忆细胞数目有限，因此新生成的抗体将会代替记忆细胞中和它有最大亲和力者。

5. 抗体促进和抑制

通过计算抗体 v 的期望值，消除那些低期望值的抗体。简单地说本步骤就是促进高亲和度、低密度的个体。抗体 v 的期望值 e_v 的计算公式为：

$$e_v = \frac{ax_v}{c_v} \qquad (7.8)$$

其中抗体 v 的密度的计算法方法如下[5]：

$$c_v = -\frac{q_k}{N} \qquad (7.9)$$

其中 q_k 表示和抗体 k 有较大亲和力的抗体。通过这个公式能有效地抑制抗体的过分相似，避免算法的未成熟收敛。

6. 产生新的抗体

根据不同抗体和抗原亲和力的高低，使用轮盘赌的方法，选择两个抗体。然后把这两个抗体按一定变异概率做变异，之后再做交叉，得到新的抗体。重复操作步骤 6 直到产生所有 N 个新抗体。可以说免疫算法产生新的抗体的过程需要遗传算子的辅助。

7. 结束条件

如果求出的最优解满足一定的结束条件，则结束算法。

7.2.2 更一般化的基本免疫算法

7.2.1 小节详细介绍了 Jang-Sung Chun 等人改进的基本免疫算法，但是这个算法目前还只能应对单目标的最优化问题，本节将介绍如何将原有的基本免疫算法扩展到更多的问题上。

1. 求解多目标优化问题的免疫算法

对于多目标优化问题,可以把抗原扩展到 L 个(L 和具体的目标数目相等),并把抗体 v 和抗原 w 的亲和度 $ax_{v,w}$ 重新定义为:

$$ax_{v,w} = \frac{1}{1+opt_{v,w}} \tag{7.10}$$

其中 $opt_{v,w}$ 表示抗体 v 和抗原 w 的结合强度,即抗体 v 在目标函数 w 中的解和此函数最优解的接近程度,至于算法的其他步骤,变化不大。

2. 求解更一般问题的免疫算法

为了求解更多的问题,需要对抗原的基因型进行和抗体一样的编码。这里首先简单介绍免疫系统的形态空间模型[5],图 7.10 中 • 表示抗体,× 表示抗原,V_ε 是抗体可识别的空间,ε 是识别空间的半径,V 则是包含所有抗原的空间。

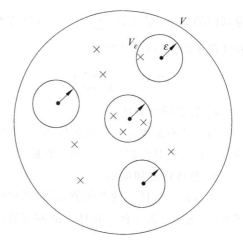

图 7.10 形态空间

根据图 7.10,一个抗体可以识别在其识别空间内的所有抗原,同时抗原也能被不同类型的抗体所识别,因此有限的抗原一定能被有限的抗体所识别。

假设在形态空间内,抗体 v 和抗原的坐标分别为 $\{ab_v^1, ab_v^2, \cdots, ab_v^M\}$ 和 $\{ag^1, ag^2, \cdots, ag^M\}$,$v=1,\cdots,N$,那么它们之间的距离如下。

Manhattan 距离:

$$D = \sqrt{\sum_{i=1}^{M} |ab_v^i - ag^i|} \tag{7.11}$$

Euclidean 距离:

$$D = \sqrt{\sum_{i=1}^{M} (ab_v^i - ag^i)^2} \tag{7.12}$$

Hamming 距离:

$$D = \sum_{i=1}^{M} \delta_i, \delta_i = \begin{cases} 1, & ab_v^i \neq ag^i \\ 0, & 其他 \end{cases} \tag{7.13}$$

选用哪个距离公式和具体问题有关,也和使用者假设的空间有关。

同理可以求出抗体之间的距离,然后只需改变上一节的步骤 6 中亲和度的计算公式,就可以扩展到求一般问题的免疫算法。此时亲和度的计算公式如下:

$$ax_v = \frac{1}{1+t_v} \tag{7.14}$$

$$ay_{v,w} = \frac{1}{1+H_{v,w}} \tag{7.15}$$

其中 t_v 为抗体 v 和抗原的距离,$H_{v,w}$ 为抗体 v 和抗体 w 的距离。

形态空间模型下的基本免疫算法在其他的部分都没有变化,均和 Jang-Sung Chun 的基于熵的基本免疫算法相同。当抗原不止一个时,也可以用上面所讲的求多目标问题的扩展方法对算法进行必要的修改。

7.3 常用免疫算法

7.3.1 负选择算法

1994年,Forrest[12]根据免疫系统的自体-非自体识别原理,提出了**负选择算法**(Negative Selection Algorithm,NSA)。免疫系统能识别非自体依靠的是T细胞表面的受体,这些受体和所有的自体(身体的器官,组织和细胞)都是不相匹配的,如果接收器和某个蛋白质分子匹配,即可以认为它是非自体,并消灭之。

在文献[12]中,虽然作者最初用T细胞的负选择思想实现了计算机病毒检测的实验,但是由此产生的算法还可以运用于模式识别、分类等许多领域。就像前面所阐述的那样,我们把要识别并保护的文件(或数据)作为自体(Self),在程序中可以假设它们是一个字符串的集合S(所有串长为n),具有识别功能的接收器作为检测器(Detector)即抗体,在程序中可以假设为一个字符串的集合R(所有串长为n),算法的主要目的是先求一个和S不匹配的R集合,然后用R集合判断S集合是否发生了变化。

算法分成两步,第一步是初始化,初始化一个等长度的串集合S作为自体(一个受保护的集合),然后初始化串集合R_0,选择其中不和S集合中任何串匹配(关于匹配的原则会在本小节的后面提到)的串保留下来,其余的舍弃,成为新的串集合R,即监测器。初始化监测器R的过程如图7.11所示。

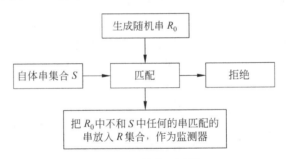

图7.11 初始化监测器R

算法第二步,初始化的自体S随机变异某些字节或某些部分,然后用监测器R和新的串集合S做匹配运算,如果两个集合有匹配的串被找到,则算法结束并报告探测到保护数据S被感染(即S已经不是自体);如果找不到,则本次算法失败。监视保护数据S的过程如图7.12所示。

还有一点需要注意的是,两个字符串采用部分匹配的方法检测是否发生匹配,即当且仅当两个串至少有r_0个连续位取值相同时,我们称这两个串匹配。例如

S: a b c d e f x
T: a m n d e f x

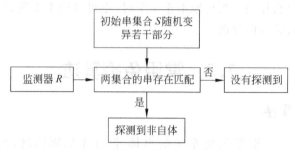

图 7.12　监视保护数据 S

上面两个串 S 和 T 的最大连续匹配长度为 3,若匹配阈值 $r_0 \leqslant 3$ 则 S 和 T 匹配,否则就不匹配。

负选择算法的主要性质[5]是：第一,所有监测器独立行使职能而不需要交流,通过多个监测器可以覆盖非自体各个不同部分。第二,如果假设一个封闭世界和自体完整规定,通过仔细地选择监测器就不会有错误肯定的情况,而且本算法不会有错误否定的机会。目前本算法已经在信息处理、免疫自适应研究和解决计算机领域一些悬而未决的难题上得到广泛的运用,其中 Dasgupta 和 Forrest[13]提出了用负选择算法判断一般时间系列数据中的异常。总的来说,负选择算法在判断系统是否正常工作方面有十分显著的优势,它提供的思想可以融合到别的算法里发挥新的功效。

7.3.2　克隆选择算法

根据 Farmer[4]所描述的,每个 B 淋巴细胞的表面能产生大约 10^5 个抗体,这些抗体都有作为监测器的独特的抗体决定簇探测是否有与之匹配的抗原决定基。如果某个 B 淋巴细胞探测到和它相匹配(匹配就是可以相互识别,详见 7.1.3 小节二进制模型)的抗原决定基,就会诱导系统复制出更多同类型的 B 淋巴细胞来,当然也产生更多的相应的抗体。这种只刺激有用抗体的 B 淋巴细胞的复制过程就是克隆选择。

图 7.13 简单地勾画了克隆选择原理,抗原的抗原决定基的表现型为{1110011},在抗体中仅有 2 号和它完美匹配,7 号是部分匹配,所以骨髓刺激 2 号抗体大量繁殖,7 号抗体少量繁殖,而其他的抗体则不再分裂,等待细胞的死亡。在这个原理的基础上,De Castro[9]提出了克隆选择算法,他只关注抗体和抗原的亲和度对 B 细胞的复制的影响,而不考虑抗体之间的亲和度,所以后面讲述的克隆选择算法都不要求抗体之间的亲和度。我们先给出其流程图,然后对各部分进行分析。其中克隆算法有下面几个要点[5][9]：

- 保持功能性的记忆细胞从指令系统分离；
- 受刺激性最强的个体的选择和克隆；
- 不受刺激的个体的死亡；
- 亲和度的成熟和高亲和度克隆分子的再选择；
- 产生和维持多样性；
- 和细胞亲和度成比例的高频变异。

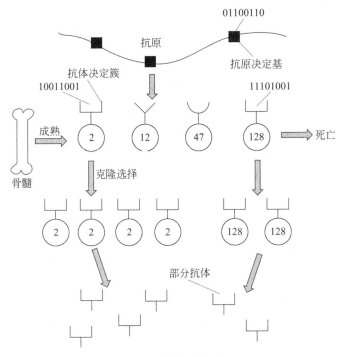

图 7.13 克隆选择原理

如图 7.14 所示，**克隆选择算法**（Clone Selection Algorithm, CSA）分为六个部分：

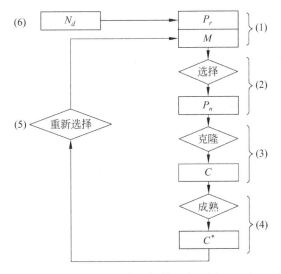

图 7.14 克隆选择算法流程图

(1) 产生候选解集 P，它由记忆细胞子集 M 和剩余群体 P_r 组成，即 $P=P_r+M$；
(2) 根据亲和度的计算，从 P 中找出 n 个最好的个体组成集合 P_n；
(3) 克隆 P_n 中的所有 n 个个体，产生一个临时的克隆群体 C，这个群体 C 的规模是抗原亲和度度量的递增函数；

（4）群体 C 经过与抗原亲和度成比例的高频变异，形成一个成熟的群体 C^*；

（5）在 C^* 中重选择改进个体组成记忆集合。P 集合中的一些成员能够被 C^* 的其他成员所取代；

（6）取代群体 P 中 d 个亲和度最低的抗体，维持多样性。

2002 年 De Castro[14] 在原来的论文[9]的基础上，继续改进克隆选择算法以求解模式识别和优化问题。算法假设在形态空间下，表示抗体和抗原基因型的字符串长度均为 L，而 S 表示形态空间的合适坐标轴。下面先来定义一组变量：

- Ab：可用抗体表（$Ab \in S^{N \times L}, Ab = Ab_{\{r\}} \bigcup Ab_{\{m\}}$）；
- $Ab_{\{m\}}$：记忆抗体表（$Ab_{\{m\}} \in S^{m \times L}, m \leqslant N$）；
- $Ab_{\{r\}}$：剩余抗体表（$Ab_{\{r\}} \in S^{r \times L}, r = N - m$）；
- $Ag_{\{M\}}$：被识别的抗原群（$Ag_{\{M\}} \in S^{M \times L}$）；
- f_j：和抗原 Ag_j 相关的亲和度向量；
- $Ab^j_{\{n\}}$：Ab 里面和 Ag_j 有最高亲和度的 n 个抗体（$Ab^j_{\{n\}} \in S^{n \times L}, n \leqslant N$）；
- C^j：$Ab^j_{\{n\}}$ 中 N_c 个克隆体组成的群体（$C^j \in S^{N_c \times L}$）；
- C^{j*}：C^j 经过亲和度成熟（高频变异）后转变成的群体；
- $Ab_{\{d\}}$：$Ab_{\{r\}}$ 中 d 个低亲和度的抗体被 C^* 里面 d 个分子取代（$Ab_{\{d\}} \in S^{d \times L}, d \leqslant r$）；
- Ab^*_j：准备放入记忆抗体的来自 C^{j*} 中的抗体。

文献[14]的克隆选择算法给出了二进制字符识别问题和优化问题的流程，下面将对它们分别进行介绍。克隆选择算法模式识别流程图如图 7.15 所示。

1. 二进制字符识别问题

第 1 步，随机选择一个抗原 $Ag_j (Ag_j \in Ag)$ 让它刺激抗体集合 $Ab = Ab_{\{r\}} \bigcup Ab_{\{m\}} (r + m = N)$ 中所有抗体；

第 2 步，计算 Ab 中 N 个抗体的亲和度向量 f_j；

第 3 步，选择 Ab 中和抗原 Ag_j 亲和度最高的 n 个抗体组成新的集合 $Ab^j_{\{n\}}$；

第 4 步，$Ab^j_{\{n\}}$ 集合的抗体会根据它们各自亲和度的高低依照一定比例产生新的克隆体，组成克隆体的集合 C^j，$Ab^j_{\{n\}}$ 的这 n 个抗体和抗原的亲和度越高，它们自己的克隆体越多；

第 5 步，集合 C^j 的所有抗体经过和亲和度相关的变异过程产生成熟的克隆体集合 C^{j*}，亲和度越高，抗体变异率越低；

第 6 步，计算成熟克隆集合 C^* 和抗原 Ag_j 的亲和度 f^*_j；

第 7 步，重新选择集合 C^{j*} 的克隆体中和 Ag_j 亲和度最高的一个抗体放入记忆细胞集合 $Ab_{\{m\}}$ 中，如果这个抗体对抗原 Ag_j 的亲和度高于原有的记忆细胞，则取代之；

第 8 步，用 C^* 的 d 个抗体取代 $Ab_{\{r\}}$ 集合中和抗原 Ag_j 亲和度最低的 d 个抗体。

当所有的 M 个抗原都执行过一次上面的过程后，我们就称算法执行了一代，图 7.16 用流程图和伪代码的方式重新诠释了上述过程。而且在上面算法第 3 步后，n 个亲和度最高的抗体将被按照亲和度从高到低排序，这样它们具体的克隆体数量可以用下面的公式计算：

息素浓度将不断增加,以至于最后所有的蚂蚁都在这条路上行进。但考虑到当前最短的路径有可能是一条局部最优路径,蚂蚁6的探索行为也是必需的。

通过对自然界蚁群觅食过程进行抽象建模,我们可以对蚁群觅食现象和蚁群优化算法中的各个要素建立一一对应关系,如表5.1所示。

表5.1 蚁群觅食现象和蚁群优化算法的基本定义对照表

蚁群觅食现象	蚁群优化算法
蚁群	搜索空间的一组有效解(表现为种群规模 m)
觅食空间	问题的搜索空间(表现为问题的规模、解的维数 n)
信息素	信息素浓度变量
蚁巢到食物的一条路径	一个有效解
找到的最短路径	问题的最优解

5.1.2 研究进展

第一个ACO算法——**蚂蚁系统**(Ant System,AS)[1][16][17]是以NP难的TSP问题作为应用实例而提出的。AS算法初步形成的时候虽然能找到问题的优化结果,但其算法的执行效率在当时并不优于其他传统方法,因此ACO并未受到国际学术界的广泛关注。1992—1996年间关于蚁群算法的研究处于停滞状态,直到1996年Dorigo的 *Ant system: optimization by a colony of cooperating agents* 一文[2]正式发表在IEEE Transaction on System, Man, and Cybernetics。这篇文章详细地介绍了AS的基本原理和算法流程,并对AS的三个版本:**蚂蚁密度**(ant-density)、**蚂蚁数量**(ant-quantity)和**蚂蚁圈**(ant-cycle)进行了性能比较。在蚂蚁密度和蚂蚁数量这两种AS版本中,蚂蚁都是每到达一个城市就释放信息素,而在蚂蚁圈中,蚂蚁是在构建了一条完整的路径之后再根据路径的长短信息来释放信息素。现在一般我们所讲的AS就是蚂蚁圈,另外两者由于性能不佳已经被淘汰。Dorigo还在该文中将算法的应用领域由旅行商问题延伸到指派问题和车间作业调度问题,并将AS的性能与爬山法、模拟退火、禁忌搜索、遗传算法等进行了仿真实验比较,发现在大多数情况下,AS的寻优能力都是最优的。这是蚁群优化算法发展历史上的一个里程碑,此后ACO在国际上受到了越来越多的关注。

AS是蚁群算法的雏形,它的出现为各种改进算法的提出提供了灵感。之后诞生了许多改进的ACO算法,如表5.2所示。这些典型的ACO算法包括**精华蚂蚁系统**(Elitist AS,EAS)[17]、**最大最小蚂蚁系统**(MAX-MIN AS,MMAS)[18-20]、**基于排列的蚂蚁系统**(rank-based AS,AS_{rank})[21]等,它们大多是在AS上直接进行改进。通过修正信息素的更新方式和增添信息素维护过程中的额外细节,ACO算法的性能得到了提高。1997年,ACO的创始人Dorigo在IEEE Transactions on Evolutionary Computation发表 *Ant colony system: A cooperative learning approach to the traveling salesman problem* 一文[5],提出了一种大幅度改动AS特征的算法——**蚁群系统**(Ant Colony System,ACS)。实验结果表明ACS的算法性能明显优于AS,ACS是蚁群优化算法发展史上的又一里程碑。之后蚁群算法继续发展,新拓展算法不断出现,例如采用下限技术的**ANTS**算

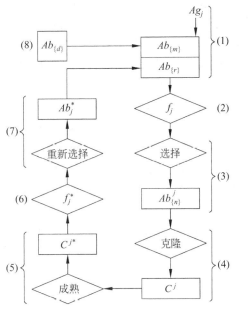

图 7.15 克隆选择算法模式识别流程图　　图 7.16 克隆选择算法优化问题流程图

$$N_c = \sum_{i=1}^{n} round\left(\frac{\beta \times N}{i}\right) \tag{7.16}$$

其中 N_c 是克隆体集合 C^j 的抗体总数，β 是一个影响力参数，$round(\cdot)$ 是取整函数，对亲和度最高的抗体，即它的下标为 $i=1$，如果 $\beta=1$、$N=100$，那么这个抗体需要克隆 100 个，此时排名第二高的抗体需要克隆 50 个。

2. 优化问题

克隆选择算法仅仅需要做一些很小的改变，就能将上面求模式识别的流程运用到求最优化问题中，如图 7.16 所示，对单目标优化问题，具体的改变有：

（1）第 1 步，没有明确的需要识别的抗原，而是需要最优化的一个目标函数 $g(\cdot)$。抗体对抗原的亲和度可以看做目标函数的解：每个抗体 Ab_i 表示一个输入空间的元素。此外，抗体集合 Ab 的全体抗体都作为记忆细胞，没有必要维护一个单独的集合 $Ab_{\{m\}}$ 了。

（2）在第 7 步，n 个抗体从 C^* 中被选出来形成新的集合 Ab，而不必选择一个最佳个体 Ab^*。

如果想用一个抗体群确定问题的多个最优值，还需要确定两个变量：

（1）设定 $n=N$，即 Ab 中所有抗体在第 3 步都被选来克隆。

（2）按下面公式确定 $Ab_{\{n\}}$ 中抗体克隆的数目

$$N_c = \sum_{i=1}^{n} round(\beta * N) \tag{7.17}$$

即 $Ab_{\{n\}}$ 中所有抗体的克隆体数量都是一样多的，亲和度仅仅影响变异的概率。在第 5 步中，亲和度越高的克隆体，变异概率越低。

CSA[13] 有执行学习和维持高记忆性的能力，还有极强的全局搜索能力，它能解决复杂的工程问题,例如多峰函数优化和组合优化问题。De Castro 称上面的两种算法为 CLONALG,算法最初用来完成机器学习和模式识别的任务,其中输入的模式被当做可以识别的抗原。由于算法的进化特性,它还能求解优化问题,特别是多峰(函数)问题。对一个给定输入优化得到的函数值可以当做对抗原的亲和度。在算法看来,B 细胞和它们的受体没有区别,这样编排和细胞重排的过程就是一样的,它们都导致了算法的多样性,拓宽了亲和度的探索范围。许多启发式算子如某种特殊的变异可以根据具体的问题而变化,以改进结果。通过和遗传算法的比较以及对计算结果的分析,De Castro 等人认为 CSA 能保持局部优化解的多样性,而遗传算法趋向于把整个群体朝最佳解的方向发展。之所以如此是因为 CSA 的选择和再生产机制以及 CSA 的第 2、3 步。从本质上说 CSA 和 GA 的编码方式没有区别,但是它们的进化搜索过程在不同启发原型、词汇和基本步骤上却是不同的。目前还不能证明 CSA 比 GA 的性能更佳,但是 CSA 算法已经被应用在分类、多目标优化和模拟复杂自适应系统等方面[13],在图像处理[15]、电磁学[16]、蛋白质结构预测[17]等方面 CSA 也得到了一定的应用。

7.3.3 免疫算法和进化计算

遗传算法(Genetic Algorithm,GA)[18]产生于 20 世纪 70 年代,由于其算法步骤简单,健壮性强,具有学习性和并行计算的功能等多种特点,在工程领域已经得到充分的利用。但是遗传算法也面临着许多亟待解决的问题,例如如何控制收敛方向,如何使算法有记忆功能,如何把前一代的性质有效地遗传到下一代,如何把遗传算法和问题的解空间相对应等。为了解决这些问题,学者们提出了**免疫遗传算法**(Immune Genetic Algorithm,IGA),焦李成[18]对 IGA 的建立做了有建设性的工作,为了和免疫系统的知识对应,在文献[18]的算法里把种群的每个个体看做一个抗体,把抗原看做求解的问题,把适应度看做和抗原的亲和度,把个体的基因表现型看做抗体的抗体决定簇,即抗体字符串。IGA 流程图如图 7.17 所示。免疫遗传算法的具体步骤如下:

(1) 创建初始随机种群 A_1;

(2) 根据先验知识抽取疫苗;

(3) 如果当前群体 A_k(第 k 代)包含最优个体则停止算法,否则继续;

(4) 对 A_k 执行交叉操作形成临时群体 B_k;

(5) 对 B_k 执行变异操作形成新的临时群体 C_k;

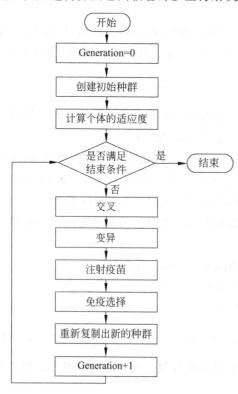

图 7.17 免疫遗传算法流程图

(6) 对 C_k 注射疫苗产生 D_k；

(7) 对 D_k 执行免疫选择产生成熟的下一代群体 A_k，然后返回步骤(3)。

IGA 和 GA 最大的不同之处在于两个地方[18]：

(1) 注射疫苗：所谓疫苗就是一个个体随机变异若干位得到的变异体，是根据先验知识得到的，有较高的概率得到更高的适应度。这个算子有两个基本条件：第一，变异后的个体所有位置的字符均和最优解不同，那么变异成这个新个体的概率为 0；第二，变异后的个体所有位置的字符均和最优解相同，那么变异成这个新个体的概率为 1。假定一个群体 $C=\{x_1, x_2, \cdots, x_n\}$，将有 n_a 个抗体(其中 $n_a = n*\alpha$)从群体里被选出注射疫苗，其中 $\alpha \in (0, 1)$。

(2) 免疫选择：这个算子也分为两步：第一步称为免疫测试，如果新的个体适应度不如老的个体，则还是用老的个体参加后面的运算，否则就用新的个体；第二步，称为退火选择，在当前的后代群体中根据公式(7.18)用轮盘赌的思想选择一个个体 $x_i (i=1,\cdots,n)$ 放入新的父种群 A_{k+1} 中。

$$p(x_i) = \frac{e^{f(x_i)/T_k}}{\sum_{i=1}^{n} e^{f(x_i)/T_k}} \tag{7.18}$$

其中 $f(x_i)$ 是个体 x_i 的适应度值，T_k 是逐渐趋向于 0 的温度变量。

IGA 是将遗传算法和免疫系统结合而产生的，具有两者的优点，既继承了遗传算法的健壮性、自适应性和并行计算性，又有免疫算法的记忆性、学习性和自体非自体识别性[5]，今后必然在工程和研究领域有更深远的应用。

虽然免疫算法的基本原理相当复杂，但是研究表明我们可以抽取其中某些方面做算法的融合，而且免疫算法具有很强的融合性[5]，和蚁群算法[19]、粒子群算法[20]等多种进化算法都有混合算法，目前还有一个融合算法的热点就是免疫算法和神经网络的融合，由于其涉及的内容十分繁杂，这里就不再详细介绍，有兴趣的读者可以参考文献[5]、[9]。

最后介绍免疫算法的分类，根据 Dasgupta[21] 的描述免疫算法可以分为三种：基于人工免疫网络的算法、负选择算法、克隆选择算法。加上近年来开始流行的和其他现代算法融合的混合算法，就一共有四种。基于网络的免疫算法最早由 Jerne 提出，然后经过 Farmer[4] 和 De Castro[8][9] 的先后完善和发展，逐渐演变成以基本免疫算法(见 7.2.1 节基本流程)为主要框架，以 Ab-Ag 相互作用为基本原理的算法，也是目前应用最广，研究最深入，最有研究价值的算法。而所谓的混合算法是指把免疫算法的思想融入其他计算智能算法(如人工神经网络、蚁群算法等)形成的新算法。图 7.18 简单地把免疫算法分成了四种类型。

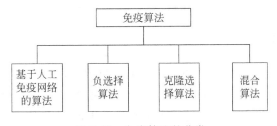

图 7.18 免疫算法的分类

7.4 免疫算法的相关应用

20世纪90年代后,随着成熟的免疫模型的建立,以及研究人员对免疫学原理了解的深入,免疫算法不再是一个单纯的理论模型,它以其独特的学习性、记忆性和自体—非自体识别性等多种出色的性能,在工程应用领域也发挥着日益重要的作用。其中比较有参考价值的综述类的文献有[5]、[7]、[9]、[21]。

7.4.1 识别和分类应用

早期的免疫系统模型是为了识别计算机病毒而设计出来的[4],由于免疫系统强大的识别功能,在识别问题上免疫算法得到了广泛的运用。模式识别是通过计算机用数学技术的方法来研究模式的自动处理和判读,简单地说模式识别就是指导计算机像人类一样具有自动的对环境和客体的感知能力。识别的一个基本问题就是区分自体和非自体,这也是免疫系统消灭病原体的一个必然过程,所以免疫算法也成为模式识别领域的研究热点。最早的免疫克隆算法就是用于字符识别问题的[7],另外在模式识别问题上 Hunt 和 Cooke 于1996年提出的骨髓模型[29]也备受人们关注。分类就是把已知性质的一个群体划分成不同的子集,聚类就是在不知道具体参数对性质影响的时候把群体中的个体按照个体参数的相似度划分成不同的子集。免疫算法在识别和分类中的应用如表7.2所示。

表 7.2 免疫算法在识别和分类中的应用

应用(中文)	英 文	参 考 文 献
计算机安全	Computer Security	[1][12][21]~[27]
模式识别	Pattern Recognition	[7][13][28]~[31]
分类	Classification	[31][32]~[35]
聚类	Cluster	[36][37]
车辆图	Vehicle Image	[38]
卫星图	Satellite Image	[39]
指纹图	Fingerprint Image	[40]
导航	Robot Navigation	[41]
音频	Sound	[42]
医学	Medical	[43]~[46]
其他	Others	……

7.4.2 优化应用

许多实际的工程与实践问题本质上是函数优化问题,或者这些问题本身就是要求进行参数的设计与优化,因此都可以转换为函数优化问题进行求解。由于淋巴细胞具有很强的学习和记忆功能,免疫算法应用于优化和设计上的也不少。调度(Scheduling)和规划(Planning)是一类密切影响着我们日常生活的优化问题,例如会议安排、公车路线规划、飞机调度等。CSA、IGA 等免疫算法已经在众多的调度与规划问题上取得了非常成功的应用。从数学的角度讲，这些调度、规划问题属于组合优化问题的范畴，都是优化问题。免疫算法在优化问题中的应用如表 7.3 所示。

表 7.3　免疫算法在优化问题中的应用

应用（中文）	英　文	参　考　文　献
旅行商问题	Traveling Salesman Problem	[7][13][18]
调度问题	Scheduling	[20][47][48][49]
HIV 治疗	HIV Therapy	[50]
信号处理	Signal Process	[51]
电磁学	Electromagnetic	[52]
同步发动机	Synchronous Motor	[53]
健壮性设计	Robust Design	[54]
随机优化	Stochastic Optimization	[55]
多目标优化	Multiobjective Optimization	[56]
其他	Others	……

7.4.3　其他方面的应用

免疫算法的应用领域非常广泛，如表 7.4 所示，免疫算法已经在机器学习与训练、数据挖掘与分类等各个方面都取得了成功的应用。随着研究者对算法本身不断地改进和完善以及对算法应用领域的不断探索，免疫算法将会在更多的实践领域中发挥其重要的作用。

表 7.4　免疫算法在其他方面的应用

应用（中文）	英　文	参　考　文　献
机器人学习和控制	Robot Learning and Control	[13][57][58][59]
数据挖掘	Data Mining	[33][60][61]

7.5　本章习题

1. 请指出免疫算法的基本思想来源。
2. 请指出免疫算法执行过程的基本步骤。
3. 编写程序实现基本免疫算法，求解如下函数优化问题：
$$\min f(x) = \sum_{i=1}^{n} x_i^2, \quad x_i \in [-10,10], \quad i = 1,\cdots,30$$
4. 理解负选择算法的原理并了解遗传免疫算法的过程。
5. 通过查阅相关参考文献，实现克隆选择算法求解 TSP 问题，例如 berlin52 问题。

本章参考文献

[1] N K Jerne. The immune system. Sci Am, 1973(229): 52-60.

[2] N K Jerne. Towards a network theory of the immune system. Anneal. Immunology, 1974(125): 373-389.

[3] N K Jerne. The immune system: A web of V-domains. Harvey Lect. 1976(70): 93-110.

[4] J Farmer, N Packard, A Perelson. The immune system, adaptation and machine learning. Physica D, 1986(22): 187-204.

[5] 莫宏伟. 人工免疫系统原理与应用. 哈尔滨: 哈尔滨工业大学出版社, 2002.

[6] http://en.wikipedia.org/wiki/Artificial_immune_system.

[7] D Dasgupta. Artficial Immune Systems and Their Applications. Springer, 1998.

[8] L N de Castro, F J Von Zuben. Artificial Immune Systems: Part I-Basic Theory and Applications. School of Computing and Electrical Engineering Brazil: State University of Campinas, No. DCA-RT 01/99.

[9] L N de Castro, F J Von Zuben. Artificial immune systems: Part II-a survey of applications. Technical Report-RT DCA 02/00. 2000: 1-65.

[10] Kazuyuki Mori, Makoto Tsuk iyama, Toyoo Fukuda. Immune Algorithm with Searching Diversity and its Application to Resource Allocation Problem. T. IEE Japan, 1993, X 13-C(10): 872-878.

[11] J S Chun, H K Jung, J S Yoon. Shape Optimization of Electromagnetic Devices Using Immune Algorithm. IEEE CEFC'96 Conf., 1996: 2-11.

[12] S Forrest, A S Perelson, L Allen, et al. Self-nonself discrimination in a computer. IEEE Symposium on Research in Security and Privacy, 1994: 202-212.

[13] D Dasgupta, S Forrest. Novelty Detection in Time Series Data Using Ideas from Immunology. ISCA'96, 1996.

[14] L N de Castro, Fernando J Von Zuben. Learning and Optimization Using the Clonal Selection Principle. IEEE Transactions on Evolutionary Computation, 2002, 6(3): 239-251.

[15] Liangpei Zhang, Yanfei Zhong, Bo Huang, et al. Dimensionality Reduction Based on Clonal Selection for Hyperspectral Imagery. IEEE Transactions on Geoscience and Remote Sensing, 2007, 45(12): 4172-4186.

[16] L Batista, F G Guimaraes, J A Ramirez. A Distributed Clonal Selection Algorithm for Optimization in Electromagnetics. IEEE Transactions on Magnetics, 2005, 41(5): 1736-1739.

[17] V Cutello, G Nicosia, M Pavone, et al. An Immune Algorithm for Protein Structure Prediction on Lattice Models. IEEE Transaction on Evolutionary Computation, 2007, 11(1): 101-117.

[18] Licheng Jiao, Lei Wang. A Novel Genetic Algorithm Based on Immunity. Systems, Man, And Cybernetics——Part A: Systems And Humans, 2000, 30(5).

[19] Ashish Ahuja, Sanjoy Das, Anil Pahwa. An AIS-ACO Hybrid Approach for Multi-Objective Distribution System Reconfiguration. IEEE Transactions on Power Systems, 2007, 22(3).

[20] Hong Wei Ge, Liang Sun, Yan Chun Liang, et al. An Effective PSO and AIS-Based Hybrid Intelligent Algorithm for Job-Shop Scheduling. IEEE Transactions on Systems, Man, and

Cybernetics-Part A:Systems and Humans,2008,38(2).

[21] D Dasgupta, Z Ji. Artificial Immune Systems (AIS) research in the last five years. In Proceedings of Congress on Evolutionary Computation (CEC), 2003: 528-535.

[22] P D Haeseleer, S Forrest, P Helman. An Immunological Approach to Change Detection: Algorithms, Analisys and Implications. IEEE Symposium on Computer Security and Privacy,1996.

[23] J O Kephart, G B Sorkin, M Swimmer, et al. Blueprint for a Computer Immune System. In Artificial Immune Systems and Their Applications. Springer Verlag, 1999: 241-261.

[24] P K Harmer, P D Williams, G H Gunsch, et al. An artificial immune system architecture for computer security applications. IEEE Transactions on Evolutionary Computation, 2002,6(3): 252-280.

[25] D Dasgupta, S Forrest. Novelty Detection in Time Series Data Using Ideas From Immunology. ISCA'96, 1996.

[26] J Kim, P Bentley. The Human Immune System and Network Intrusion Detection. EUFIT'99 (CD-ROM), 1999.

[27] S Hedberg. Combating computer viruses: IBM's new computer immune system. IEEE on Parallel & Distributed Technology: Systems & Applications, 1996,4(2): 9-11.

[28] J E Hunt, J Timmis, D E Cooke, et al. JISYS: The Development of An Artificial Immune System for Real World Applications. Artificial Immune Systems and Their Applications. Springer Verlag, 1999: 157-186.

[29] J E Hunt, D E Cooke. Learning Using an Artificial Immune System. Journal of Network and Computer Applications, 1996(19): 189-212.

[30] A O Tarakanov, V A Skormin. Pattern recognition by immunocomputing. Proceedings of the 2002 Congress on Evolutionary Computation, 2002 ,1(5): 938-943.

[31] Ji zhong Liu, Bo Wang. AIShypermutation algorithm based pattern recognition and its application in ultrasonic defects detection. International Conference on Control and Automation, 2005(ICCA'05), 2005,2(6): 1268-1272.

[32] S A Hofmeyr, S Forrest. Immunity by Design: An Artificial Immune System. GECCO'99, 1999: 1289-1296.

[33] Tien Dung Do, Siu Cheung Hui, A C M Fong, et al. Associative Classification With Artificial Immune System. IEEE Transactions on Evolutionary Computation, 2009,13(2): 217-228.

[34] K Leung, Cheong F, Cheong C. Generating Compact Classifier Systems Using a Simple Artificial Immune System. IEEE Transactions on Systems, Man, And Cybernetics——Part B: Systems And Humans, 2007,37(5): 1344-1356.

[35] K Igawa, H Ohashi. A Discrimination Based Artificial Immune System for Classification. International Conference on Computational Intelligence for Modelling, Control and Automation 2005 and International Conference on Intelligent Agents, Web Technologies and Internet Commerce, 2005,2(11): 787-792.

[36] Li Liu, Wenbo Xu. UOFC-AINet: A Fuzzy Immune Network for Unsupervised Optimal Clustering. International Conference on Computational Intelligence for Modelling, Control and Automation, 2006 and Intelligent Agents, International Conference on Web Technologies and Internet Commerce, 2006: 196-198.

[37] Xianghua Li, Tianyang Lu, Zhengxuan Wang, et al. ICAIS: A Novel Incremental Clustering

Algorithm Based on Artificial Immune Systems. internet Computing in Science and Engineering, 2008. ICICSE '08. International Conference on 28-29 Jan. , 2008: 85-90.

[38] Hong Zheng, Du Jiaying, Zhaorui Liu, et al. Research on Vehicle Image Classifier Based on Concentration Regulating of Immune Clonal Selection. Fourth International Conference on Natural Computation, 2008. ICNC '08, Volume 6, 18-20 Oct. 2008: 671-675.

[39] Qiong Cao, Hong Zheng, Yu Han. Cloud Detection in Satellite Images Using an Immune Antibody Coding Algorithm. 2nd IEEE Conference on Industrial Electronics and Applications, 2007. ICIEA 2007, 23-25 May 2007: 2748-2752.

[40] Xiaosi Zhan, Yilong Yin, Zhaocai Sun, et al. A method based on continuous spectrum analysis and artificial immune network optimization algorithm for fingerprint image ridge distance estimation. Computer and Information Technology, 2005. CIT 2005, The Fifth International Conference on 21-23 Sept. 2005: 728-733.

[41] M Neal, F Labrosse. Rotation-invariant appearance based maps for robot navigation using an artificial immune network algorithm. Congress on Evolutionary Computation, 2004, CEC2004. 2004,1(6): 863-870.

[42] J Stolte, G Cserey. Artificial immune systems based sound event detection with CNN-UM. Proceedings of the 2005 European Conference on Circuit Theory and Design, 2005(3): 11-14.

[43] H Wang, D Peng, W Wang, et al. Artificial Immune System based image pattern recognition in energy efficient Wireless Multimedia Sensor Networks. Military Communications Conference, 2008. MILCOM 2008. IEEE 16-19 Nov. 2008: 1-7.

[44] Lei Guo, Lei Wang, Youxi Wu, Weili Yan, Xueqin Shen. Research on 3D Modeling for Head MRI Image Based on Immune Sphere-Shaped Support Vector Machine. 29th Annual International Conference of the IEEE Engineering in Medicine and Biology Society, 2007. 2007(8): 1082-1085.

[45] K K Delibasis, P A Asvestas, N A Mouravliansky, et al. Artificial Immune Network for Automatic Point Correspondence in Medical Images. 29th Annual International Conference of the IEEE Engineering in Medicine and Biology Society, 2007. 2007(8): 840-843.

[46] D Tsankova, V Rangelova. Modeling cancer outcome prediction by aiNet: Discrete artificial immune network. Mediterranean Conference on Control & Automation, 2007. 2007(6): 1-6.

[47] Hyeygjeon Chang, A Astolfi. Activation of Immune Response in Disease Dynamics via Controlled Drug Scheduling. IEEE Transactions on Automation Science and Engineering, 2009, 6(2): 248-255.

[48] A Swiecicka, F Seredynski, A Y Zomaya. Multiprocessor scheduling and rescheduling with use of cellular automata and artificial immune system support. IEEE Transactions on Parallel and Distributed Systems, 2006,17(3): 253-262.

[49] I Chlamtac, A Farago. Making transmission schedules immune to topology changes in multi-hop packet radio networks. IEEE/ACM Transactions on Networking. 1994 ,2(1): 23-29.

[50] F Neri, J Toivanen, G Cascella, et al. An Adaptive Multimeme Algorithm for Designing HIV Multidrug Therapies. IEEE/ACM Transactions on Computational Biology and Bioinformatics, 2007,4(2): 264-278.

[51] Jinn Tsong Tsai, Jyh Horng Chou. Design of Optimal Digital IIR Filters by Using an Improved Immune Algorithm. IEEE Transactions on Signal Processing, 2006,54(12): 4582-4596.

[52] F Campelo, F G Guimaraes, H Igarashi, et al. A modified immune network algorithm for multimodal electromagnetic problems. IEEE Transactions on Magnetics, 2006, 42(4): 1111-1114.

[53] Jang Sung Chun, Jeong Pil Lim, Hyun Kyo Jung, et al. Optimal design of synchronous motor with parameter correction using immune algorithm. IEEE Transaction on Energy Conversion, 1999, 14(3): 610-615.

[54] F Campelo, S Noguchi, H Igarashi. A New Method for the Robust Design of High Field, Highly Homogenous Superconducting Magnets Using an Immune Algorithm. IEEE Transactions on Applied Superconductivity, 2006, 16(2): 1316-1319.

[55] Zhuhong Zhang, Tu Xin. Immune Algorithm with Adaptive Sampling in Noisy Environments and Its Application to Stochastic Optimization Problems. IEEE on Computational Intelligence Magazine, 2007, 2(4): 29-40.

[56] F Campelo, F G Guimaraes, H Igarashi. Multiobjective Optimization Using Compromise Programming and an Immune Algorithm. IEEE Transactions on Magnetics, 2008, 44(6): 982-985.

[57] M R Widyanto, B Kusumoputro, H Nobuhara, et al. A fuzzy-similarity-based self-organized network inspired by immune algorithm for three-mixture-fragrance recognition. IEEE Transactions on Industrial Electronics, 2006, 53(1): 313-321.

[58] A M Whitbrook, U Aickelin, J M Garibaldi. Idiotypic Immune Networks in Mobile-Robot Control. IEEE Transactions on Systems, Man, and Cybernetics, Part B, 2007, 37(6): 1581-1598.

[59] R de Lemos, J Timmis, M Ayara, et al. Immune-Inspired Adaptable Error Detection for Automated Teller Machines. IEEE Transactions on Systems, Man, and Cybernetics, Part C: Applications and Reviews, 2007, 37(5): 873-886.

[60] A A Freitas, J Timmis. Revisiting the Foundations of Artificial Immune Systems for Data Mining. IEEE Transactions on Evolutionary Computation, 2007, 11(4): 521-540.

[61] V K Karakasis, A Stafylopatis. Efficient Evolution of Accurate Classification Rules Using a Combination of Gene Expression Programming and Clonal Selection. IEEE Transactions on Evolutionary Computation, 2008, 12(6): 662-678.

普通高校本科计算机专业 特色 教材精选

第 8 章　分布估计算法

遗传算法在求解某些高维复杂的问题时性能不太好,有什么好的解决办法呢?如果我们把整个种群的分布规律分析出来,是不是可以用来提高算法的性能呢?

如果从整体上把握种群的分布规律,就可以获得更可靠的信息来引导算法未来的搜索。基于这个假设,我们首先构建当前种群中较优种群的分布模型,然后根据这个模型可以产生出整体质量更高的新种群。如此反复,种群的整体质量将不断得到提高,从而逐步搜索出全局最优解。分布估计算法(Estimation of Distribution Algorithms,EDA)即是基于这种思想的新型启发式算法。

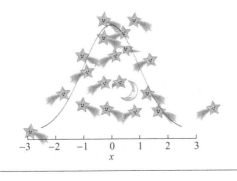

分布估计算法(Estimation of Distribution Algorithms，EDA)，又称为基于概率模型的遗传算法(Probabilistic Model Building Genetic Algorithms，PMBGA)，是20世纪90年代初提出的一种新型的启发式算法。它结合了统计学习理论和遗传算法的原理，通过构建概率模型、采样和更新概率模型等操作实现群体的进化。

分布估计算法的思想起源于遗传算法(Genetic Algorithm，GA)，但是它却有与遗传算法截然不同的进化模式。从一定意义上说，遗传算法是在"微观"层面上对生物的进化进行模拟，而分布估计算法则是在"宏观"的层面上来控制算法搜索。这种全新的进化模式赋予了分布估计算法独特的性能，而其强大的全局搜索能力和解决高维复杂问题的能力更成为吸引众多研究者注意的亮点。经过十多年的发展，分布估计算法已成为当前计算智能领域前沿的一个研究热点。

本章将介绍分布估计算法的基本原理、发展历史、最新的研究进展及其应用领域。具体包括如下的内容：

- 分布估计算法简介；
- 分布估计算法的基本流程；
- 分布估计算法的改进及其理论研究；
- 分布估计算法的应用。

8.1 分布估计算法简介

8.1.1 分布估计算法产生的背景

分布估计算法(Estimation of Distribution Algorithms，EDA)，又称为基于概率模型的遗传算法(Probabilistic Model Building Genetic Algorithms，PMBGA)，是20世纪90年代初提出的一种新型的启发式算法[1][2]。分布估计算法的思想起源于**遗传算法**(Genetic Algorithm，GA)[3][4]。在前面的章节中，我们已经学习了遗传算法的原理和发展历史。那么，分布估计算法的思想又是怎样在遗传算法的发展过程中产生的呢？

20世纪80年代末，遗传算法在许多领域的应用都取得了空前的成功，但是对它的理论研究还相对薄弱，这限制了遗传算法的进一步推广。为了从理论上分析遗传算法的机理和收敛性，学者们提出了著名的模式定理和"积木块假设"。在遗传算法一章中，我们已经对模式定理和"积木块假设"的有关概念和理论进行了简要的描述。按照"积木块假设"的观点，遗传算法的演化过程是对种群染色体中的大量"积木块"进行选择和重组操作，通过组合出更多好的"积木块"来逐步搜索出全局最优解的过程。实践证明，遗传算法在求解"积木块"紧密相连的问题时表现出了很好的性能，但是在求解"积木块"松散分布的问题时性能却很差。这是因为算法中的交叉操作经常会破坏"积木块"，从而导致算法趋于局部收敛或者早熟[5]。

为了解决遗传算法中"积木块"被破坏的问题，学者们提出了许多改进方案。这些方案可以分为两大类别：一类是通过学习解的结构，发现"积木块"并避免"积木块"的破坏。这类改进的遗传算法称为**连锁学习遗传算法**(Linkage Learning Genetic Algorithm)[6][7]。另一类则以一种带有"全局操控"性的操作模式替换掉遗传算法中对"积木块"具有破坏作用的遗传算子,这就是本章所要描述的分布估计算法。和遗传算法的算法结构相比,分布估计算法没有交叉算子和变异算子,取而代之的是建立概率模型和采样两大操作。遗传算法与分布估计算法的流程对比如图 8.1 所示。

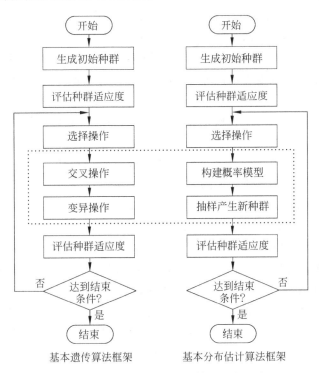

图 8.1 遗传算法与分布估计算法的流程对比

8.1.2 分布估计算法的发展历史

分布估计算法的概念最先由 Mühlenbein 于 1996 年提出[2],但早在 1994 年,Baluja 就提出了最原始的分布估计算法模型,即 **PBIL**(Population-Based Incremental Learning)算法[1]。Baluja 在 1994 至 1995 年间相继发表了三篇文章,系统阐述和分析 PBIL 算法的原理和性能,为分布估计算法的发展打下了良好的基础[8][9]。随后,Mühlenbein 于 1996 年提出另一种经典的分布估计算法:**UMDA**(Univariate Marginal Distribution Algorithm)[2]。UMDA 与 PBIL 的原理非常类似,只是概率模型的更新方法有所不同。

早期对分布估计算法的研究都是围绕二进制编码展开的,而且集中于研究问题变量无关的情形。这类简单的分布估计算法除了 PBIL 和 UMDA 之外,还有 Harik 于 1997 年提出的 **CGA**(Compact Genetic Algorithm)[10]。1997 至 2000 年是 EDA 迅速发展的黄金时期,期间出现了多种经典的研究多变量相关性的分布估计算法,如 **MIMIC**(Mutual Information Maximizing Input Clustering)[11]、**COMIT**(Combining Optimizers with Mutual Information Trees)[12]、**FDA**(Factorized Distribution Algorithm)[13] 和 **BOA**(Bayesian Optimization Algorithm)[14] 等。其中,MIMIC 由 De Bonet 于 1997 年提出,它采用了一种链式关系来描述

变量之间的关系。在 MIMIC 的基础上，Baluja 于 1997 年提出了另一种双变量相关分布估计算法 COMIT，它采用树状结构来描述变量之间的关系。由于 MIMIC 和 COMIT 所采用的链式和树状结构依然无法完美地表达变量之间的关系，Mühlenbein 于 1998 年提出另一种经典的分布估计算法 FDA，它需要预先给定变量之间的依赖关系。BOA 则由 Pelikan 于 1999 年提出，它采用了贝叶斯网络来描述变量之间的关系。

上述的几种分布估计算法都是以二进制编码的形式来描述的，最原始的实数编码分布估计法是 Servet 等[15]于 1997 年提出的一种基于均匀分布的实数编码 PBIL。该算法以类似二分法搜索的形式逼近最优解，实验表明该算法在搜索过程中容易丢失全局最优解，而且一旦丢失就再也无法找回。随后，Sebag[16]于 1998 年提出一种基于高斯分布的实数编码 PBIL，解决了全局最优解的丢失问题，因而具有较好的性能(该算法被简称为 PBILc)。与 UMDA 对应，Larrañaga 于 2000 年提出了 UMDAc[17]。此外，日本学者 Tsutsui 还于 2001 年提出一种基于直方图的实数编码分布估计算法 HEDA[18]，Ahn[19]则于 2004 年将 BOA 拓展到实数编码。可见，实数编码的分布估计算法在 2000 年前后迅速发展，而高斯分布是其中被应用得最广泛的概率模型。

随着实数编码 EDA 和多变量相关 EDA 的迅速发展，结合 EDA 与其他进化算法的混合分布估计算法(Hybird EDA)、自适应分布估计算法(Adaptive EDA)、并行分布估计算法(Parallel EDA)以及关于分布估计算法的理论研究都开始踏入 EDA 发展的历史舞台，成为了当前 EDA 研究的热点。在混合 EDA 方面，Pena[20]等提出了结合遗传算法与分布估计算法的 GA-EDA，Zhang 等[21][22]提出了结合差分算法的 DE-EDA 以及结合局部搜索算法的 EDA/L，Iqbal[23]和 Wang[24]分别提出以不同形式结合粒子群算法的 PSO-EDA 等。在自适应分布估计算法方面，Lu 提出基于聚类分析的自适应 EDA[25]，在一定程度上克服了单一高斯分布的 EDA 难于求解多峰函数优化问题的缺点；Santana[26]则提出采用多种概率模型产生样本的方法。在并行分布估计算法方面，近年来陆续提出一些并行策略，主要集中于概率模型学习的并行化[27-32]。

随着对分布估计算法的理论研究的不断深入，许多研究者开始采用分布估计算法解决复杂的优化问题。目前，分布估计算法的主要应用领域包括函数优化[13][21-25]、组合优化[33-39]、生物信息[40-47]、多目标优化[48][49]和机器学习[50][51]等。可以预计，扩展分布估计算法的应用将是进化计算领域的又一个研究热点。

经过十多年的发展，分布估计算法已成为当前国际学术界的一个热门课题。其中，权威的国际期刊 Evolutionary Computation 于 2005 年出版了分布估计算法的专刊；ACM SIGEVO、IEEE CEC 等许多权威国际学术会议也都设有分布估计算法的专题讨论。

8.2 分布估计算法的基本流程

8.2.1 基本的分布估计算法

分布估计算法是一种基于种群的随机优化算法，它首先需要生成一个初始种群，然后通过建立概率模型和采样等操作使种群得到不断的进化，直到达到结束条件。其中，建立概率模型和采样是分布估计算法的核心步骤,也是 EDA 与 GA 的最大不同之处。由于分布估计算法没有"交叉"和"变异"操作,因而通常不用基因来描述个体所包含的信息,取而代之的是变量(Variables)。分布估计算法通过分析较优群体所包含的变量,构建符合这些变量分布的概率模型,然后基于该概率模型再产生新的种群。因为概率模型是由种群中优势群体建立起来的,所以基于该模型产生的新种群在整体质量上将优于原来的种群。由此推断,种群的整体质量经过多次迭代后将不断得到提高。分布估计算法就是按照这种形式将当前最优解一步一步地逼近全局最优解的。基本分布估计算法的伪代码如图 8.2 所示。

```
//功能:基本分布估计算法的伪代码
procedure EDA
    D_0 ← Generate N individuals randomly
    l = 1
    while not met stopping criterion do
        D^{se}_{l-1} ← Select Se≤N individuals from D_{l-1} according to a selection method
        ρ_l(x) = ρ(x|D^{se}_{l-1}) ← Estimate the joint probability of selection individuals
        D_l ← Sample N individuals from ρ_l(x)
        l = l + 1
    end while
end procedure
```

图 8.2　基本分布估计算法的伪代码

以 UMDA 为例,其算法执行步骤如下。

第一步:随机产生 N 个个体来组成一个初始种群,并评估初始种群中所有个体的适应度。

第二步:按适应度从高到低的顺序对种群进行排序,并从中选出最优的 Se 个个体($Se \leqslant N$)。

第三步:分析所选出的 Se 个个体所包含的信息,估计其联合概率分布 $p(x)$。

$$p(x) = p(x \mid D^{Se}) = \prod_{i=1}^{n} p(x_i) \tag{8.1}$$

其中,n 为解的维数,$p(x_i)$ 为每维变量的边缘分布。

第四步:从构建的概率模型 $p(x)$ 中采样,得到 N 个新样本,构成新种群。此时,若达到算法终止条件则结束,否则执行第二步。

从式(8.1)可以看出,UMDA 在估计概率模型时,认为变量之间是独立不相关的。我们可以用图 8.3 来形象描述 UMDA 所构建的概率模型中,变量之间的逻辑依赖关系。其实,早期所提出的分布估计算法如 PBIL 和 CGA 等都采用变量无关的概率模型。在后面的小节中,我们将向读者进一步介绍一些采用复杂概率模型的分布估计算法。

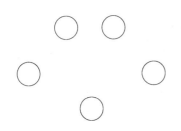

图 8.3　变量相互无关的概率图模型

8.2.2 一个简单分布估计算法的例子

为了更好地理解分布估计算法的执行流程,本小节将以上一小节介绍的 UMDA 为例,详细描述该算法优化 OneMax 问题的演算过程。

定义 8.1　OneMax 问题:对于固定长度为 N 的二进制串,OneMax 问题要求找到一个包含 1 的个数最大的二进制串,即找到 $x=(x_1,x_2,\cdots,x_N), x_i \in \{0,1\}$,使得 $F(x)=\sum_{i=1}^{N} x_i$ 最大化。

现在,我们采用 UMDA 来求解一个四维的 OneMax 问题。在这个例子中,我们用一个简单的概率向量 $p=(p_1,p_2,p_3,p_4)$ 来表示描述种群分布的概率模型,其中 p_i 表示 x_i 取 1 的概率,$(1-p_i)$ 则为 x_i 取 0 的概率。

第一步:产生初始种群。为了使初始种群在定义域内符合均匀分布,我们定义初始化概率向量模型 $p=(0.5,0.5,0.5,0.5)$,然后根据 p 产生规模为 10 的初始种群,最后根据 $F(x)=x_1+x_2+x_3+x_4$ 计算出初始种群的适应度,最终的结果如表 8.1 所示。

表 8.1　从解空间中按均匀分布产生 10 个个体

编号	x_1	x_2	x_3	x_4	f
1	1	1	0	1	3
2	1	0	0	0	1
3	0	1	0	0	1
4	0	1	1	1	3
5	1	1	0	1	3
6	1	1	0	0	2
7	1	0	1	0	2
8	0	0	1	1	2
9	1	0	0	0	1
10	1	0	0	1	2

第二步:按照种群的适应度从高到低进行排序。假设 $Se=5$,则从种群中选出适应度较高的 5 个个体用来更新概率向量模型 p。更新概率模型时令 $p_i=\dfrac{n_i}{Se}$,这里 n_i 为在选出的较优个体中 $x_i=1$ 的个体数。最终选出的个体如表 8.2 所示,从而得到新的概率模型为 $p=\left(\dfrac{3}{5},\dfrac{4}{5},\dfrac{3}{5},\dfrac{3}{5}\right)=(0.6,0.8,0.6,0.6)$。

表 8.2　选择操作后的优势群体

编号	原编号	x_1	x_2	x_3	x_4	f
1	1	1	1	0	1	3
2	4	0	1	1	1	3
3	5	1	1	0	1	3
4	6	1	1	0	0	2
5	7	1	0	1	0	2

第三步：根据更新后的概率模型 p 产生新的样本，并计算这些新样本的适应度。最终得到新一代的种群如表 8.3 所示。

表 8.3 更新概率向量后产生的新群体

编号	x_1	x_2	x_3	x_4	f
1	1	1	0	0	2
2	0	1	0	0	1
3	0	1	1	1	3
4	1	1	1	1	4
5	0	1	1	1	3
6	0	0	1	0	1
7	1	1	1	0	3
8	1	1	1	1	4
9	1	1	0	1	3
10	1	1	0	0	2

通过以上三步，分布估计算法完成了第一代的进化过程。接着重复第二步和第三步完成下一代的进化，最终得到的种群平均适应度和概率模型如表 8.4 所示。我们可以看出，随着演化的进行，种群的整体质量不断提高，概率向量逐渐逼近全局最优解。

表 8.4 概率向量和种群平均适应度的进化情况

进化代数	概率向量	种群平均适应度
1	(0.5, 0.5, 0.5, 0.5)	2.2
2	(0.6, 0.8, 0.6, 0.6)	2.6
3	(0.8, 1.0, 0.6, 0.8)	2.9
4	(1.0, 1.0, 1.0, 0.8)	3.8
5	(1.0, 1.0, 1.0, 1.0)	4.0

8.3 分布估计算法的改进及理论研究

经过十多年的发展，分布估计算法已经有了许多形式的改进：从求解离散问题的分布估计算法扩展到求解连续问题的分布估计算法；从变量无关的分布估计算法扩展到多变量相关的分布估计算法；从单一的分布估计算法扩展到混合其他算法，甚至具有自适应功能的分布估计算法。与此同时，对分布估计算法的机理及其收敛性的研究也逐渐开展了起来。

8.3.1 概率模型的改进

在 8.2.1 小节中，我们已经向读者介绍了最简单的一类分布估计算法，即变量无关分布估计算法。早期所提出的分布估计算法都属于这一类，如 PBIL、UMDA 和 CGA 等。由于在实际应用中，问题所包含的变量之间常常具有关联关系，采用变量无关的分布估计算法求解这类问题无法得到令人满意的效果。针对这个问题，学者们展开了深入的研究，并相继提出了一系列用于求解具有变量相关性的问题的分布估计算法。根据这些改进的分布估计算法对变量关联性捕捉能力的差异，可以将它们分为三大类，如图 8.4 所示。下面简要介绍其中几个比较经典的概率模型。

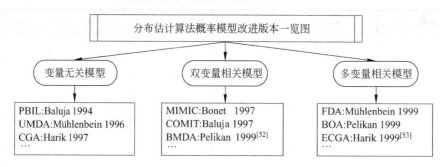

图 8.4 分布估计算法概率模型改进版本一览图

1. 链式概率模型

最早的变量相关分布估计算法是 Bonet 于 1997 年提出的**基于最大互信息的分布估计算法**（Mutual Information Maximization for Input Clustering，MIMIC）[11]。在 MIMIC 中，变量之间的关系是一种链式的关系，即在 n 维随机变量组成的链中，只有相邻的变量之间才有关系，其概率结构如图 8.5 所示。

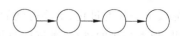

图 8.5 变量之间链式依赖关系的概率图模型

为了求出分布估计算法的概率模型，我们通常先研究个体中变量集合的联合分布。给定一个变量集合 $X=\{x_1,x_2,\cdots,x_n\}$，它的联合分布概率密度函数可由公式(8.2)表示：

$$p(X) = p(X_1 \mid X_2 \cdots X_n) p(X_2 \mid X_3 \cdots X_n) \cdots p(X_{n-1} \mid X_n) p(X_n) \tag{8.2}$$

由于存在链式关系，两个变量之间的条件概率 $p(X_i \mid X_j)$ 可以根据样本信息求得。MIMIC 的目标即是找到 X 的一种最优排序 $\pi = \{x_{i_1}, x_{i_2}, \cdots, x_{i_n}\}$，使得根据这种排序所求得的 $\hat{p}_\pi(X)$ 与 $P(X)$ 尽可能一致，其中 $\hat{p}_\pi(X)$ 为：

$$\hat{p}_\pi(X) = p(X_{i_1} \mid X_{i_2}) p(X_{i_2} \mid X_{i_3}) \cdots p(X_{i_{n-1}} \mid X_{i_n}) p(X_{i_n}) \tag{8.3}$$

文献[11]引入 Kullback-Liebler divergence 的概念来衡量两个分布之间的距离，其定义如下：

$$D(p \parallel \hat{p}_\pi) = -h(p) + h(X_{i_1} \mid X_{i_2}) + \cdots + h(X_{i_{n-1}} \mid X_{i_n}) + h(X_{i_n}) \tag{8.4}$$

其中，$h(X) = -\sum_x p(X=x) \log p(X=x)$，$h(X \mid Y) = -\sum_y h(X \mid Y=y) p(Y=y)$，$h(X \mid Y=y) = -\sum_x p(X=x \mid Y=y) \log p(X=x \mid Y=y)$。简单地说，$D(p \parallel \hat{p}_\pi)$ 的值只有在两个分布相等的情况下才为 0。但是，如果通过枚举的方法搜索一种最优的排列 π 使 $D(p \parallel \hat{p}_\pi)$ 的值最小，需要 $O(N!)$ 的计算量。为了减少计算量，MIMIC 引入了一种贪心算法来求最优排列，其流程如下：

第一步：计算所有 $\hat{h}(X_j)$，将值最小的变量标号为 i_n，即 $i_n = \arg\min_j \hat{h}(X_j)$；令 $k=n-1$。

第二步：对所有 $j(j\neq i_{k+1}\cdots i_n)$ 计算 $\hat{h}(X_j|X_{i_{k+1}})$ 并将值最小的变量标号为 i_k，即

$$i_k = \arg\min_j \hat{h}(X_j | X_{i_{k+1}}), \quad j \neq i_{k+1}\cdots i_n; \quad 令 k = k-1$$

第三步：若 $k=0$ 则结束，否则执行第二步。

当概率分布被确定好后，MIMIC 按如下流程从链尾到链首依次产生一个新样本。

第一步：根据概率密度函数 $\hat{p}(X_{i_n})$，产生 X_{i_n}。

第二步：对所有的 $k=n-1,n-2,\cdots,2,1$，根据 $\hat{p}(X_{i_k}|X_{i_{k+1}})$ 产生 X_{i_k}。

2. 树状概率模型

COMIT(Combining Optimizers with Mutual Information Trees)是 Baluja[12] 于 1997 年提出的另一种变量相关分布估计算法。COMIT 与 MIMIC 都是解决双变量相关的分布估计算法，但与 MIMIC 不同的是，COMIT 采用一种树状结构来描述变量之间的关系，如图 8.6 所示。

COMIT 采用机器学习领域中 Chou 和 Liu[54] 提出的方法构造概率模型，并根据 MIMIC 的取样方式从概率模型中产生新样本。COMIT 构建概率模型和采样的流程由以下四步组成：

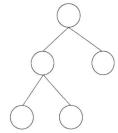

图 8.6　变量之间树状依赖关系的概率图模型

第一步：定义数组 A，$A[X_i=a, X_j=b]$ 记录所有变量对 X_i 和 X_j，$X_i=a$ 和 $X_j=b$ 出现的次数。首先将 $A[X_i=a, X_j=b]$ 初始化为一个小常量，然后采用增量学习手法不断更新，使得最新出现的权重越大，即更新数组 A 时，首先所有值乘一个挥发因子 α，然后每出现一个 $X_i=a, X_j=b$，则 $A[X_i=a, X_j=b]$ 的值增加 1.0。

第二步：根据 $A[X_i=a, X_j=b]$ 计算变量对 X_i 和 X_j 之间的关联性。关联系数定义为：

$$I(X_i, X_j) = \sum_{a,b} P(X_i = a, X_j = b) \log \frac{P(X_i = a, X_j = b)}{P(X_i = a)P(X_j = b)} \tag{8.5}$$

第三步：根据关联系数信息，构建关联树。其构建过程如下。

Step1：随机选择一个节点 v_0 作为根，令 S 为已处理节点集合，则有 $S=\{v_0\}$。

Step2：从 $\overline{S}$ 中选择与 S 中的节点关联系数最大的节点 v_k 加入 S，即 $S=S\cup\{v_k\}$。

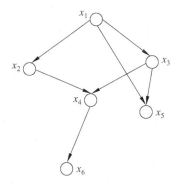

图 8.7　贝叶斯网络拓扑结构图

Step3：若 $\overline{S}\neq\phi$ 转 Step2，否则结束。

第四步：深度优先遍历关联树，产生新样本。

3. 贝叶斯网络概率模型

贝叶斯网络是描述变量之间概率依赖关系的数学模型，其拓扑结构是一个有向无环图(DAG)，如图 8.7 所示，其中每个节点代表一个变量，而每条边则表示变量之间的概率依赖关系。

贝叶斯网络提供了一种把联合概率分布分解为局部概率分布的方法。假设 $\boldsymbol{X}=\{X_1,X_2,\cdots,X_n\}$ 为随机变量集，$\boldsymbol{x}=\{x_1,x_2,\cdots,x_n\}$ 表示变量的集合，则基于贝叶斯网

络的联合概率为：

$$P(x) = P(x_n \mid x_{n-1}, \cdots, x_1) \cdot P(x_{n-1} \mid x_{n-2}, \cdots, x_1) \cdot \cdots \cdot P(x_2 \mid x_1) \cdot P(x_1) \quad (8.6)$$

因此根据图 8.7 所示的贝叶斯网络，可求得 $P(x)$ 为：

$$P(x_1, x_2, x_3, x_4, x_5, x_6)$$
$$= P(x_6 \mid x_4) \cdot P(x_4 \mid x_2, x_3) \cdot P(x_5 \mid x_1, x_3) \cdot P(x_2 \mid x_1) \cdot P(x_3 \mid x_1) \cdot P(x_1)$$

由于贝叶斯网络可以很好地描述变量之间的复杂依赖关系，Pelikan 等人于 1999 年提出**基于贝叶斯网络模型的分布估计算法**（The Bayesian Optimization Algorithm，BOA）[14]。BOA 采用贝叶斯网络概率模型，采样时根据贝叶斯网络拓扑结构图从父节点到子节点依次采样生成样本。其中，构建贝叶斯网络模型的过程包括网络结构的学习和参数的学习两个过程。Pelikan 等人的研究表明，BOA 在求解复杂优化问题时取得了很好的效果，其算法流程伪代码如图 8.8 所示。

```
//功能：BOA 伪代码
procedure BOA
    D₀←Generate N individuals randomly
    l=1
    while not met stopping criterion do
        Se(l)←select Se≤N individuals from D_{l-1} according to a selection method
        Construct the network B using a chosen metric and constraints
        Generate a set of new individual T(l) according to the joint distribution
           encoded by B
        Create a new population D_l by replacing some individuals from D_{l-1} with O(l)
        l= l+1
    end while
end procedure
```

图 8.8　BOA 算法流程伪代码

4. 高斯概率模型

高斯分布又称为正态分布，通常记为 $N(\mu, \sigma^2)$，其中 μ 为分布的均值，σ 为分布的方差，其函数图像如图 8.9 所示。高斯概率模型是实数编码分布估计算法的经典概率模型。PBIL 和 UMDA 对应的实数编码分布估计算法 PBILc 和 UMDAc 所采用的概率模型都是高斯概率模型[16][17]。此外，多元高斯模型也是解决多变量相关的实数编码分布估计算法常采用的概率模型。本小节将以 PBILc 为例介绍高斯概率模型解决连续空间的优化问题的流程。

PBILc 对每个变量 x_j 定义一个一元高斯分布 $N(\mu_j, \sigma_j^2)$，然后根据每个 $N(\mu_j, \sigma_j^2)$ 在整个定义域空间产生一个样本。构建概率模型的过程主要包括 μ_j 和 σ_j 的确立。μ_j 约束了样本的中心，而 σ_j 则控制着样本的多样性。随着种群的进化，μ_j 将逐渐逼近全局的最优解所在的位置，而 σ_j 将越来越小，从而使种群聚拢到全局最优解附近。具体地说，PBILc 的求解过程由如下四步组成。

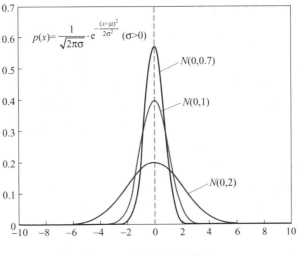

图 8.9 高斯分布示意图

第一步：随机产生初始种群并计算种群中所有个体的适应度，同时根据公式(8.7)初始化概率模型。

$$\begin{cases} \mu_j = \dfrac{\sum_{i=0}^{N-1} V[i][j]}{N} \\ \sigma_j = \sqrt{\dfrac{\sum_{0}^{N-1}(V[i][j]-\mu_j)^2}{N}} \end{cases} \quad (8.7)$$

其中 $V[i][j]$ 为种群中个体 i 的变量 x_j 的值，N 为种群的规模。

第二步：采用线性学习方式更新高斯分布的均值。设在第 t 代时，x_j 对应的高斯分布的均值为 μ_j^t，则有：

$$\mu_j^{t+1} = (1-\alpha) \cdot \mu_j^t + \alpha \cdot (x_j^{\text{best},1} + x_j^{\text{best},2} - x_j^{\text{worst}}) \quad (8.8)$$

其中 α 为学习因子，$x_j^{\text{best},1}$、$x_j^{\text{best},2}$ 和 x_j^{worst} 分别表示种群中最优个体、次优个体和最差个体所对应的 x_j 值。

第三步：采用线性学习方式更新高斯分布的方差。设在第 t 代时，x_j 对应的高斯分布的方差为 σ_j^t，则有：

$$\sigma_j^{t+1} = (1-\alpha) \cdot \sigma_j^t + \alpha \cdot \sqrt{\Big(\sum_{k=0}^{K-1}(x_{jk}-\overline{x})\Big)/K} \quad (8.9)$$

其中 x_{jk} 为种群按适应度从大到小排名第 $(k-1)$ 的个体的 x_j 值，$\overline{x}$ 为选出的 K 个较优种群的 x_{jk} 的均值，即：

$$\overline{x} = \Big(\sum_{k=1}^{K-1} x_{jk}\Big)/K \quad (8.10)$$

第四步：根据更新的高斯分布产生样本。

8.3.2 混合分布估计算法

在智能算法的大家庭中,除了分布估计算法和遗传算法外,还有蚁群优化算法(ACO)、粒子群优化算法(PSO)和差分进化算法(Differential Evolution,DE)等。这些智能算法各有自己的特征,有的适合解决连续性问题,有的适合解决离散性问题,而有的具有较强的局部搜索能力等。因而,结合多种智能算法取长补短,形成功能更加强大的混合算法是当前智能计算研究领域的一个热点。本小节将介绍两种简单的混合分布估计算法的原理,使读者有一个初步的认识。

1. 分布估计算法与遗传算法结合

分布估计算法与遗传算法都是基于种群的进化算法,它们的不同之处在于生成种群的机制不同。为了验证哪一种算法的性能更优,Larrañaga 和 Lozano[33]等学者曾设计了多种问题来进行测试。最终的测试结果表明没有一个算法对解决所有问题都是最优的。基于这个研究结论,Pena[20]于 2004 年提出一种简单有效的混合分布估计算法 GA-EDA。在 GA-EDA 中,新的种群由 GA 和 EDA 共同生成。具体地说,GA 和 EDA 是在同一个种群的基础上按照各自的机制分别产生两个子种群,然后再将这两个子种群组合成新的种群,如此完成一代的进化过程(如图 8.10 所示)。仿真的结果显示这种简单的混合机制亦能取得良好的效果。

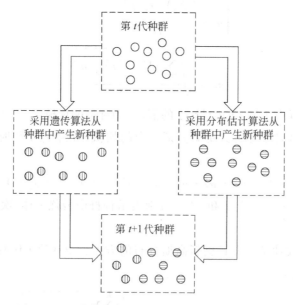

图 8.10 遗传算法与分布估计算法混合机制示意图

2. 分布估计算法与差分进化算法结合

差分进化算法(Differential Evolution,DE)也是一种基于种群的随机搜索算法[55][56],它利用当前种群之间的差异信息来引导搜索。随着进化代数的增加,个体之间的差异性将越来越小,而简单的差分进化算法缺乏有效的机制利用和产生搜索空间中的全局的信息,因而常常会收敛于局部最优解。另一方面,分布估计算法利用种群的全局信息建立概率模型,从"宏观"上控制算法搜索。因而结合差分进化算法和分布估计算法可以有效地利用局部信息和全局信息,形成功能更加强大的混合算法。在文献[21]中,Sun 等人提出了一种结合了差分进化算法的混合分布估计算法 DE-EDA。

DE-EDA 中的新种群以 DE 或 EDA 方式生成。记第 k 代种群的第 j 个个体为 u_j^k,则第 $k+1$ 代的种群的产生过程如下。

第一步:从当前种群中选出 M 个较优的个体,并如下建立概率模型。

$$p_k(x) = \prod_{i=1}^{n} N(x_i; \hat{\mu}_i^k, \hat{\sigma}_i^k) \qquad (8.11)$$

第二步:产生一个 0~1 之间的随机值 v,若 $v \leq \alpha$,则新个体按照 DE 的机制产生,否则按照 EDA 的方式从概率模型 $p_k(x)$ 中取样。其中 α 为控制参数,最终产生的新个体为 u。

第三步:若 u 的适应度大于 u_k^t 的适应度,则 $u_k^{t+1}=u$,否则 $u_k^{t+1}=u_k^t$。

第四步:若产生了足够数量的新种群则终止,否则执行第一步。

除了结合遗传算法和差分进化算法的混合分布估计算法外,还有结合粒子群算法、局部搜索算法和独立主成分分析技术等混合分布估计算法,这里不再一一介绍。相关的算法特点和参考文献如表 8.5 所示。

表 8.5 混合分布估计算法研究一览表

研 究 者	说 明
Topon Kumar Paul(2003)[57]	EDA 与强化学习(Reinforcement Learning)技术结合
M. D. Platel(2003)[58]	EDA 与量子技术结合
J. M. Pena(2004)[20]	EDA 与 GA 结合
S. J. Yong(2004)[21]	EDA 与 DE 结合
Q. F. Zhang(2004)[22]	EDA 与局部搜索结合
Alden Wright(2004)[59]	EDA 与最大熵理论结合
Q. Lu(2005)[25]	EDA 与聚类技术结合
Iqbal(2006)[23]、Wang(2007)[24]	EDA 与 PSO 结合
W. S. Dong(2008)[60]	EDA 与小生境技术结合
……	……

8.3.3 并行分布估计算法

基于种群的进化算法需要评估种群中每个个体的适应度,而且需要多次的迭代计算过程,这限制了进化算法在一些复杂的领域以及对实时性要求较高的领域的应用。为了加快进化算法的搜索速度,学者们提出了许多结合并行计算技术的方法。不同的进化算法在算法结构上的差异,导致它们结合并行计算的方法和原理也有所不同。本小节向读者介绍并行分布估计算法的基本原理及其研究现状。

1. 种群级别并行化

种群级别的并行分布估计算法是最直观、最易于在实际中应用的并行分布估计算法

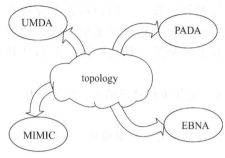

图 8.11　dEDA 中每个岛屿运行不同的 EDA 示意图

之一。简单地说,该类算法通常将种群分成多个子种群,每个子种群在不同的机器上运行,然后各个子种群通过迁移等机制进行通信,达到综合信息的目的。

如文献[30]提出了一种基于岛屿模型的并行分布估计算法 dEDA,该算法首先将种群分散于多个岛屿中,然后采用不同概率模型的 EDA 对不同岛屿上的子种群进行进化,每个岛屿上的子种群进化到一定代数后即通过同步和迁移机制与相邻的孤岛屿上的种群进行相互通信,如图 8.11 所示。图 8.12 是该算法流程的伪代码。

```
//功能:dEDA 伪代码
procedure dEDA
    D₀ ← Generate N individuals randomly
    l = 1
    while not met stopping criterion do
        Se(l) ← select Se ≤ N individuals from D_{l-1} according to a selection method
        Estimation the distribution p^e(x, l) of the selected set Se(l)
        Generate N new individuals according to the distribution p^e(x, l)
        Send and receive individuals asynchronously, according to the migr. parameters
        l = l + 1
    end while
end of procedure
```

图 8.12　dEDA 算法流程的伪代码

2. 适应度评估并行化

适应度评估通常是算法中最耗时的部分,而采用多台机器并行计算种群中的适应度是提高进化算法搜索速度最直接有效的方法之一。该类算法通常采用主从模式,如图 8.13 所示。主机向从机分配评估适应度的任务,并最终综合各从机反馈回来的结果,继续执行 EDA 算法进行其他模块的计算。而分机则专门负责完成主机分发过来的评估任务。

3. 概率模型构建并行化

在采用 EDA 解决多变量相关的复杂问题时,常常需要设计复杂的概率模型(如贝叶斯模型)。这类概率模型的构建过程通常需要较大的计算量,因而概率模型构建的并行化也是提

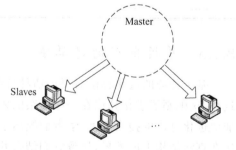

图 8.13　主从模式并行 EDA 示意图

高分布估计算法搜索速度的有效方法。如文献[28][61]中 Ocenasek 和 Schwarz 提出了并行计算贝叶斯网络的新方法,同时也将该技术应用于 BOA,提出一种新的并行分布估

计算法 PBOA。

4. 其他并行机制

由于产生新个体仅依赖于当前构建的概率模型,个体与个体之间并无关联关系,因而可以对采样的操作进行并行化处理。如文献[30]对 EDA 的采样并行化处理有相关的阐述,不过这方面的研究相对较少。此外,也有学者提出混合以上多种并行技术的并行分布估计算法[62]。

8.3.4 分布估计算法的理论研究

随着分布估计算法的兴起,对其进化机理的研究也逐步展开。目前在这方面的研究主要集中在算法的收敛性分析和时空复杂性研究两个方向。在收敛性分析方面,已有学者对 PBIL、FDA 以及 BOA 等主要的分布估计算法的收敛性进行了研究,得出一些有用的结论。不过这方面的研究通常针对特定的问题如 OneMax 问题,对分布估计算法解决一般性问题的收敛性研究的文献还比较少。在时空复杂性分析方面也取得了一些进展,但是分析的模型还比较简单,通常需要比较理想的前提条件,如种群规模无穷大等。可以说,当前对分布估计算法的理论研究还处于起步阶段,有待进一步深入。表 8.6 是分布估计算法理论研究的现状。

表 8.6 分布估计算法理论研究现状

研 究 者	说 明
Markus Hohfeld(1997)[63]	证明 PBIL 在解决线性的二进制优化问题时,可以收敛到全局最优解,解非线性问题可能会陷入局部最优
H. Mühlenbein(1998)[64]	对 UMDA 的收敛性进行分析,假设种群无穷大
H. Mühlenbein(1999)[65]	对 FDA 的收敛性进行分析
M. Pelikan(2001)[66]	对 BOA 解决 OneMax 问题的收敛性进行分析
Q. F. Zhang(2004)[67]	对种群规模无穷大的 EDA 进行数学建模,分析了 EDA 算法达到全局收敛的一些条件
R. Rastegar(2005)[68]	分析了种群规模无穷大的 EDA 要达到全局收敛所需要的代数
Tianshi Chen(2007)[69]	对早期的两个分布估计算法:UMDA 和增量 UMDA 进行时间复杂度的分析
Jiri Ocenasek(2006)[70]	提出用熵来度量分布估计算法收敛性的方法,并在此基础上分析了 EDA 终止的条件
……	……

8.4 分布估计算法的应用

分布估计算法从"宏观"的角度来引导算法进行搜索,这种全新的进化机制在实际应用中常常表现出比遗传算法更好的性能。尤其在解决复杂的大规模优化问题时,分布估计算法能够以较快的速度收敛于全局的最优解。因而应用分布估计算法解决科学与工程中的复杂优化问题是当前的一个研究热点。分布估计算法目前已经成功应用于组合优化、机器学习、模式识别和生物信息等众多领域。本节向读者介绍分布估计算法在一些重要应用领域的发展情况。

1. 函数优化

现实中许多问题通过数学建模都可以转化为函数最优化问题。解决函数优化问题的传统方法有最速下降法、牛顿法和共轭梯度法等。但是在目标函数比较复杂或目标函数不可导等情况下，这些传统的数值优化方法往往显得无能为力，取而代之的是遗传算法等启发式进化算法。而分布估计算法则是其中的一股新生力量。与其他启发式进化算法相比，分布估计算法能够更有效地保护个体信息中的"积木块"，使之不被破坏，因而在求解高维的复杂函数优化问题时，往往能够以更快的速度收敛于全局最优解。此外，在具有先验知识的情况下，我们还可以有针对性地选择概率模型，从而设计出性能更加优越的分布估计算法。

简单的分布估计算法在求解复杂函数优化时性能较差，尤其是在处理多峰或是变量间具有关联关系的问题时容易陷入局部最优。因此，目前用于解决复杂函数优化问题的分布估计算法大都混合了其他技术如局部搜索技术[22]、自适应技术[25]、主成分分析技术[8]和其他进化算法[21-24]等，这里不再赘述。

2. 组合优化

组合优化问题是一类离散最优化问题。典型的组合优化问题有旅行商问题(Traveling Salesman problem, TSP)、作业调度问题(Job Shop Schedule Problem, JSP)和最大流问题(Maximum Flow Problem, MFP)等。传统的进化算法如遗传算法和模拟退火算法等已成功解决了大量复杂的组合优化问题。随着分布估计算法的兴起，其在组合优化领域的应用也逐步发展起来。如文献[33]以 TSP、JSP 以及 0-1 背包等组合优化问题为例，详细地阐述了 EDA 解决组合优化问题的一般思路，并通过实验仿真证明了 EDA 可以有效解决组合优化问题。组合优化的范围非常广泛，这里只列举分布估计算法在其中一些重要问题上的应用，如表 8.7 所示。

表 8.7 EDA 在组合优化领域的研究情况

应用（中文）	英 文	参 考 文 献
旅行商问题	Traveling Salesman Problem	Larrañaga (2002)[33]
作业调度问题	Job Shop Scheduling Problem	Larrañaga (2002)[33]、Jarboui(2009)[38]
护士调度问题	Nurse Scheduling Problem	U. Aickelin(2006)[39]
网络控制	Network Control	H. B. Lia(2008)[37]
最大团问题	Maximum Clique Problem	Q. F. Zhang(2005)[34]
核反应堆燃料管理问题	Nuclear Reactor Fuel Management	S. Jiang(2006)[36]
最大分集问题	Maximum Diversity Problem	Wang(2009)[35]

3. 生物信息学

随着医学和生物学的快速发展，特别是人类基因组计划的顺利推进，我们可以获取海量的生物学数据。如何从海量数据中获取对人类有用的信息是当今生物学领域的一个严峻挑战。而生物信息学即是在这个背景下诞生的一门结合计算机科学、生物学和数学等学科的交叉学科。由于分布估计算法在处理高维复杂问题时表现出良好的性能,近年来,陆续有学者采用 EDA 来解决生物信息学领域的问题。从目前的文献来看,分布估计算法在生物信息学领域的应用主要有以下几个方面。

(1) 基因结构分析

从基因组中确定基因的结构和位置是研究基因组的重要步骤。由于一个基因可能包含多个部分,因此可以将基因结构的确定和定位的过程看成是一个分割和识别的过程。为了找到识别基因的最相关要素,常常采用**特征子集选取技术**(Feature Subset Selection,FSS),即从大量的特征数据中找出最相关的特征子集,这是一个 NP 难问题。目前已提出了多篇采用 EDA 方法解决 FSS 问题的文献。如文献[50]将 EDA 应用于大规模的特征子集选择取得了良好效果;文献[71]提出一种基于 UMDA 的方法用于解决特征子集选取问题;文献[41]则采用分布估计算法解决了包含特征选取问题的**特征排序**(Feature Ranking)问题等。

(2) DNA 微阵列数据的分类和聚类分析

微阵列技术是近年来兴起的分子生物学研究技术,通过微阵列技术我们可以获取大量的基因表达数据,而分析这些 DNA 微阵列数据将有助于人们认识许多生物过程的本质,如衰老、癌症和发育等。由于涉及的数据量庞大,启发式算法如遗传算法和分布估计算法等成为分析微阵列数据的有效工具。如文献[42]、[43]采用基于 PBIL 的分布估计算法从 DNA 微阵列基因表达数据集中确定非冗余的基因,取得了良好的效果;文献[44]采用基于 UMDA 的分布估计算法进行基因表达数据的聚类分析取得了比遗传算法更好的效果。

(3) 蛋白质结构预测与蛋白质设计

蛋白质结构预测和蛋白质设计是生物信息学的两个重要课题,两者通过建模都可以转化为函数优化问题。转化后的函数优化问题的解空间非常庞大,而且包含大量的局部最优解,于是,有学者提出采用分布估计算法解决蛋白质结构预测与蛋白质设计,如文献[45]~文献[47]等。

4. 其他应用

此外,分布估计算法在多目标优化[48][49]、机器学习[50][51]、模式识别[72][73]和聚类分析[74]等领域也取得了成功的应用。由于分布估计算法还是一个新生的进化算法,拓展其应用领域将是计算智能领域的一个研究热点。

8.5 本章习题

1. 请指出分布估计算法的思想起源及其特点。
2. 请写出分布估计算法的基本算法流程。
3. 分布估计算法有哪些典型的概率模型?各有什么优缺点?
4. 分布估计算法解决离散性问题和连续性问题时有什么不同?
5. 分布估计算法在并行设计方面有哪些常用策略?和其他进化算法相比,分布估计算法在并行设计方面有什么不同之处?

6. 上机编写完整的 UMDA 程序,对 100 维的 OneMax 问题进行求解。

本章参考文献

[1] S Baluja. Population-Based Incremental Learning: A method for Integrating Genetic Search Based Function Optimization and Competitive Learning. Technical report CMU-CS-94-163. Carnegie Mellon University,1994.

[2] H Mühlenbein, G Paaβ. From recombination of genes to the estimation of distributions I. Binary parameters. Parallel Problem Solving from Nature-PPSN IV Berlin: Springer Verlag,1996: 178-187.

[3] J Holland. Adaptation in Natural and Artificial Systems. Ann Arbor: University of Michigan Press,1975.

[4] D E Goldberg. Genetic Algorithms in Search, Optimization, and Machine Learning. Addison-Wesley: Reading MA,1989.

[5] M Pelikan, D E Goldberg, F Lobo. A survey of optimization by building and using probabilistic models. IlliGal Report No. 99018. University of Illinois at Urbana-Champaign. Illinois Genetic Algorithms Laboratory,1999.

[6] G R Harik. Learning gene linkage to efficiently solve problems of bounded difficulty using genetic algorithms. Doctoral dissertation. University of Michigan,1997.

[7] F G Lobo, K Deb, D E Goldberg, et al. Compressed introns in a linkage learning genetic algorithm. Genetic Programming: Proc. of the Third Annual Conf. ,1998: 551-558.

[8] S Baluja, R Caruana. Removing the genetics from standard genetic algorithm. Proceedings of the International conference on Machine Learning. Morgan Kaufmann,1995: 38-46.

[9] S Baluja. An empirical comparison of seven iterative and evolutionary function optimizaion heuristics. Technical report CMU-CS-95-193. Carnegie Mellon University,1995.

[10] G R Harik, F G Lobo, D E Goldberg. The compact genetic algorithm. Proceedings of the International Conference on Evolutionary Computation 1998 (ICEC '98). Piscataway,1998: 523-528.

[11] J S De Bonet, C L Isbell, P Viola. MIMIC: Finding optima by estimating probability densities. Advances in Neural Information Processing Systems. Cambridge: The MIT Press,1997(9): 424.

[12] S Baluja, S Davies. Using optimal dependency-trees for combinatorial optimization: Learning the structure of the search space. Proceedings of the 14th International Conference on Machine Learning. Morgan Kaufmann,1997: 30-38.

[13] H Mühlenbein, T Mahnig. The Factorized Distribution Algorithm for additively decomposable functions. Second Symposium on Artificial Intelligence. Adaptive Systems. La Habana: CIMAF 99,1999: 301-313.

[14] M Pelikan, D E Goldberg, E Cantú-Paz. BOA: The Bayesian optimization algorithm. Proceedings of the Genetic and Evolutionary Computation Conference GECCO-99,1999(1): 525-532.

[15] I Servet, L Trave-Massuyes, D Stern. Telephone network traffic overloading diagnosis and evolutionary computation techniques. in Proceedings of the Third European Conference on Artificial Evolution (AE'97),1997: 137-144.

[16] M Sebag, A Ducoulombier. Extending population-based incremental learning to continuous search spaces. in Parallel Problem Solving from Nature-PPSN V, 1998: 418-427.

[17] P Larrañaga, R Etxeberria, J A Lozano, et al. Optimization in continuous domains by learning and simulation of Gaussian networks. Proceedings of the Genetic and Evolutionary Computation Conference 2000, 2000.

[18] S Tsutsui, M Pelikan, D E Goldberg. Evolutionary Algorithm Using Marginal Histogram Models in Continuous Domain, 2001.

[19] C W Ahn, R Ramakrishna, D E Goldberg. Real-coded Bayesian optimization algorithm: Bringing the strength of BOA into the continuous world. In Proceedings of the Genetic and Evolutionary Computation-GECCO2004 Part 1, Lecture Notes in Computer Science 3102, 2004: 840-851.

[20] J M Pena, V Robles, P Larrañaga, et al. Ga-eda: Hybrid evolutionary algorithm using genetic and estimation of distribution algorithms. In The 17th International Conference on Industrial and Engineering Applications of Artificial Intelligence and Expert Systems, 2004: 361-371.

[21] Jianyong Sun, Qingfu Zhang, Edward Tsang. DE/EDA: A new evolutionary algorithm for global optimization. Information Sciences, 2005, 169(3):249-262.

[22] Q Zhang, J Sun, E Tsang, et al. Hybrid estimation of distribution algorithm for global optimization. Engineering Computations, 2004, 21(1): 91-107.

[23] M Iqbal, M A Montes de Oca. An estimation of distribution particle swarm optimization algorithm. Lecture notes in computer science: Vol. 4150. Proceedings of the fifth international workshop on ant colony optimization and swarm intelligence ANTS, 2006: 72-83.

[24] Jiahai Wang, Yunong Zhang, Yalan Zhou, et al. Discrete quantum-behaved particle swarm optimization based on estimation of distribution for combinatorial optimization. Evolutionary Computation, CEC 2008, 2008(6): 897-904.

[25] Qiang Lu, Xin Yao. Clustering and learning Gaussian distribution for continuous optimization. Systems, Man, and Cybernetics, Part C: Applications and Reviews, IEEE Transactions on Volume 35, Issue 2, 2005(5): 195-204.

[26] R Santana, P Larrañaga, J A Lozano. Adaptive estimation of distribution algorithms. In C. Cotta, M. Sevaux, and K. Sorensen, editors, Adaptive and Multilevel Metaheuristics, volume 136 of Studies in Compu-tational Intelligence. Springer, 2008: 177-197.

[27] J A Lozano, R Sagarna, P Larrañaga. Parallel Estimation of Distribution Algorithms. In P Larrañaga, and J A Lozano, editors, Estimation of Distribution Algorithms. A New Tool for Evolutionary Computation. Kluwer Academic Publishers, 2002.

[28] J Ocenasek, J Schwarz. The Parallel Bayesian Optimization Algorithm. In: Proceedings of the European Symposium on Computational Inteligence. Physica-Verlag, Kosice, Slovak Republic, 2000: 61-67.

[29] A Mendiburu, J A Lozano, J Miguel Alonso. Parallel Implementation of EDAs Based on Probabilistic Graphical Models. IEEE Trans. Evol. Comput. , 2005, 9(4): 406-423.

[30] J Madera, E Alba, A Ochoa. A parallel island model for estimation of distribution algorithms. in Towards a New Evolutionary Comoputation, Advances in the Estimation of Distribution Algorithms, Studies in Fuzziness and Soft Computing, J. A. Lozano, P. Larrañaga, I. Inza, and E. Bengoetxea, Eds. Springer-Verlag, 2006(192): 159-186.

[31] J Ocenasek, J Schwarz, M Pelikan. Design of Multithreaded Estimation of Distribution

Algorithms. Genetic and Evolutionary Computation Conference, 2003: 1247-1258.

[32] J Ocenasek. Parallel Estimation of Distribution Algorithms. PhD. Thesis, Faculty of Information Technology, Brno University of Technology, Brno, Czech Republic, 2002: 1-154.

[33] P Larrañaga, J A Lozano. Estimation of Distribution Algorithms. A new Tool for Evolutionary Computation. Kluwer Academic Publishers, 2002: 57-100.

[34] Qingfu Zhang, Jianyong Sun, Edward Tsang. Evolutionary algorithm with the guided mutation for the maximum clique problem. IEEE Transactions on Evolutionary Computation, 2005, 9(2): 1-9.

[35] J Wang, Y Zhou, J Yin, et al. Competitive Hopfield Network Combined With Estimation of Distribution for Maximum Diversity Problems. Systems, Man, and Cybernetics, Part B: Cybernetics, IEEE Transactions on : Accepted for future publication Volume PP, Forthcoming, 2009: 1-1

[36] S Jiang, A K Ziver, J N Carter, et al. Estimation of distribution algorithms for nuclear reactor fuel management optimization. Annals of Nuclear Energy 33, 2006: 1039-1057.

[37] Hongbo Lia, Zengqi Sun, Badong Chena, et al. Intelligent Scheduling Controller Design for Networked Control Systems Based on Estimation of Distribution Algorithm. Tsinghua Science & Technology, 2008, 13(1): 71-77.

[38] Bassem Jarboui, Mansour Eddaly, Patrick Siarry. An estimation of distribution algorithm for minimizing the total flowtime in permutation flowshop scheduling problems. Computers & Operations Research Volume 36, Issue 9, 2009: 2638-2646.

[39] U Aickelin, J Li. An estimation of distribution algorithm for nurse scheduling. To apprear in Annals of Operations Research, 2006.

[40] Y Saeys, S Degroeve, et al. Fast feature selection using a simple estimation of distribution algorithm: A case study on splice site prediction. Bioinformatics 19, 2003: 179-188.

[41] Y Saeys, S Degroeve, et al. Feature ranking using an EDA-based wrapper approach. In Towards a new evolutionary computation: advances in Estimation of Distribution Algorithms J A Lozano et al. (eds), In press.

[42] T K Paul, H Iba. Identification of informative genes for molecular classification using probabilistic model building genetic algorithm. in Lecture Notes in Computer Science (LNCS) 3102. Springer-Verlag, 2004: 414-425.

[43] T K Paul, H Iba. Gene selection for cancer classification using wrapper approaches. International Journal of Pattern Recognition and Artificial Intelligence, 2004, 18(8): 1373-1390.

[44] P Palacios, D A Pelta, A Blanco. Obtaining biclusters in microarrays with population-based heuristics. Evo Workshops, 2006: 115-126.

[45] R Santana, P Larrañaga, J A Lozano. Protein folding in 2-dimensional lattices with estimation of distribution algorithms. In Proceedings of the First International Symposium on Biological and Medical Data Analysis, of Lecture Notes in Computer Science Volume 3337. Barcelona: Springer Verlag, 2004: 388-398.

[46] R Santana, P Larrañaga, J A Lozano. Combining variable neighborhood search and estimation of distribution algorithms in the protein side chain placement problem. Journal of Heuristics, 2007.

[47] R Santana, P Larrañaga, J A Lozano. Protein folding in simplified models with estimation of distribution algorithms. IEEE Transactions on Evolutionary Computation, 2008, 12(4): 418-438.

[48] T Okabe, Y Jin, B Sendhoff, et al. Voronoi-based estimation of distribution algorithm for multi-objective optimization. in Congress on Evolutionary Computation (CEC), Y. Shi, Ed. Piscataway, New Jersey: IEEE Press, 2004: 1594-1602.

[49] M Pelikan, K Sastry, D E Goldberg. Multiobjective hBOA, clustering, and scalability. in Proceedings of the Genetic and Evolutionary Computation Conference, 2005: 663-670.

[50] E CantúPaz. Feature subset selection by estimation of distribution algorithms. Proc. Genetic and Evolutionary Computation Conf., 2002: 303-310.

[51] I Inza, M Merino, P Larrañaga, et al. Feature subset selection by genetic algorithms and estimation of distribution algorithms A case study in the survival of cirrhotic patients treated with TIPS. Artificial Intelligence in Medicine, 2001(23): 187-205.

[52] M Pelikan, H Mühlenbein. The bivariate marginal distribution algorithm. in Advances in Soft Computing-Engineering Design and Manufacturing, London: R. Roy, T. Furuhashi, and P. K. Chawdhry (Eds.), 1999: 521-535.

[53] G Harik. Linkage learning via probabilistic modeling in the ECGA. University of Illinois at Urbana Champaign, Illinois Genetic Algorithms Laboratory, Urbana, IL, IlliGAL Report No. 99010, 1999.

[54] C Chou, C Liu. Approximating discrete probability distributions with dependence trees. IEEE Transactions on Information Theory, 1968(14): 462-467.

[55] Store R, Price K. Differential Evolution-A Simple and Eficient Adaptive Scheme for Global Optimization over Continuous Spaces. Technical Report, TR-95-012, Berkeley, USA: University of California. International Computer Science Institute, 1995.

[56] R Storn, K Price. Differential Evolution-A Simple and Efficient Heuristic for Global Optimization over Continuous Spaces. Journal of Global Optimization, 1997, 11(4): 341-359.

[57] Topon Kumar Paul, Hitoshi Iba. Reinforcement Learning Estimation of Distribution Algorithm. Genetic and Evolutionary Computation——GECCO 2003, 2003: 212.

[58] K H Han, J H Kim. Quantum-inspired evolutionary algorithms with a new termination criterion, H&-epsi; gate, and two-phase scheme. Evolutionary Computation, IEEE Transactions on, 2004, 8(2): 156-169.

[59] A Wright, R Poli, C R Stephens, et al. An Estimation of Distribution Algorithm Based on Maximum Entropy. Genetic and Evolutionary Computation, 2004: 343-354.

[60] W S Dong, X Yao. NichingEDA: Utilizing the diversity inside a population of EDAs for continuous optimization. IEEE Congress on Evolutionary Computation, 2008(6): 1260-1267.

[61] J Ocenasek, J Schwarz, M Pelikan. Design of multithreaded estimation of distribution algorithms. in Proceedings of the Genetic and Evolutionary Computation Conference (GECCO-2003), 2003: 1247-1258.

[62] J Ocenasek, E Cantú-Paz, M Pelikan, et al. Design of Parallel Estimation of Distribution Algorithms. Scalable Optimization via Probabilistic Modeling, 2006: 187-203.

[63] M Hohfeld, G Rudolph. Towards a theory of population-based incremental learning. in Proceedings of the 4th IEEE conference on evolutionary computation, 1997: 1-5.

[64] H Mühlenbein. The equation for response to selection and its use for prediction. Evolutionary Computation, 1997, 5(3): 303-346.

[65] H Mühlenbein, Th Mahnig. Convergence theory and applications of the factorized distribution

algorithm. Journal of Computing and Information Technology, 1999,7(1): 19-32.

[66] M Pelikan, K Sastry, D E Goldberg. Evolutionary Algorithms + Graphical Models = Scalable Black-Box Optimization. Illinois Genetic Algorithms Labortaory, University of Illinois ar Urbana-Champaign, IlliGAL Rep. 2001029, 2001.

[67] Qingfu Zhang, H Mühlenbein. On the convergence of a class of estimation of distribution algorithms. Evolutionary Computation, IEEE Transactions on, 2004,8(2): 127-136.

[68] R Rastegar, M R Meybodi. A Study on the Global Convergence Time Complexity of Estimation of Distribution Algorithms. Rough Sets, Fuzzy Sets, Data Mining, and Granular Computing. 2005: 441-450.

[69] T S Chen, K Tang, X Yao. On the analysis of average time complexity of estimation of distribution algorithms. In the Proceedings of IEEE Conference on Evolutionary Computation, 2007: 453-460.

[70] J A Lozano, P Larrañaga, I Inza,et al. Towards a New Evolutionary Computation : Advances in the Estimation of Distribution Algorithms. Studies in Fuzziness and Soft Computing. Berlin: SPRINGER, 2006(192).

[71] S Yvan, D Sven, A Dirk, et al. Feature selection for splice site prediction: A new method using EDA-based feature ranking. BMC Bioinformatics, 2004,5(1): 1471-2105.

[72] E Bengoetxea, P Larrañaga, I Bloch, et al. Image recognition with graph matching using estimation of distribution algorithms. In Proceedings of Medical Image Understanding and Analysis, 2001: 89-92.

[73] E Bengoetxea, P Larrañaga, I Bloch, et al. Estimation of Distribution Algorithms: A New Evolutionary Computation Approach for Graph Matching Problems. Energy Minimization Methods in Computer Vision and Pattern Recognition, 2001: 454-469.

[74] C S de Oliveira, A S G Meiguins, B S Meiguins,et al. An evolutionary density and gridbased clustering algorithm. In Proc. XXIII Brazilian Symposium on Databases (SBBD-2007), 2007:175-189.

普通高校本科计算机专业 特色 教材精选

第 9 章 Memetic 算法

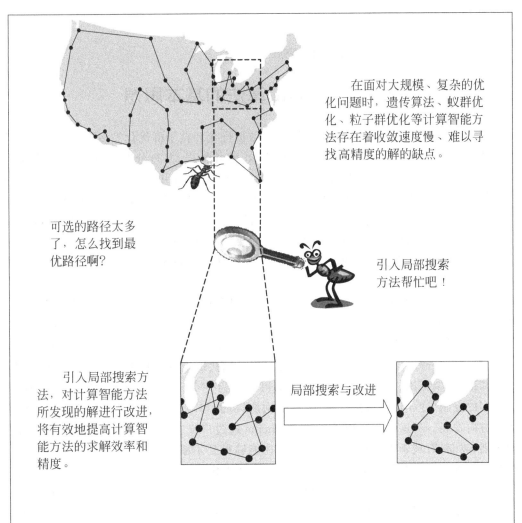

在面对大规模、复杂的优化问题时，遗传算法、蚁群优化、粒子群优化等计算智能方法存在着收敛速度慢、难以寻找高精度的解的缺点。

可选的路径太多了，怎么找到最优路径啊？

引入局部搜索方法帮忙吧！

引入局部搜索方法，对计算智能方法所发现的解进行改进，将有效地提高计算智能方法的求解效率和精度。

局部搜索与改进

Memetic 算法实际上就是基于群体的计算智能方法与局部搜索方法相结合的一类新型的优化技术。

在人类进化的历史长河中，人在具有生物学意义上的进化过程的同时，人的观念、思想与理论体系等文化属性也在不断地传承和进化。与基因（gene）相对应，我们可以把文化属性的一个复制和传播单位理解成是一种文化基因（meme）。在文化进化过程中，与生物进化的自然选择过程相类似，有利于人类利益的优良的文化基因往往能够得到不断地传承和发展。然而，与生物进化过程所不同的是，文化的复制、传播和变异都由大量的专业知识所支撑。这些专业知识使得文化的变异往往带来进展而非混乱，因此文化的进化速度远快于生物的进化速度。

本章的主要内容包括：
- Memetic 算法的基本思想；
- Memetic 算法的基本框架；
- 静态 Memetic 算法；
- 动态 Memetic 算法；
- Memetic 算法的理论与应用研究展望。

9.1　Memetic 算法的基本思想

在前几章中，我们已经学习了遗传算法、蚁群优化和粒子群优化等多种基于群体的计算智能方法。这些计算智能方法具有全局收敛、健壮性强、并行分布计算、无须对求解目标进行求导等数学操作等特点，目前已经成为最受关注和应用最广泛的一类全局优化技术。然而，在面对大规模、十分复杂的优化问题时，仅仅依靠计算智能方法还难以找到满意的解，而且将耗费巨大的计算量。一些学者的先行研究表明，通过把计算智能方法与其他优化技术混合，将能够有效地提高算法的性能[1]。**Memetic 算法**（Memetic Algorithm，MA）实际上就是把基于群体的计算智能方法和局部搜索技术相结合的一种新型的优化技术[2]。

Memetic 一词派生于英国牛津大学学者道金斯（Dawkins）于 1976 年所著的《自私的基因》（*The Selfish Gene*）一书[3]中提出的一个概念——meme。所谓 meme，在国内也译作"觅母"、"拟子"、"迷母"或"文化基因"等，指的是文化领域的一个信息单位，它与遗传学中的"基因"（gene）一词相对应。人的各种思想、观念、理论体系和科学知识，如一曲音乐、一句谚语、一幅图画、一个计算机算法等都可以成为一个 meme。在生物进化过程中，通过基因的复制、变异以及自然选择，生物的构造、机能和习性等性状逐渐向适应于生存环境的方向发展。与这个过程相类似，各种 meme 通过广义上被称为"模仿"的过程在人之间传播、改变，有利于人类利益的 meme 往往能够得到不断的传承和发展。然而，文化进化与生物进化还存在着一个显著的区别。在生物进化过程中，基因的变异是随机的，只有少数的变异能够促进生物向与环境相适应的方向发展，并在自然选择过程中得到保留，因此生物进化的速度相对缓慢。在文化进化过程中，新科学观点的提出依赖于充分的理论依据和实验观察的，悦耳曲调的创作离不开对乐理知识的充分理解，各种文化基因的变异，往往都需要以充分的专业知识作为依靠。在这些专业知识的支撑下，文化的变异通常将带来改进而非混乱，因此，文化的进化速度要比生物的进化速度快得多。受到这种文化进化思想的启发，Moscato[2]将局部的学习与优化策略比喻为一种 meme，把基于 meme 的局部搜索方法和基于传统进化计算的全局优化方法相结合，于 1989 年首先提出了 Memetic 算法的概念。

MA 最初被提出时，一般是指遗传算法(Genetic Algorithm,GA)与局部搜索的结合，因而在一些文献中也被称为混合遗传算法(hybrid GA)[5]。近年来，随着进化计算研究领域的快速发展，如蚁群优化算法(Ant Colony Optimization,ACO)[6]和粒子群优化算法(Particle Swarm Optimization,PSO)[7]等基于群体的全局搜索算法相继被提出，MA 这一概念的内涵也不断得到丰富。目前，MA 已经成为基于群体的全局搜索方法与局部搜索相结合的一类算法的总称[8]。由于全局搜索方法善于探索出解空间中的优秀区域，而局部搜索则能够很快地发现局部区域中的最优点，MA 的核心思想就是把它们的全局搜索与局部搜索能力结合起来[9]。与单纯的进化算法相比，MA 往往能以更少的计算代价，得到具有更高精确度的解，在解决复杂、高维、大规模问题时具有明显的优势，近年来逐渐受到了国内外学者的重视[10][11]。IEEE Congress on Evolutionary Computation 等进化计算领域的权威国际会议已经把 MA 作为重要的专题予以讨论，而国际期刊 IEEE Transactions on System, Man, and Cybernetics——Part B 也于 2007 年出版了关于 MA 的专刊。

与 GA、ACO、PSO 等概念相比，MA 具有更广的范畴，是一类算法的总称。因此本章根据 Krasnogor 和 Smith[10]的综述，以"框架"的形式来描述 MA 这类算法。目前已经有大量的 MA 被提出，并已经成功地应用于各种不同类型的优化问题，然而这些算法往往都采用自己特有的方式把全局搜索和局部搜索结合起来，其设计过程仍然是 ad hoc 的，即需要根据不同应用的具体特点进行个性化设计，缺乏统一的指引与规范[10]。本章将根据全局搜索与局部搜索结合的不同方式，把这些 MA 算法划分为静态与动态两类，系统地分析这些算法的全局搜索与局部搜索结合方式的特点。

9.2　Memetic 算法的基本框架

为了系统地分析目前已经被提出的大量 Memetic 算法，Krasnogor 和 Smith[10]提出了 MA 的框架模型。根据该框架，一个 MA 应该包含如下的 9 种要素，即

$$MA = (P^0, \delta^0, offspringSize, popSize, l, F, G, U, L) \tag{9.1}$$

其中：

- $P^0 = (x_1^0, x_2^0, \cdots, x_{popSize}^0)$ 表示初始种群；
- δ^0 代表算法的初始参数设置；
- $offspringSize$ 表示通过生成函数 G 得到的后代的数目；
- $popSize$ 表示种群大小；
- l 代表编码长度；
- F 表示适应值函数(fitness function)。给定待解问题的解空间(即所有候选解的集合)I，适应值函数 F 是一个从解空间 I 到正实数集 R^+ 的映射，即对每一个候选解 $s \in I$，其适应值 $F(s)$ 是一个正实数；

- G 代表生成函数(generating function)，它是一个从带有 $popSize$ 个候选解的集合到带有 $offspringSize$ 个候选解的集合的映射。给定第 k 代的种群 $P^k=(x_1^k, x_2^k, \cdots, x_{popSize}^k)$，生成函数 G 作用于 P^k 可以得到一个带有 $offspringSize$ 个新解（后代）的集合 $O^k=G(P^k)=(o_1^k, o_2^k, \cdots, o_{offspringSize}^k)$。例如，GA 中的交叉、变异算子，都属于生成函数；
- U 代表更新函数(updating function)，它的作用是根据第 k 代的种群 P^k 及其后代 O^k 得到第 $k+1$ 代的新种群 P^{k+1}，即 $P^{k+1}=U(P^k \times O^k)$。例如，GA 中的选择操作就属于更新函数；
- $L=(L_1, L_2, \cdots, L_m)$ 是一个局部搜索策略的集合，称为局部搜索策略池。其中 L_i $(1 \leqslant i \leqslant m)$ 代表一种局部搜索策略，也称为一个 meme。目前大部分的 MA 都只含有一种局部搜索策略，即 $m=1$。当算法使用了不止一种局部搜索策略（即 $m>1$）时，称该算法为多 meme(multi-meme) 的 MA。根据这个框架，MA 的基本流程框架如图 9.1 所示。

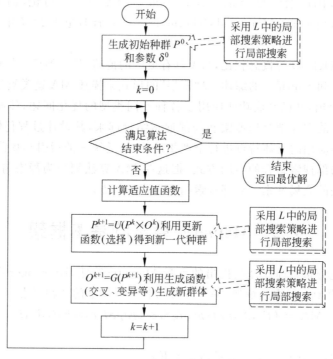

图 9.1 MA 的基本流程框架

从上面给出的流程框架可知，与传统的进化计算方法相比，MA 实际上只是增加了一个局部搜索操作，即增加了 $L=(L_1, L_2, \cdots, L_m)$ 这个要素。然而，这个框架却蕴涵了 MA 各种各样不同的实现形式，如表 9.1 所示。其全局搜索策略可以是 GA、ACO 或 PSO 等各种基于群体的全局搜索方法；局部搜索策略可以是爬山法、禁忌搜索、模拟退火或其他与具体问题相关的局部搜索方法，甚至是多种局部搜索方法一起使用；局部搜索可以与全局搜索策略的生成函数（例如 GA 中的交叉、变异操作）相结合，也可以与更新函数（例如

GA 中的选择操作）相结合；局部搜索的执行可以依据 Lamarckian 模型，也可以依据 Baldwinian 模型[10][12]；局部搜索策略可以作用于群体中的某个个体之中，也可以作用于整个群体。

表 9.1 设计 MA 的各种可选方案

MA 的设计步骤	可选择的方案
全局搜索策略的选择	进化算法 　　遗传算法（GA）、进化规划（EP） 　　进化策略（ES）、遗传规划（GP） 其他群体智能方法 　　蚁群优化（ACO）、粒子群优化（PSO）等
局部搜索策略的选择	使用一种局部搜索策略 　　爬山法、模拟退火、禁忌搜索、导引式局部搜索与具体问题相关的特殊局部搜索策略等 使用多种局部搜索策略（multimeme memetic algortihm）
局部搜索的位置	与生成函数（交叉、变异）相结合 与更新函数（选择）相结合
局部搜索的方式	Lamarckian 式： 　　由局部搜索改进得到的个体将参加进化操作 Baldwinian 式： 　　由局部搜索改进得到的个体不参加进化操作
局部搜索的对象	作用于整个群体 作用于部分个体
局部搜索与全局搜索的平衡	局部搜索的强度：每次局部搜索的计算量是多少 局部搜索的频率：每隔多久进行一次局部搜索
局部搜索策略的其他参数	邻域形状、邻域大小、移动步长等

对于一个 MA 来说，局部搜索的选择以及全局搜索与局部搜索的结合方式将直接影响到算法性能的好坏[13-18]。因此，设计一个高性能的 MA 必须考虑以下四方面的问题：(1) 应该选择什么局部搜索策略；(2) 应该在什么时候执行局部搜索；(3) 应该针对哪些个体进行局部搜索，应该采用 Lamarckian 模型还是 Baldwinian 模型；(4) 如何平衡算法的全局搜索能力和局部搜索能力。

基于局部搜索与全局搜索的各种不同的结合方式，目前已经有多种针对 MA 的分类方式被提出。例如 Krasnogor 和 Smith[10] 以执行局部搜索的位置为依据，按照"局部搜索是否引入了历史信息"、"局部搜索是否与选择算子（更新函数）相结合"、"局部搜索是否与交叉算子相结合"以及"局部搜索是否与变异算子相结合"来实现对 MA 的分类。本章依据局部搜索的设置在算法执行过程中是否会被调整，把 MA 划分为静态 MA 和动态 MA 两类。其中，静态 MA 的局部搜索设置在算法执行的整个阶段都是固定不变的，而动态 MA 的局部搜索设置在算法执行的过程中能够不断得到调整。下面两节将先描述静态 MA，并分析执行局部搜索的不同位置以及不同方式所各自具有的特点，然后再介绍动态 MA 的分类以及目前最重要的几种动态 MA。

9.3 静态 Memetic 算法

目前已被提出的 MA 大部分都是静态的[19-35]。这些静态的 MA 一般只采用一种局部搜索策略,局部搜索的执行位置和方式都是预先确定的,并且在整个算法的执行过程中保持不变。其中,局部搜索策略的选择往往与具体问题的特征相关,因此这里主要讨论执行局部搜索的不同位置和方式所具有的特点。

9.3.1 局部搜索的位置

根据 Krasnogor 和 Smith[10] 给出的框架模型(参考图 9.1)可知,在算法的每一次迭代过程中,局部搜索一般可以安排在两个位置执行,即与生成函数相结合或与更新函数相结合。(注意:一些文献中也把局部搜索作用于初始解,以提高初始解的质量,但这一般只作为一种辅助方法。)

1. 与生成函数相结合的局部搜索

在以 GA 作为全局搜索方法的 MA 中,局部搜索与生成函数相结合的典型方式是在 GA 的交叉和变异操作中加入局部搜索。一种简单的形式是在交叉或变异操作之后,利用局部搜索策略进一步改进新生成的解。例如,文献[19]设计了一种用于求解大规模旅行商问题的 MA,对于由交叉操作或变异操作产生的每一个新个体,算法都引入 Lin-Kernighan 启发式方法进行局部搜索。与文献[19]相类似,文献[20]对交叉或变异操作得到的新个体引入禁忌搜索策略作为局部搜索,提出了蜂窝移动网络中切换蜂格的 MA。文献[5]、[21]、[22]则只对交叉和变异操作都执行完毕后得到的新个体进行局部改进。在国内,文献[23]~文献[25]分别提出了求解多约束背包问题、机场停机位分配问题和集装箱配装问题的 MA,这些算法的局部搜索策略都是作用于由交叉和变异操作得到的新个体。

局部搜索与交叉和变异算子结合的另一种形式是根据待解问题的特点修改交叉算子和变异操作,使得交叉和变异操作也具有局部搜索能力。在连续空间的优化问题领域,文献[26]和文献[27]采用了具有局部搜索能力的**单纯型交叉**(simplex crossover)操作替代了原有的单点交叉算子,称这类具有局部搜索能力的特殊交叉算子为**基于交叉的局部搜索**(crossover-based local search)。文献[22]、[28]、[29]则采用了**高斯变异**(Gaussian mutation)或柯西变异(Cauchy mutation)来提高进化算法的局部搜索能力。在离散空间的优化问题领域,文献[30]、[31]引入了**一种边重组交叉**(Edge Assembly Crossover,EAX)算子来提高 GA 解决**旅行商问题**(Traveling Salesman Problem,TSP)时的局部搜索能力。其中,文献[30]迭代地使用边重组交叉策略直到发现更好的解,而文献[31]则进一步引入 2-opt 局部搜索算法改进交叉后得到的解。

除了在交叉和变异算子上添加局部搜索之外,部分学者[32][33]也尝试在 PSO 的速度更新公式与位置更新公式中引入局部搜索策略,以进一步提高 PSO 的收敛速度。

在上述 MA 中,由于局部搜索伴随着生成函数而执行,因此在一般情况下,局部搜索能够作用到每个新生成的个体之上,Krasnogor 和 Smith[10] 称这种方式为细粒度(fine-grain)方式的 MA。这种方式的优点是使得各个新个体都得到了一定程度的局部改进,提高了个体的质量。然而，由于生成函数往往只依赖于某些个体(例如交叉操作一般只基于 2 个个体进行，而变异操作往往只依赖于 1 个个体)，因此局部搜索也只能采用个别个体的信息，而不能利用整个群体的信息。同时，对所有新生成的个体都进行局部搜索也可能造成较大的计算量。为了避免对各个个体都进行局部搜索而带来的庞大计算量，部分算法通过各种方式减少局部搜索的执行次数。例如文献[34]仅对适应值优于阈值的个体进行局部搜索。

2. 与更新函数相结合的局部搜索

部分 MA 也尝试把局部搜索策略与更新函数(GA 的选择算子)相结合。也就是说，在通过生成函数产生了后代 O^k 后，算法把局部搜索策略引入到从 P^k 和 O^k 所构成的群体中筛选出新一代种群的过程中。例如，Tu 和 Lu[35]在 GA 中引入了一种局部选择(local selection)策略，该策略对每一个染色体所表示的区域按照正态分布进行随机取样，并根据取样结果调整区域的属性。

Krasnogor 和 Smith[10]称这种局部搜索与更新函数相结合的方式为粗粒度的(coarse-grain)方式的 MA。在这种方式下，局部搜索可以作用到由 P^k 和 O^k 构成的整个群体之上。这样，一方面，局部搜索操作能够利用整个群体的全局信息来指导搜索，能有效地提高局部搜索的针对性；另一方面，未必所有新个体都能得到局部改进，有时只有适应值较高的个体能够得到进一步的局部改进。

9.3.2 Lamarckian 模式和 Baldwinian 模式

在进化算法中引入局部搜索的主要模式包括 **Lamarckian 模式**(可译作拉马克式)和 **Baldwinian 模式**。Lamarckian 模式指的是"后天获取的特性也可以遗传"，也就是说，在采用局部搜索策略改进了某个个体之后，改进了的个体将(代替原有个体)参与全局搜索方法的进化操作。相反地，在 Baldwinian 模式中，被局部搜索策略改进了的个体不会代替原有个体参与进化操作，交叉、变异等进化算子仍然只作用于未被局部搜索改进的个体上。

目前，绝大部分的 MA 都采用了 Lamarckian 模式的局部搜索。事实上，Lamarckian 模式的局部搜索能够把由局部搜索改进得到的更优个体引入进化过程，文献[10]、[36]等的实验结果也证明了在一般情况下，Lamarckian 模式比 Baldwinian 模式具有更高的性能。然而，Krasnogor 和 Smith[10]也指出，如果不断执行 Lamarckian 模式局部搜索直至某些个体落入局部最优，可能会减少算法的搜索多样性，导致算法陷于停滞，这时需要采用局部搜索与更新函数相结合的粗粒度方式，根据整个群体的分布状态来确定局部搜索策略。

9.4 动态 Memetic 算法

9.4.1 动态 MA 的简介与分类

在静态 MA 中，如表 9.1 所示的所有局部搜索设置都要在算法执行前预先确定，这往往需要依赖于算法设计者的先验知识。事实上，目前对局部搜索策略的选择、局部搜索的位置、局部搜索的强度和频率等设定还没有统一的规范和指引,算法设计者需要开展大量实验来发现适用于待解问题的局部搜索设定方式,这削弱了 MA 的健壮性,限制了 MA 在实际生产中的各种问题上的进一步应用。为了进一步提高 MA 的普适性与健壮性,一些学者[12-17][37][38]提出了在算法执行过程中自动调节局部搜索设置的策略,能够自动调节局部搜索设置的 MA 就属于动态 MA。

由于局部搜索策略的选择是 MA 中最核心的局部搜索设置,因此,许多动态 MA 都采用了多种局部搜索策略,即属于 multimeme 的 MA[14][15][37][38]。动态多局部搜索的动态 MA 的流程图如图 9.2 所示。在执行局部搜索前,这类多局部搜索策略的动态 MA 将先从局部搜索策略池 $L=(L_1,L_2,\cdots,L_m)$ 中按照某些规则自适应地选择出一种局部搜索策略,并采用该局部搜索策略对个体进行局部改进。除此以外,一些动态 MA 也考虑了对邻域半径、移动步长等局部搜索参数的自适应调节[13]。

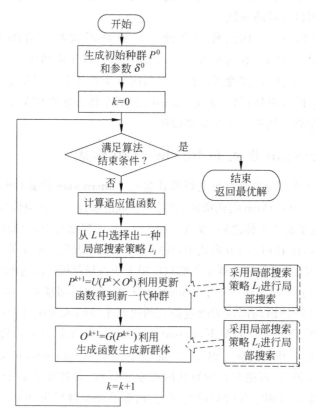

图 9.2 动态多局部搜索的 MA 的流程图

现有的动态 MA 主要包括 Ong 和 Keane[37]提出的带 Meta-Lamarckian 学习机制的 MA,Cowling 等[38]提出的超启发式(hyperheuristic)MA,以及 Smith 等[13][17]提出的协同进化(coevolving)MA。针对已有的各种动态 MA 算法,Ong 等[12]提出了一种分类方案。该分类方案按照动态调整的类型把动态 MA 划分为静态、适应和自适应三类:

(1) 静态型(static):算法并没有采用任何在执行过程中在线获得的反馈信息来调节

局部搜索设置,而只采用了预先定义好的规则来调整局部搜索设置。在这种情况下,对局部搜索设置的调整规则往往也只能依靠算法设计者的先验知识来设定。因此,这种类型的动态 MA 实质上已经退化为静态的 MA。

(2) 适应型(adaptive):算法利用了在执行过程中在线获得的反馈信息来调节局部搜索设置,其中又可以划分为定性(qualitative)调节和定量(quantitative)调节两种。

(3) 自适应型(self-adaptive):算法把局部搜索设置的相关信息也编码到个体中,伴随着算法的执行,局部搜索设置也将不断得到进化。因此,自适应的动态 MA 有时也被称为协同进化的 MA。

按照动态调整的自适应层次,也可以把动态 MA 划分为外部、局部和全局三类:

(1) 外部型(external):算法只采用了外部的先验知识来调整局部搜索设置,而没有采用算法执行过程在线获得的反馈信息。外部的 MA 一般都属于静态 MA。

(2) 局部型(local):算法仅仅采用了局部搜索过程中获取的部分反馈信息来调整局部搜索设置。

(3) 全局型(global):算法采用了搜索过程中的全部反馈信息来调整局部搜索设置。

接下来,本节将重点介绍带 Meta-Lamarckian 学习机制的 MA、超启发式 MA 和协同进化 MA 这三种主要的动态 MA 算法,并按照上述分类方式对这些动态 MA 进行分类。

9.4.2 Meta-Lamarckian 学习型 MA

在文献[37]中,Ong 和 Keane 提出了 **Meta-Lamarckian 学习**的概念。如果一个 MA 在每次执行局部搜索之前,都先从局部搜索策略池中选择出一种局部搜索方法,并采用 Lamarckian 方式执行该局部搜索,则称这种 MA 为带 Meta-Lamarckian 学习的 MA。Ong 和 Keane[37]设计了三种带 Meta-Lamarckian 学习的 MA:基本 Meta-Lamarckian 学习方案、子问题分解的启发式搜索方案以及带偏向性轮盘赌的随机搜索方案。

1. 基本 Meta-Lamarckian 学习方案

基本 Meta-Lamarckian 学习方案采用了一种简单的随机游走方案来选择局部搜索策略。在这种方案下,算法每次执行局部搜索之前都从局部搜索策略池中随机地选择一种局部搜索方法。显然,这种方案并没有借鉴任何在搜索过程中在线得到的反馈信息,因此属于静态、外部型的 MA。

2. 子问题分解的启发式搜索方案

子问题分解的启发式搜索方案的 Meta-Lamarckian 学习方式如图 9.3(a)所示。在 MA 的最初前 g 次迭代中(g 是一个预先设定的参数),算法仍然采用随机游走的方式来选择局部搜索策略。随后,算法在每次执行局部搜索之前,首先从局部搜索初始点的邻域中寻找 k 个曾经搜索过的点(例如,可以选择离局部搜索初始点的欧几里德距离最近的 k 个曾经搜索过的点),统计在这 k 个点上曾经使用过的局部搜索策略所对应的适应值。最后,算法将采用在该邻域内具有最大平均适应值的局部搜索策略。

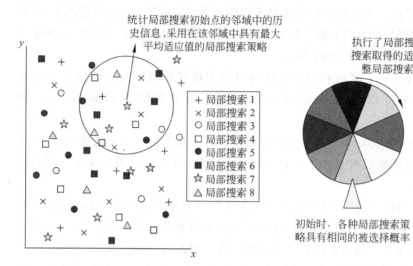

(a) 子问题分解的启发式搜索方案　　　　　　(b) 带偏向性轮盘赌的随机搜索方案

图 9.3　两种在线调节局部搜索策略的 Meta-Lamarckian 学习机制[37]

这种策略借鉴了历史信息来在线调节局部搜索设置,因此属于适应型的动态 MA。另一方面,这种策略只采用了邻域内的历史信息,而不是采用全局历史信息,因此属于局部型的动态 MA。

3. 带偏向性轮盘赌的随机搜索方案

带偏向性轮盘赌的随机搜索方案的 Meta-Lamarckian 学习方式如图 9.3(b)所示。这种 MA 采用了轮盘赌机制来选择局部搜索策略。在算法开始时,各种局部搜索策略被选择的概率是相同的。算法首先按照随机给定的次序把每一种局部搜索策略都执行一次,并根据各种局部搜索策略所带来的适应值改进幅度来调节局部搜索被选择的概率。随后,算法在每次执行局部搜索之前都采用轮盘赌方式选择一种局部搜索策略,并在局部搜索执行完毕后更新该局部搜索策略被选择的概率。文献[8]也采用了类似的机制来选择局部搜索策略。

与子问题分解的启发式搜索方案类似,带偏向性轮盘赌的随机搜索方案也属于适应型的动态 MA。由于带偏向性轮盘赌的随机搜索方案采用了全局的历史信息而非局部信息,因此它还属于全局型的动态 MA。

9.4.3　超启发式 MA

传统的 MA 往往利用了与待解问题或搜索区域相关的启发式方法(heuristic)来进行局部搜索。由于这些启发式问题是相关的,为了提高算法的健壮性,Cowling 等[38]提出了**超启发式**(hyperheuristic)的概念,利用与问题无关的"超启发式"自动地选择合适的启发式来进行局部搜索。Cowling 等把"超启发式"分为三类,即随机超启发式、贪心超启发式和基于选择函数的超启发式。

1. 随机超启发式[14][38]

随机超启发式包括 Simplerandom、Randomdescent 和 Randompermdescent 三种。

Simplerandom 方式与基本 Meta-Lamarckian 学习方案相类似，该方式完全随机地选择局部搜索策略，并且各种局部搜索策略的被选择概率保持不变。因此，Simplerandom 属于静态、外部型的 MA。Randomdescent 方式初始时也完全随机地选择局部搜索策略，当选择了一种局部搜索策略后，Randomdescent 将一直采用该局部搜索策略，直到该局部搜索不能取得适应值更好的改进解为止。Randompermdescent 方式与 Randomdescent 方式类似，只是初始化时并不是随机地选择局部搜索策略，而是先随机地生成一个局部搜索策略序列，按照该序列给定的顺序来选择局部搜索。Randomdescent 和 Randompermdescent 都属于适应、局部型的 MA。

2. 贪心超启发式[14][38]

贪心超启发式把所有的局部搜索策略都作用到局部搜索的初始点上，然后选择能够获取最大改进幅度的局部搜索策略。显然，这种方式将导致巨大的计算量。贪心超启发式也是属于适应、局部型的 MA。

3. 基于选择函数的超启发式[14][16][38]

在基于选择函数的超启发式的 MA 中，每次选择局部搜索策略前，算法都计算每种局部搜索策略的选择函数 F。F 由三个部分构成，包括该局部搜索策略最近取得的改进幅度，该局部搜索策略与其他局部搜索策略连续应用时能够取得的改进幅度，以及距离上一次使用该局部搜索策略的时间长短。在评价了各种局部搜索策略的选择函数后，算法将直接选择具有最大选择函数值的局部搜索策略（称为 Straightchoice），或者采用选择函数值最高的若干个局部搜索策略（称为 Rankchoice），或者按照轮盘赌方式选择局部搜索策略（称为 Roulettechoice）。基于选择函数的超启发式属于适应、全局型的 MA。

9.4.4 协同进化 MA

在人类的进化历史中，生物进化与文化进化相互联系，相互影响，是一个协同进化的过程。受此启发，在文献[13]、[17]、[39]、[40]中，不仅候选解被编码到个体的基因中，局部搜索的相关设置也被编码到个体的文化基因（meme）中，基因与文化基因一起在算法执行过程中协同进化，这种类型的 MA 就称为**协同进化**（coevolving）的 MA。Krasnogor 和 Gustafson[39][40]也把这类算法称为自生的（self-generating）的 MA。

协同进化 MA 的流程图如图 9.4 所示。算法首先需要把各种局部搜索设置（包括局部搜索策略、局部搜索的执行方式以及局部搜索深度、频率、邻域大小等各种参数）编码成文化基因。这样，每个个体不仅具有代表候选解的基因，还具有代表局部搜索设置的文化基因。在每次迭代中，算法不仅通过选择、交叉和变异算子来进化各个个体的基因，还利用这些进化操作来进化各个个体的文化基因。最后，每个个体都按照它的文化基因所代表的局部搜索方式对其基因进行局部改进（注意，图 9.4 中的流程图参考了文献[13]给出了 3 种不同的选择方式，即直接保留上一代的文化基因、根据文化基因的适应值采用轮盘赌方式选择文化基因，或随机地选择文化基因）。

除了上述提到的动态 MA 外，文献[41]～文献[43]也分别提出了不同的动态 MA 算

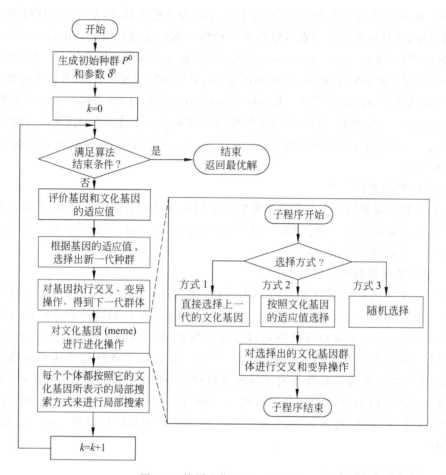

图 9.4 协同进化 MA 的流程图

法。按照 9.4.1 节介绍的分类方式[12], 上述动态 MA 的分类如表 9.2 所示。

表 9.2 动态 MA 的分类

类型	静态(static)	适应(adaptive)	自适应(self-adaptive)
外部 (external)	基本 Meta-Lamarckian 学习[37], Simplerandom[14], 多局部搜索(multi-local-search)MA[43]		
局部 (local)		子问题分解的启发式搜索[37], 贪心超启发式[14], Randomdescent[14], Randompermdescent[14],	协同进化 MA[13][17] (或自生 MA[39][40]), 自适应 MA[42]
全局 (global)		带偏向性轮盘赌的随机搜索[37], 基于 PSO 的 MA[8], 基于选择函数的超启发式[14][16][38], 快速适应 MA (fast adaptive MA)[41]	

9.5 Memetic算法的理论与应用研究展望

1. MA的理论研究进展

在Memetic算法的理论研究领域，为了系统地分析现有的MA，Krasnogor和Smith[10]提出了一种语法框架来描述MA。该语法框架的九种基本要素已经在9.2节中给出。根据该语法框架，任意一种MA都可以由这些基本要素以及相关的语法关系表示出来，并可以实现对MA的分类。该语法框架为分析各种MA的特性提供了依据。

针对动态的MA，Ong等[12]以传统遗传算法的收敛性为基础，利用马尔可夫链理论进一步证明了外部、局部和全局三类适应型的动态MA的收敛特性，并结合实验分析，发现全局、适应型的动态MA往往能够取得较好的性能。

除了上述理论分析以外，Ong等[12]指出目前对MA的搜索行为、性能和收敛性的相关理论分析还基本处于空白状态。从理论上更深入地分析MA的搜索机制，将有助于提出更高效的MA，是MA领域的一个重要研究分支。

2. MA的应用研究进展

MA能够把进化算法和局部搜索算法的全局与局部搜索能力结合起来，在解决复杂、大规模问题时具有明显的优势。MA目前已经广泛地应用于连续空间和离散空间领域的各类优化问题之中，具有广阔的应用前景。例如，在连续空间的优化问题领域，文献[28]、[29]、[35]、[37]等提出的MA在求解连续函数优化问题时取得了良好的性能；在离散空间的优化问题领域，MA已经分别在旅行商[19][30][31]、二次分配（quadratic assignment problem）[9]、多约束背包[23]和流车间调度（flowshop scheduling problem）等组合优化问题上成功应用，其中文献[19]还在含有百万个以上城市的TSP实例中发现了比已知最优解更短的路径。除此以外，MA成功地应用在蛋白质结构预测[15]、蜂窝移动网络的蜂格切换[20]、机场停机位分配[24]、集装箱配装[25]、超大规模集成电路布线[34]、永磁同步电动机控制[41]、癌症的化疗方案设计[44]和波分多路复用（wavelength division multiplexing）网络中的共享通道保护算法设计[45]等实际优化问题之中。

如何进一步拓展MA的应用领域，在更多实际应用中发挥MA的特有优势，一直是MA领域的研究热点。

3. MA的发展趋势

由于MA在局部搜索与全局搜索相结合的过程中存在着大量的选择方案和参数设置，如何避免对人为先验知识的依赖，增强算法的普适性和鲁棒性，并尝试把MA应用到更复杂的问题之中，是目前MA发展的主要趋势。近年来出现的较具影响力的MA发展方向包括以下几项。

（1）自适应和协同进化的MA

在9.4.4节已经提到，通过把局部搜索设置也编码到文化基因（meme）中，协同进化MA可以实现对代表候选解的基因和代表局部搜索设置的文化基因的共同进化，从而避免了对局部搜索方式的人为设定，增强了MA的健壮性。如何从理论上分析协同进化MA的搜索行为和收敛特性，从算法设计的角度完善协同进化的方式，仍然有待进一步的探索[17]。

(2) 多目标 MA

求解多目标优化问题的 MA 近年来已经逐渐成为 MA 领域的研究热点之一。文献[18]、[46]、[47]提出的多目标 MA 算法,已经初步取得了较好的性能。多目标优化问题要求算法能够发现问题的帕累托前沿解集,而非单个最优解。因此,多目标优化往往要求算法能够保持足够的搜索多样性,这进一步增大了维持 MA 中局部搜索与全局搜索的平衡的难度[18]。如何维持局部搜索和全局搜索的平衡,如何设计适用于多目标优化的自适应方案,都将是多目标 MA 研究领域值得关注的问题。

(3) 基于智能体(agent-based)的 MA

多智能体系统(multi-agent system)是指由多个相互影响的智能体所构成的系统,各个智能体分别具有自治、局部认知、全局认知等特性。利用多智能体系统和元启发式(meta-heuristic)算法之间的相似性,Milano 和 Roli[48]提出了元启发式算法的多智能体体系结构。GA、ACO、PSO 以及 MA 都属于典型的元启发式算法。因此,通过把群体看成是多个智能体的集合,把多智能体系统的特性引入 MA,Ullah 等[49]提出了基于智能体的 MA,并发现多智能体的特性将有助于进一步提高 MA 的性能。基于智能体的 MA 目前还是一个刚刚起步的研究领域,2009 年的 IEEE 进化计算国际会议(CEC2009)将有一个独立的专题探讨基于智能体的 MA。

9.6 本章习题

1. 请指出 Memetic 算法的基本思想来源。

2. Memetic 算法与遗传算法、蚁群优化、粒子群优化等基于群体的计算智能方法相比,最根本的区别是什么?这些区别将带来什么好处?

3. 什么是静态的 Memetic 算法?什么是动态的 Memetic 算法?两者的区别是什么?与静态的 Memetic 算法相比,动态的 Memetic 算法有什么优势?

4. 试述 Meta-Lamarckian 学习型 Memetic 算法、超启发式 Memetic 算法和协同进化 Memetic 算法。它们分别属于哪一类型的 Memetic 算法?

5. 试述 Memetic 算法的发展趋势和应用前景。

6. 2-opt 是在求解 TSP 问题时一个常用的局部搜索策略。通过查阅相关的参考文献,了解该局部搜索策略,并上机编写完整的程序,实现以下的两个算法:

(1) Lamarckian 模式的蚁群算法与 2-opt 局部搜索方法相结合的求解 TSP 的 Memetic 算法;

(2) Baldwinian 模式的蚁群算法与 2-opt 局部搜索方法相结合的求解 TSP 的 Memetic 算法。

在实现过程中,Lamarckian 模式和 Baldwinian 模式的区别是什么?观察上述两个算法的上机实验结果,在一般情况下,哪个算法的性能更优?为什么?

本章参考文献

[1] D Wolpert, W Macready. No free lunch theorems for optimization. IEEE Transactions On Evolutionary Computation, 1997, 1(1): 67-82.

[2] P Moscato. On evolution, search, optimization, GAs and martial arts: toward memetic algorithms. California Inst. Technol. Technical Report Caltech Concurrent Comput. Prog. Rep. 826, 1989.

[3] R Dawkins. The Selfish Gene. New York: Oxford Univ Press, 1976.

[4] 刘漫丹. 文化基因算法(Memetic Algorithm)研究进展. 自动化技术与应用, 2007, 26(11): 1-4.

[5] I S Oh, J S Lee, B R Moon. Hybrid genetic algorithms for feature selection. IEEE Transactions On Pattern Analysis and Machine Intelligence, 2004, 26(11): 1424-1437.

[6] Macro Dorigo, L M Gambardella. Ant colony system: A cooperative learning approach to TSP. IEEE Trans. on Evolutionary Computation, 1997(1): 53-66.

[7] J Kennedy, R C Eberhart. Particle swarm optimization. in Proceedings of IEEE International Conference on Neural Networks, 1995: 1942-1948.

[8] B Liu, L Wang, Y H Jin. An effective PSO-based memetic algorithm for flow shop scheduling. IEEE Transactions on Systems, Man, and Cybernetics-Part B: Cybernetics, 2007, 37(1): 18-27.

[9] P Merz, B Freisleben. Fitness landscape analysis and memetic algorithms for the quadratic assignment problem. IEEE Trans. on Evolutionary Computation, 2000, 4(4) 337-352.

[10] N Krasnogor, J Smith. A tutorial for competent memetic algorithms: model, taxonomy, and design issues. IEEE Trans. on Evolutionary Computation, 2006, 10(5): 474-488.

[11] Q H Nguyen, Y S Ong, N Krasnogor. A study on the design issues of memetic algorithm. Proceedings of the 2007 IEEE Congress on Evolutionary Computation (CEC2007), 2007.

[12] Y S Ong, M H Lim, N Zhu, et al. Classification of adaptive memetic algorithm: a comparative study. IEEE Trans. on Systems, Man, and Cybernetics-Part B: Cybernetics, 2006, 36(1): 141-152.

[13] J E Smith. Coevolving memetic algorithms: a review and progress report. IEEE Transactions on Systems, Man, and Cybernetics-Part B: Cybernetics, 2007, 37(1): 6-17.

[14] G Kendall, P Cowling, E Soubeiga. Choice function and random hyperheuristics. Proc. 4th Asia-Pacific Conference on Simulated Evolution and Learning, 2002: 667-671.

[15] N Krasnogor, B Blackburne, J D Hirst et al. Multimeme algorithms for the structure prediction and structure comparison of proteins. Parallel Problem Solving From Nature, Lecture Notes in Computer Science, 2002.

[16] E K Burke, G Kendall, E Soubeiga. A tabu search hyperheuristic for timetabling and rostering, 2003, 9(6).

[17] J E Smith. Co-evolving memetic algorithms: A learning approach to robust scalable optimization. Proc IEEE Congr. Evolutionary Computation. New Jersey: IEEE Press, 2003(1): 498-505.

[18] H Ishibuchi, T Yoshida, T Murata. Balance between genetic search and local search in memetic algorithms for multiobjective permutation flowshop scheduling. IEEE Trans. on Evolutionary Computation, 2003(7): 204-223.

[19] H D Nguyen, I Yoshihara, K Yamamori, et al. Implementation of an effective hybrid GA for

large-scale traveling salesman problems. IEEE Trans. on Systems, Man, and Cybernetics-Part B: Cybernetics, 2007, 37(1): 92-99.

[20] A Quintero, S Pierre. A memetic algorithm for assigning cells to switches in cellular mobile networks. IEEE Communications Letters, 2002, 6(11): 484-486.

[21] E K Burke, A J Smith. Hybrid evolutionary techniques for the maintenance scheduling problem. IEEE Trans. on Power Systems, 2000, 15(1): 122-128.

[22] W Sheng, G Howells, M Fairhurst, et al. A memetic fingerprint matching algorithm. Information Forensics and Security, 2007, 2(3): 402-412.

[23] 刘漫丹. 文化基因算法在多约束背包问题中的应用. 计算技术与自动化, 2007, 26(4): 61-67.

[24] 徐肖豪, 张鹏, 黄俊祥. 基于Memetic算法的机场停机位分配问题研究. 交通运输工程与信息学报, 2007, 5(4): 10-17.

[25] 李青, 钟铭, 李振福, 等. 用于集装箱配装问题的Memetic算法. 辽宁工程技术大学学报, 2006, 25(3): 450-452.

[26] N Noman, H Iba. Accelerating differential evolution using an adaptive local search. IEEE Trans. on Evolutionary Computation, 2008, 12(1): 107-125.

[27] S Tsutsui, M Yamamura, T Higuchi. Multi-parent recombination with simplex crossover in real coded genetic algorithms. Proc. Genetic Evol. Comput. Conf. (GECCO'99), 1999: 657-664.

[28] X Yao, Y Liu. Evolutionary programming made faster. IEEE Trans. on Evolutionary Computation, 1999, 3(2): 82-102.

[29] K Chellapilla. Combining mutation operators in evolutionary programming. IEEE Trans. on Evolutionary Computation, 1998, 2(3): 91-96.

[30] Y Nagata, S Kobayashi. Edge assembly crossover: A high-power genetic algorithm for the traveling salesman problem. in Proc. 7th Int. Conf. Genetic Algorithms, T. Back, Ed., 1997: 450-457.

[31] J Watson, C Ross, V Eisele, et al. The traveling salesman problem, edge assembly crossover, and 2-opt. in Lecture Notes in Computer Science, Proc. Parallel Problem Solving From Nature-PPSN-V, 1998: 823-832.

[32] K J Binkley, M Hagiwara. Particle swarm optimization with area of influence: increasing the effectiveness of the swarm. in Proceedings of the IEEE Swarm Intelligence Symposium 2005 (SIS2005), 2005.

[33] S Das, et al. Adding local search to particle swarm optimization. in Proceedings of the 2006 IEEE Congress on Evolutionary Computation (CEC2006), 2006.

[34] M Tang, X Yao. A memetic algorithm for VLSI floorplanning. IEEE Trans. on Systems, Man, and Cybernetics-Part B: Cybernetics, 2007, 37(1): 62-69.

[35] Z G Tu, Y Lu. A robust stochastic genetic algorithm (StGA) for global numerical optimization. IEEE Trans. on Evolutionary Computation, 2004, 8(5): 456-470.

[36] M Dorigo, T Stützle. Ant colony optimization, MIT Press, 2004.

[37] Y S Ong, A J Keane. Meta-Lamarckian learning in memetic algorithms. IEEE Trans. on Evolutionary Computation, 2004, 8(2): 99-110.

[38] P Cowling, G Kendall, E Soubeiga. A hyperheuristic approach to scheduling a sales summit. Springer Lecture Notes in Computer Science, 2000: 176-190.

[39] N Krasnogor. Self-generating metaheuristics in bioinformatics: The protein structure comparison

case. Genetic Program. Evolvable Mach., 2004,5(6): 181-201.

[40] N Krasnogor, S Gustafson. A study on the use of self-generation in memetic algorithms. Nat. Comput., 2004,3(1): 53-76.

[41] A Caponio, G L Cascella, F Neri, et al. A fast adaptive memetic algorithm for online and offline control design of PMSM drivers. IEEE Trans. on Systems, Man, and Cybernetics-Part B: Cybernetics, 2007,37(1). 28-41.

[42] N Shahidi, H Esmaeilzadeh, M Abdollahi, et al. Self-adaptive memetic algorithm: an adaptive conjugate gradient approach. Proceedings of the 2004 IEEE Conference on Cybernetics and Intelligence Systems, 2004.

[43] P Zou, Z Zhou, G Chen, et al. A novel memetic algorithm with random multi-local-search: a case study of TSP. in Proceedings of the 2004 IEEE Congress on Evolutionary Computation (CEC2004),2004.

[44] S M Tse, Y Liang, K S. Leung, et al. A memetic algorithm for multiple-drug cancer chemotherapy schedule optimization. IEEE Trans. on Systems, Man, and Cybernetics-Part B: Cybernetics, 2007,37(1)84-91.

[45] Q Zhang, J Sun, E Tsang. Evolutionary algorithms refining a heuristic: a hybrid method for shared-path protections in WDM networks under SRLG constraints. IEEE Trans. on Systems, Man, and Cybernetics-Part B: Cybernetics, 2007, 37(1)51-61.

[46] D Liu, K C Tan, C K Goh, et al. A multiobjective memetic algorithm based on particle swarm optimization. IEEE Trans. on Systems, Man, and Cybernetics-Part B: Cybernetics, 2007, 37(1): 42-50.

[47] H Ishibuchi, Y Hitotsuyanagi, Y Nojima. An empirical study on the specification of the local search application probability in multiobjective memetic algorithms. Proceedings of the 2007 IEEE Congress on Evolutionary Computation (CEC2007),2007.

[48] M Milano, A Roli. MAGMA: A multiagent architecture for metaheuristics. IEEE Trans. on Systems, Man, and Cybernetics-Part B: Cybernetics, 2004, 33(2): 925-941.

[49] A S S M B Ullah, R Sarker, D. Comforth, et al. An agent-based memetic algorithm (AMA) for solving constrained optimization problems. Proceedings of the 2007 IEEE Congress on Evolutionary Computation (CEC2007),2007.

普通高校本科计算机专业 特色 教材精选

第10章　模拟退火与禁忌搜索

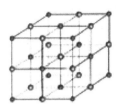

在物理学实验中,对固体进行加热,让其在高温状态下熔解。

在高温状态下,固体内部的粒子以相同的概率处于任何一种状态。缓慢退火,让物体徐徐冷却,最终稳定在一个最优的状态。

固体在高温状态下通过退火冷却到低温状态,最终稳定在一个最佳状态,这本身是一个优化的过程。我们能否借鉴固体物理退火的过程,设计一种最优化算法呢?

模拟退火(Simulated Annealing,SA)算法就是从物理退火过程得到启发,从而设计出来的最优化方法。

模仿人类的记忆能力,计算机科学家设计了禁忌搜索(Tabu Search,TS)算法。

人在日常活动中,总是会对曾经做过的事情有所记忆。这种记忆特性能避免重复做一些错误的事情。例如在一个三岔路口,左边的路已经走过并且确定不能到达目的地,那么在这次选择中就会避免重复走这条错误的路线。

在前面的章节中，通过对神经网络、模糊逻辑和进化计算这三个计算智能中的主要研究领域进行学习，相信读者已经对计算智能方法有了比较深入的认识和理解。在本章中，我们将介绍另外两种算法，分别是模拟退火算法和禁忌搜索算法。这两种算法也是属于计算智能的分支，但是它们和进化计算中的算法有个明显的不同之处在于，进化计算是基于群体搜索的，但是模拟退火算法和禁忌搜索算法都是属于单点搜索算法，鉴于此，我们将在本章对这两种算法进行介绍。

和前面介绍的算法类似，我们将从算法的思想、基本流程对算法进行一个简要的介绍，然后通过一个例子对算法的使用进行说明。本章的主要内容包括：

- 模拟退火算法
  - 算法思想
  - 基本流程
  - 应用举例
- 禁忌搜索算法
  - 算法思想
  - 基本流程
  - 应用举例

10.1 模拟退火算法

10.1.1 算法思想

模拟退火（Simulated Annealing，SA）算法的基本思想，早在1953年就已经由Metropolis提出[1]。不过直到1983年，Kirkpatrick等人才真正成功地将模拟退火算法应用到求解组合优化问题上[2]，模拟退火算法才逐渐为人们所接受，并且成为一种有效的优化算法，在很多工程和科学领域得到广泛的应用[3-6]。

模拟退火算法的思想来源于物理退火原理，如图10.1所示。在热力学和统计物理学的研究中，物理退火过程是首先将固体加温至温度充分高，再让其徐徐冷却。加温时，固体内部粒子随着温度的升高而变为无序状态，内能增大，而徐徐冷却时粒子渐趋有序，如果降温速度足够慢，那么在每个温度下，粒子都可以达到一个平衡态，最后在常温时达到

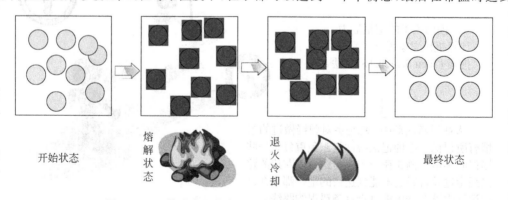

图 10.1 固体从高温状态退火冷却到低温状态过程示意图

基态,内能减为最小。另一方面,粒子在某个温度 T 时,固体所处的状态具有一定的随机性,而这些状态之间的转换能否实现由 **Metropolis 准则** 决定。

Metropolis 准则 定义了物体在某一温度 T 下从状态 i 转移到状态 j 的概率 P_{ij}^T,如公式(10.1)所示。

$$P_{ij}^T = \begin{cases} 1, & E(j) \leqslant E(i) \\ e^{-(\frac{E(j)-E(i)}{KT})} = e^{-(\frac{\Delta E}{KT})}, & \text{其他} \end{cases} \tag{10.1}$$

其中 e 为自然对数,$E(i)$ 和 $E(j)$ 分别表示固体在状态 i 和 j 下的内能,$\Delta E = E(j) - E(i)$,表示内能的增量,K 是波尔兹曼(Boltzmann)常数。

从 Metropolis 准则可以看到,在某个温度 T 下,系统处于某种状态,由于粒子的运动,系统的状态会发生变化,并且导致系统能量的变化。如果变化是朝着减少系统能量的方向进行的,那么就接受该变化,否则以一定的概率接受这种变化。另一方面,从 P_{ij}^T 的公式可以看到,在同一温度下,导致能量增加的增加量 $\Delta E = E(j) - E(i)$ 越大,接受的概率越小;而且随着温度 T 的降低,接受系统能量增大的变化的概率将会越小,图 10.2 表示的是当 K 取 1,T 分别取 3 和 2 的时候,$P(T)$ 随 ΔE 的变化而变化的曲线。由图 10.2 可见,随着温度的降低,能量增加的状态将变得更难被接受。当温度趋于 0 时,系统接受其他使得能量增加的状态的概率趋于 0,所以系统最终将以概率 1 处于一个具有最小能量的状态。

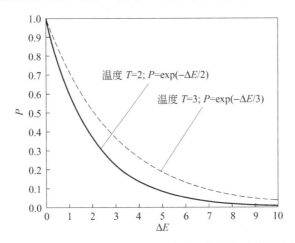

图 10.2 温度分别为 3 和 2 时 Metropolis 接受概率与能量增量的关系示意图

模拟退火算法在优化问题的时候,采用的就是类似于物理退火让固体内部粒子收敛到一个能量最低状态的过程,实现算法最终收敛到最优解的目的。表 10.1 给出了模拟退火算法和物理退火过程相关概念的类比关系。

算法首先会生成问题解空间上的一个随机解,然后对其进行扰动,模拟固体内部粒子在一定温度下的状态转移。算法对扰动后得到的解进行评估,将其与当前解进行比较并且根据 Metropolis 准则进行替换。算法会在同一温度下进行多次扰动,以模拟固体内部的多种能量状态。另外,模拟退火算法还通过自身参数的变化来模仿温度下降的过程。算法参数 T 代表温度,每一代逐渐变小。在每一代中,算法根据当前温度下的 Metropolis 转移准则对解进行扰动。这样的操作在不同的温度下不断地重复,直到温度降低到某个指定的值。这时候得到的解将作为最终解,相当于固体的能量最低状态。

表 10.1 物理退火过程和模拟退火算法的基本概念对照表

物理退火过程	模拟退火算法
物体内部的状态	问题的解空间（所有可行解）
状态的能量	解的质量（适应度函数值）
温度	控制参数
熔解过程	设定初始温度
退火冷却过程	控制参数的修改（温度参数的下降）
状态的转移	解在邻域中的变化
能量最低状态	最优解

10.1.2 基本流程

模拟退火算法在求解最优化问题的时候,算法的基本流程图和伪代码如图 10.3 所示。

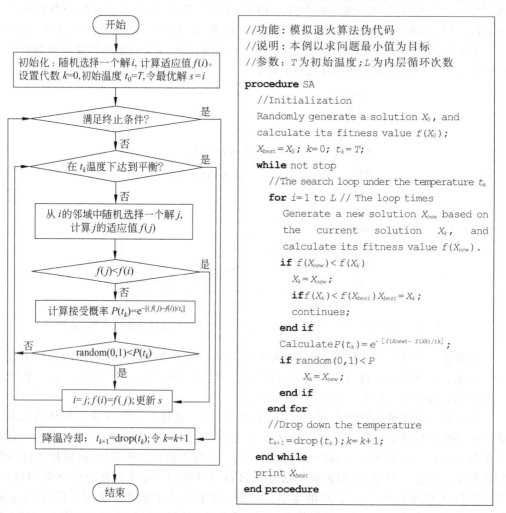

图 10.3 模拟退火算法的流程图和伪代码

图 10.3 给出的是模拟退火算法的基本框架,针对具体问题时还需要具体的设计。从流程图中可以看到模拟退火具有两层循环,内循环模拟的是在给定的温度下系统达到热平衡的过程。在该循环中,每次都从当前解 i 的邻域中随机找出一个新解 j,然后按照 Metropolis 准则概率地接受新解。算法中的 random(0,1) 是指在区间 [0,1] 上按均匀分布产生一个随机数,而所谓的内层达到热平衡也是一个笼统的说法,可以定义为循环一定的代数,或者基于接受率定义平衡等。算法的外层循环是一个降温的过程,当在一个温度下达到平衡后,开始外层的降温,然后在新的温度下重新开始内循环。降温的方法可以根据具体问题具体设计,而且算法流程图中给出的初始温度 T 也需要算法的使用者根据具体的问题而制定。

从图 10.3 给出的流程图和伪代码可以看到,模拟退火算法在求解最优化问题的时候,涉及以下几个方面的基本要素。

1. 初始温度

初始温度 t_0 的设置是影响模拟退火算法全局搜索性能的重要因素之一[7]。实验表明,初温越大,获得高质量解的几率越大,但花费的计算时间将越多。因此,初温的确定应折衷考虑优化质量和优化效率,常用方法包括以下几种。

- 均匀抽样一组状态,以各状态目标值的方差为初温;
- 随机产生一组状态,确定两两状态间的最大目标值差 $|\Delta \max|$,然后依据差值,利用一定的函数确定初温。例如,$t_0 = -\Delta \max / p_r$,其中 p_r 为初始接受概率;
- 利用经验公式给出初始温度。

2. 邻域函数

邻域函数(状态产生函数)应尽可能保证产生的候选解遍布全部解空间,通常由两部分组成,即产生候选解的方式和候选解产生的概率分布。候选解一般采用按照某一概率密度函数对解空间进行随机采样来获得。概率分布可以是均匀分布、正态分布、指数分布等。

3. 接受概率

指从一个状态 X_k(一个可行解)向另一个状态 X_{new}(另一个可行解)的转移概率,通俗的理解是接受一个新解为当前解的概率。它与当前的温度参数 t_k 有关,随温度下降而减小。一般采用 Metropolis 准则,如前面的公式(10.1)所示。

4. 冷却控制

指从某一较高温状态 t_0 向较低温状态冷却时的降温管理表,或者说降温方式。假设时刻 k 的温度用 t_k 来表示,则经典模拟退火算法的降温方式为[8][9]:

$$t_k = \frac{t_0}{\lg(1+k)} \tag{10.2}$$

而快速模拟退火算法的降温方式为[10]:

$$t_k = \frac{t_0}{1+k} \tag{10.3}$$

这两种方式都能够使得模拟退火算法收敛于全局最小点。

5. 内层平衡

内层平衡也称 Metropolis 抽样稳定准则,用于决定在各温度下产生候选解的数目。

常用的抽样稳定准则包括以下几项。
- 检验目标函数的均值是否稳定；
- 连续若干步的目标值变化较小；
- 预先设定的抽样数目，内循环代数。

6. 终止条件

算法终止准则，常用的包括以下几项。
- 设置终止温度的阈值；
- 设置外循环迭代次数；
- 算法搜索到的最优值连续若干步保持不变；
- 检验系统熵是否稳定。

这些基本要素的意义和设定方法如图 10.4 所示。

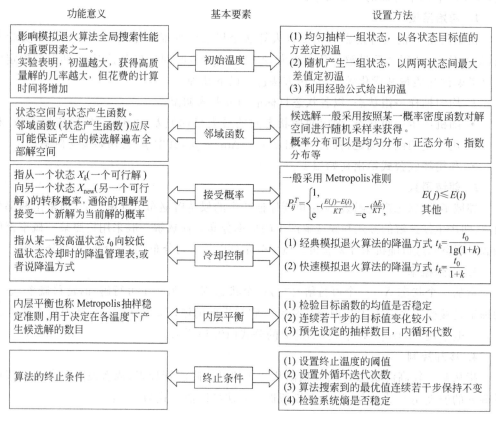

图 10.4　模拟退火算法的基本要素

10.1.3　应用举例

下面通过一个简单的 **0-1 背包问题**，说明模拟退火算法在求解离散组合优化问题时的流程和算法步骤。

例 10.1　已知背包的装载量为 $c=8$，现在有 $n=5$ 个物品，它们的重量和价值分别是 $(2,3,5,1,4)$ 和 $(2,5,8,3,6)$。试使用模拟退火算法求解该背包问题，写出关键的步骤。

分析：背包问题本身是一个组合优化问题，也是一个典型的 NP 难问题。如果使用枚举的方法，我们需要找到 n 个物品的所有子集，然后在那些满足约束条件的子集中比较物品的总价值，找到总价值最大的子集，也就是问题的最优解。但是我们知道，大小为 n 的集合的子集数目为 2^n，所以当背包问题的规模变大（n 变大）的时候，要找出所有的子集是一个不现实的做法，因为计算复杂度的指数级增长已经使得问题在规模稍大的时候就无法在可以接受的时间内得到解决。因此背包问题需要采用一些计算复杂度较低的，但是能够提供令人满意的解的算法，而模拟退火算法是解决背包问题的重要手段。大量的实验证明，模拟退火算法能够处理规模较大的背包问题，而且能够鲁棒地得到满意的解。

解：这里假设问题的一个可行解用 0 和 1 的序列表示，例如 $i=(1010)$ 表示选择第 1 和第 3 个物品，而不选择第 2 和第 4 个物品。用模拟退火算法求解例 10.1 的关键过程如图 10.5 所示。

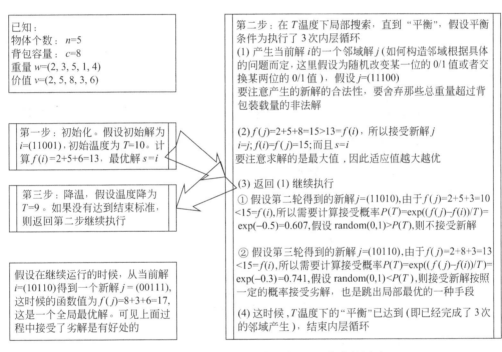

图 10.5　用模拟退火算法求解例 10.1 的步骤图示

10.2　禁忌搜索算法

10.2.1　算法思想

禁忌搜索（Tabu Search，TS）是 Glover 于 1986 年提出的一种全局搜索算法[11-13]。禁忌搜索也是属于模拟人类智能的一种优化算法，它模仿了人类的记忆功能，在求解问题的过程中，采用了禁忌技术，对已经搜索过的局部最优解进行标记，并且在迭代中尽量避免重复相同的搜索（但不是完全隔绝），从而获得更广的搜索区间，有利于寻找到全局最优解。

通过图 10.6 所示的兔子寻找最高山峰的例子，我们可以体会禁忌搜索的主要特点以及了解禁忌搜索算法是怎样对人类大脑记忆的功能进行模仿的。禁忌搜索算法的一个重要特点就是算法具有"记忆性"，能够对已经搜索到的解进行记忆和选择性的回避，因此，算法需要维护一个禁忌表变量，该变量不断地更新，通过加入新的禁忌对象和解禁旧的禁忌对象，使得算法能够避免重复在一个局部最优解附近进行过多无谓的操作，从而达到扩

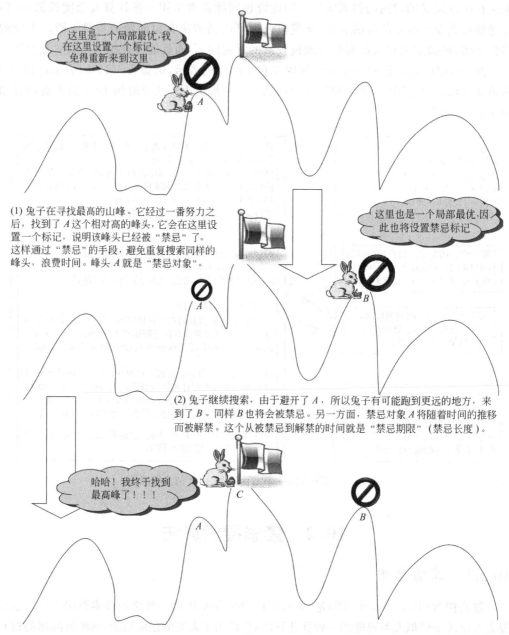

(1) 兔子在寻找最高的山峰。它经过一番努力之后，找到了 A 这个相对高的峰头，它会在这里设置一个标记，说明该峰头已经被"禁忌"了。这样通过"禁忌"的手段，避免重复搜索同样的峰头，浪费时间。峰头 A 就是"禁忌对象"。

(2) 兔子继续搜索，由于避开了 A，所以兔子有可能跑到更远的地方，来到了 B。同样 B 也将会被禁忌。另一方面，禁忌对象 A 将随着时间的推移而被解禁。这个从被禁忌到解禁的时间就是"禁忌期限"（禁忌长度）。

(3) 兔子在找到不同的峰头之后，有意识地避开它们（但不是完全隔绝），从而获得更大的搜索区间。经过不断地"禁忌"和"解禁"，它找到的山峰将越来越高，例如图中的兔子已经找到了最高的那个峰头 C。

图 10.6　禁忌搜索算法的搜索行为示意图

大搜索空间,找到全局最优解的目的。

禁忌搜索属于一种计算智能的算法,在算法实现的细节上涉及**禁忌表**、**禁忌对象**、**禁忌期限**、**渴望准则**等概念,下面先对这些概念进行说明。

定义 10.1 **禁忌表**(Tabu List,TL)是用来存放(记忆)禁忌对象的表。它是禁忌搜索得以进行的基本前提。禁忌表本身是有容量限制的,它的大小对存放禁忌对象的个数有影响,会影响算法的性能。

定义 10.2 **禁忌对象**(Tabu Object,TO)是指禁忌表中被禁的那些变化元素。禁忌对象的选择可以根据具体问题而制定。例如在**旅行商问题**(Traveling Salesman Problem,TSP)中可以将交换的城市对作为禁忌对象,也可以将总路径长度作为禁忌对象。

定义 10.3 **禁忌期限**(Tabu Tenure,TT)也叫**禁忌长度**,指的是禁忌对象不能被选取的周期。禁忌期限过短容易出现循环,跳不出局部最优,长度过长会造成计算时间过长。

定义 10.4 **渴望准则**(Aspiration Criteria,AC)也称为**特赦规则**。当所有的对象都被禁忌之后,可以让其中性能最好的被禁忌对象解禁,或者当某个对象解禁会带来目标值的很大改进时,也可以使用特赦规则。

禁忌搜索算法自提出以来,得到了广泛的关注。迄今为止,众多学者对禁忌搜索进行了大量的研究,不断地完善算法的性能与拓展算法的应用领域[14]。研究者不但对禁忌搜索算法的行为方式进行了理论证明,如 Faigle 和 Kern[15]提出的针对概率 TS 的收敛性证明,Hanafi 和 Glover[16][17]证明的几种确定性版本的 TS 保证了在有限的时间内找到最优解,等等;而且提出了各种改进方案,如通过对算法参数的研究,希望得到更加鲁棒的参数设置[18],或混合其他现代计算方法[19],如遗传算法、蚁群算法等技术对传统的禁忌搜索算法进行性能的改进与提高。另一方面,禁忌搜索算法已经在组合优化、生产调度、机器学习、电路设计和神经网络等领域取得了很大的成功,近年来又在函数全局优化方面得到较多的研究,并大有发展的趋势[20]。

10.2.2 基本流程

禁忌搜索算法在初始化的时候,在搜索空间随机生成一个初始解 i,禁忌表 H 置空,当前解 i 记为历史最优解 s,然后进入迭代的搜索过程。在每一次迭代中,都从当前的解 i 出发,在当前禁忌表 H 的限制下,构造出解 i 的邻域 A,然后从 A 中选出适应值最好的解 j 来替换解 i,同时更新禁忌表 H。在解 j 替换解 i 之后,如果解 i 的质量得到改善,那么历史最优的解 s 将被解 i 替换;否则,s 保持不变,即使解 i 虽然暂时变差了,但是由于扩大了搜索空间,仍有利于跳出局部最优。得到了新的当前解 i 之后,算法返回迭代的开始继续进行,直到找到最优解或者运行了一定的迭代次数等终止条件的时候结束算法。算法的流程图和伪代码如图 10.7 所示。

图 10.7 中有两个地方需要加以说明,一个是如何根据当前的禁忌表生成当前解的邻域,另一个是如何更新禁忌表。下面以旅行商问题为例,解说这两个操作。

事实上,根据不同问题的特性,可以设计不同的邻域生成方法。在 TSP 中,一个解可以用一个城市的序列表示。例如 $S=(a,b,c,d)$ 表示四城市问题的一个解,可以定义交换

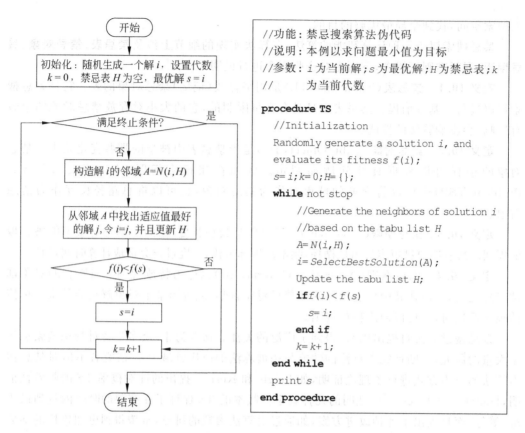

图 10.7 禁忌搜索算法的流程图和伪代码

两个城市构造 S 的一个邻居,因此可以得到 S 的邻域为 $A=N(S)=\{(b,a,c,d),(c,b,a,d),(d,b,c,a),(a,c,b,d),(a,d,c,b),(a,b,d,c)\}$,共有 $C(4,2)=6$ 个邻居。不过,在禁忌搜索中,该例子构造出来的邻域 A 可能没有 6 个新解,因为需要通过当前禁忌表 H 的限制进行邻域的构造。假设当前禁忌表中已经记录了城市 a 和 c,b 和 c 已经在前面的搜索中进行过了交换,那么 S 的邻域变为 $A=N(S,H)=\{(b,a,c,d),(d,b,c,a),(a,d,c,b),(a,b,d,c)\}$。因此在这种情况下,生成的邻域只有 4 个元素。

关于禁忌表的更新操作,一方面是为了刷新已经被禁忌的对象的周期,让其在一定的禁忌周期后重新可选,以避免当所有对象都被禁忌之后,需要频繁使用特赦规则;另一方面是为了添加新的禁忌对象到禁忌表中。我们还是以上面的 TSP 为例,如果禁忌表中已经存在已经交换过的城市对 a 和 c,b 和 c,而得到的邻域 A 中以交换城市 a 和 d 得到的新解 (d,b,c,a) 的适应值为最优,那么,城市对 a 和 d 需要加入到禁忌表 H 中,避免下次重复交换这两个城市,而原来被禁忌的 (a,c) 和 (b,c) 的被禁忌剩余期限将会缩短一些(例如减 1)。通过禁忌表 H 的更新,新的对象被禁忌,旧的对象逐渐被解禁,有利于算法在更大范围内寻优。

10.2.3 应用举例

为了说明禁忌搜索算法的运行机理,我们通过一个简单的旅行商问题的例子来加深对算法的认识和理解。

例 10.2 已知一个旅行商问题为四城市 (a,b,c,d) 问题，城市间的距离如矩阵 **D** 所示，为方便起见，假设邻域映射定义为两个城市位置对换，而始点和终点城市都是 a。请分析使用禁忌搜索算法求解该问题的前面三代的过程与主要步骤。

$$\mathbf{D} = d_{ij} = \begin{bmatrix} 0 & 1 & 0.5 & 1 \\ 1 & 0 & 1 & 1 \\ 1.5 & 5 & 0 & 1 \\ 1 & 1 & 1 & 0 \end{bmatrix}$$

分析：这是一个简单的问题，利用枚举的方法也可以找到最优的答案，但是，找到答案不是我们的目的，我们主要是想通过一个简单的例子来理解禁忌搜索是如何进行工作的。从距离矩阵 **D** 可以看到，这是一个非对称的 TSP 问题，但是这并不影响算法的执行。由于题目假设了邻域构造的方式，而且规定了始点和终点都是城市 a，因此，在以下的求解过程中，我们不使用城市 a 和其他城市进行交换，这样的操作并不会影响全局寻优的能力。

解：使用禁忌搜索算法求解例 10.2 的前面三代的执行步骤如图 10.8 所示。

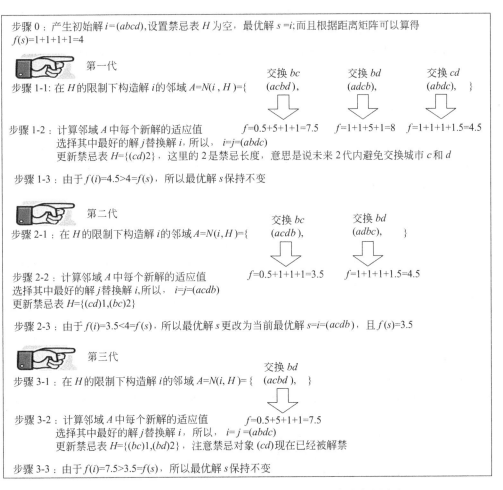

图 10.8 用禁忌搜索算法求解例 10.2TSP 前三代的步骤图示

在图 10.8 所示的执行步骤中,如果算法继续进行的话,由于这时只有对象(cd)不是被禁忌的,将会出现从解($abdc$)到解($abcd$)的过程,因此搜索过程出现了循环,该怎么办?在实际的应用中,通过选择更好的禁忌对象,设置合理的禁忌期限,或采用其他更好的参数,都可以避免循环的出现,从而提高算法的性能。

10.3 本章习题

1. 模拟退火算法包括哪些基本要素?
2. 试上机编程实现模拟退火算法,完成例 10.1。
3. 请举例说明禁忌搜索算法邻域生成的方法。
4. 试上机编程实现禁忌搜索算法,完成例 10.2。

本章参考文献

[1] N Metropolis, A Rosenbluth, M Rosenbluth, et al. Equation of state calculations by fast computing machines. Journal of Chemical Physics, 1953(21): 1087-1092.

[2] S Kirkpatrick, C D Gelatt Jr, M P Vecchi. Optimization by simulated annealing. Science, 1983(220): 671-680.

[3] P J M van Laarhoven, E H L Aarts. Simulated annealing: theory and applications. Norwell: Kluwer Academic Publishers, 1987.

[4] D S Johnson, C R Aragon, L A McGeoch, et al. Optimization by simulated annealing: an experimental evaluation. Part I, graph partitioning. Operations Research, 1989,37(6): 865-892.

[5] D S Johnson, C R Aragon, L A McGeoch, et al. Optimization by simulated annealing: an experimental evaluation. part II, graph coloring and number partitioning, Operations Research, 1991,39(3): 378-406.

[6] Mark Fleischer. Simulated annealing: past, present, and future. in Proc. of the 27th conf. on Winter simulation, Arlington, Virginia, United States, 1995: 155-161.

[7] W Ben-Ameur. Computing the initial temperature of simulated annealing. Computational Optimization and Applications, 2004,29(3): 369-385.

[8] B Hajek. Cooling schedules for optimal annealing. Mathematics of Operations Research, 1988, 13(2): 311-329.

[9] H Cohn, M Fielding. Simulated annealing: Searching for an optimal temperature schedule. SIAM Journal on Optimization, 1999,9(3): 779-802.

[10] H Szu, R Hartley. Fast simulated annealing. Phys Lett A, 1987(122): 157-162.

[11] F Glover. Future paths for integer programming and links to artificial intelligence. Computers and Operations Research, 1986(13): 533-549.

[12] F Glover. Tabu search: part I. ORSA Journal on Computing, 1989(1): 190-206.

[13] F Glover. Tabu search: part II. ORSA Journal on Computing, 1990(2): 4-32.

[14] F Glover. Tabu search and adaptive memory programming-advances, applications and challenges. Interfaces in Computer Science and Operations Research. Kluwer Academic Publishers, 1996.

[15] U Faigle, W Kern. Some convergence results for probabilistic tabu search. ORSA Journal on Computing, 1992,4(1): 32-37.

[16] S Hanafi. On the convergence of tabu search. Journal of Heuristics, 2000,7(1): 47-48.

[17] F Glover, S Hanfi. Tabu search and finite convergence. Discrete Applied Mathematics, 2002,119(1-2): 3-36.

[18] R Battiti, G Tecchiolli. The reactive tabu search. ORSA Journal on Computing, 1994,6(2): 126-140.

[19] F Glover, J P Kelly, M Laguna. Genetic algorithms and tabu search: hybrids for optimization. Computers and Operations Research, 1995(22): 111-134.

[20] D Cvijovic, J Klinowski. Tabu search: an approach to the multiple minima problem. Science, 1995(667): 664-666.

普通高校本科计算机专业 特色 教材精选

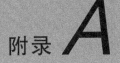

索　引

A.1　名词索引（按拼音排序）

0-1 背包问题	第 1 章	P3

A

B

不确定性算法	第 1 章	P5
不明确集合	第 3 章	P35
变异算子	第 4 章	P62
并行遗传算法	第 4 章	P68
并行构建	第 5 章	P87
BOA 算法	第 8 章	P157
贝叶斯网络概率模型	第 8 章	P163
Baldwinian	第 9 章	P181
边重组交叉	第 9 章	P182

C

车间作业调度问题	第 5 章	P96
车辆路径问题	第 5 章	P97
齿形结构	第 6 章	P117
COMIT 算法	第 8 章	P157
差分进化算法	第 8 章	P166
超启发式	第 9 章	P186

D

单层感知器网络	第 2 章	P17
Delta(δ)学习规则	第 2 章	P21
多值逻辑	第 3 章	P35

迭代最优更新规则	第 5 章	P90
单纯型交叉	第 9 章	P182

E

F

反向传播算法	第 2 章	P16
反馈型网络	第 2 章	P19
冯·诺依曼结构	第 6 章	P117
负选择算法	第 7 章	P141
分布估计算法	第 8 章	P156
FDA 算法	第 8 章	P157

G

惯量权重	第 6 章	P112
链式概率模型	第 8 章	P162
高斯概率模型	第 8 章	P164
高斯变异	第 9 章	P182

H

Hebb 学习规则	第 2 章	P21
后向传播学习规则	第 2 章	P22
概率式学习规则	第 2 章	P22
后向传播学习的前馈型神经网络	第 2 章	P23
混合遗传算法	第 4 章	P68
环型结构	第 6 章	P117

I

J

计算智能	第1章	P7
竞争式学习规则	第2章	P22
进化神经网络	第2章	P27
积木块假设	第4章	P57
交配算子	第4章	P61
精华蚂蚁系统	第5章	P84
基于排列的蚂蚁系统	第5章	P84
加速系数	第6章	P112
局部版本PSO	第6章	P116
基于概率模型的遗传算法	第8章	P156
基于最大互信息的分布估计算法	第8章	P162
基于贝叶斯网络模型的分布估计算法	第8章	P164
基于交叉的局部搜索	第9章	P182
基于智能体的Memetic算法	第9章	P190
禁忌搜索	第10章	P201
禁忌表	第10章	P203
禁忌对象	第10章	P203
禁忌期限	第10章	P203

K

Kohonen学习规则	第2章	P22
开发	第5章	P93
抗原	第7章	P133
抗体	第7章	P133
克隆选择算法	第7章	P142
柯西变异	第9章	P182
渴望准则	第10章	P203

L

旅行商问题	第1章	P3
轮盘赌选择算法	第4章	P60
粒子群优化算法	第6章	P108
淋巴细胞	第7章	P134
连锁学习遗传算法	第8章	P156
拉马克	第10章	P181

M

模糊逻辑	第3章	P34
模糊集合	第3章	P37
模糊子集	第3章	P39
模糊关系	第3章	P41
模糊推理	第3章	P42
模糊规则	第3章	P42
模糊计算	第3章	P45
模式定理	第4章	P56
蚁群系统	第5章	P84
免疫算法	第7章	P132
免疫遗传算法	第7章	P146
MIMIC算法	第8章	P157
Memetic算法	第9章	P178
meta-Lamarckian学习	第9章	P184
模拟退火	第10章	P196
Metropolis准则	第10章	P197

N

NP类问题	第1章	P6
NP完全问题	第1章	P6

O

OneMax问题	第8章	P160

P

P类问题	第1章	P5
偏向探索	第5章	P93
PBIL算法	第8章	P157

Q

前馈型网络	第2章	P18
前馈内层互联网络	第2章	P19
全互联网络	第2章	P20
群体智能	第6章	P109
全局版本PSO	第6章	P116
亲和力	第7章	P134

R

人工智能	第1章	P7
人工神经网络	第2章	P14
软计算	第3章	P35
人工免疫系统	第7章	P132

S

神经网络	第2章	P14
随机比例规则	第5章	P85
顺序构建	第5章	P87
随机拓扑结构PSO	第6章	P118
树状概率模型	第8章	P163

T

梯度下降学习规则	第2章	P22

U

V

W

伪随机比例规则	第5章	P92
文化基因	第9章	P178

X

序对表示法	第3章	P38
选择算子	第4章	P60
信息素	第5章	P83
信息素全局更新规则	第5章	P93
信息素局部更新规则	第5章	P94
星型结构	第6章	P117
协同进化memetic算法	第9章	P187

Y

有监督学习	第2章	P20
无教师学习	第2章	P20
遗传算法	第4章	P54
蚁群优化算法	第5章	P82
蚁群系统	第5章	P84

Z

最优化问题	第1章	P2
Zadeh表示法	第3章	P38
最大最小蚂蚁系统	第5章	P84
至今最优更新规则	第5章	P90
状态转移规则	第5章	P92

A.2 名词索引（分章排序）

第1章 绪论

中文	英文	页码
最优化问题	Optimization Problem	2
旅行商问题	Traveling Salesman Problem	3
0-1背包问题	Zero/one Knapsack Problem	4
P类问题	Polynomial Problem	5
不确定性算法	Non-deterministic Algorithm	5
NP类问题	Non-deterministic Polynomial Problem	6
NP完全问题	NP Complete Problem	6
人工智能	Artificial Intelligence	7
计算智能	Computational Intelligence	7

第 2 章 神经网络（Neural Network, NN）

中　　文	英　　文	页　码
神经网络	Neural Network	14
人工神经网络	Artificial Neural Network	14
反向传播算法	Back Propagation	16
单层感知器网络	Single Layer Perceptron Network	17
前馈型网络	Forward Network	18
前馈内层互联网络	Forword Inner-join Network	19
反馈型网络	Feedback Network	19
全互联网络	Full Join Network	20
有监督学习	Supervised Learning	20
无监督学习	Unsupervised Learning	20
Hebb 学习规则	Hebb Learning Rule	21
Delta(δ) 学习规则	Delta Learning Rule	21
梯度下降学习规则	Gradient Descent Learning Rule	22
Kohonen 学习规则	Kohonen Learning Rule	22
后向传播学习规则	Back Propagation Learning Rule	22
概率式学习规则	Probability Learning Rule	22
竞争式学习规则	Competitive Learning Rule	22
后向传播学习的前馈型神经网络	Back Propagation Feed-forward Neural Network	23
进化神经网络	Evolutionary Neural Networks	27

第 3 章 模糊逻辑（Fuzzy Logic, FL）

中　　文	英　　文	页　码
模糊逻辑	Fuzzy Logic	34
多值逻辑	many-valued logic	35
不明确集合	vague set	35
软计算	Soft Computing	37
模糊集合	fuzzy sets	35
Zadeh 表示法	Zadeh Representation	38
序对表示法	Order Representation	38
模糊子集	Fuzzy Sub-set	39
模糊关系	Fuzzy Relation	41
模糊推理	Fuzzy Znfer	42
模糊规则	Fuzzy Rule	42
模糊计算	Fuzzy Computation	45

第 4 章 遗传算法（Genetic Algorithm, GA）

中　　文	英　　文	页　码
遗传算法	Genetic Algorithm	54
模式定理	Schema Theory	56
积木块假设	Building Block Hypothesis	57
选择算子	Selection	60
轮盘赌选择算法	Roulette wheel selection	60
交配算子	Crossover	61
变异算子	Mutation	62
混合遗传算法	Hybrid Genetic Algorithm	68
并行遗传算法	Parallel Genetic Algorithm	68

第 5 章 蚁群优化算法（Ant Colony Optimization, ACO）

中　　文	英　　文	页　码
蚁群优化算法	Ant Colony Optimization	82
信息素	pheromone	83
蚂蚁系统	Ant System	84
精华蚂蚁系统	Elitist AS	84
最大最小蚂蚁系统	MAX-MIN AS	84
基于排列的蚂蚁系统	rank-based AS	84
蚁群系统	Ant Colony System	84
随机比例规则	random proportional	85
顺序构建	Sequential Construction	87
并行构建	Parallel Construction	87
迭代最优更新规则	Interative Best Update Rule	90
至今最优更新规则	Best-so-far Update Rule	90
状态转移规则	State Transition Rule	92
伪随机比例规则	pseudorandom proportional	92
开发	exploitation	93
偏向探索	biased exploration	93
信息素全局更新规则	Global Updating Rule	93
信息素局部更新规则	Local Updating Rule	94
车间作业调度问题	Job-Shop Scheduling Problem	96
车辆路径问题	Vehicle Routing Problem	97

第 6 章　粒子群优化算法（Particle Swarm Optimization，PSO）

中　文	英　文	页　码
粒子群优化算法	Particle Swarm Optimization	108
群体智能	Swarm Intelligence	109
惯量权重	Inertia Weight	112
加速系数	Acceleration Coefficients	112
全局版本 PSO	Global Version PSO	116
局部版本 PSO	Local Version PSO	116
星型结构	Star Structure	117
环型结构	Ring Structure	117
齿形结构	Wheel Structure	117
冯·诺依曼结构	Von Neuman Structure	117
随机拓扑结构 PSO	Random Topology PSO	118

第 7 章　免疫算法（Immune Algorithm，IA）

中　文	英　文	页　码
人工免疫系统	Artificial Immune System	132
免疫算法	Immune Algorithm	132
抗原	Antigen	133
抗体	Antibody	133
淋巴细胞	Lymphocyte	134
亲和力	Affinity	134
负选择算法	Negative Selection Algorithm	141
克隆选择算法	Clone Selection Algorithm	142
免疫遗传算法	Immune Genetic Algorithm	146

第 8 章　分布估计算法（Estimation of Distribution Algorithms，EDA）

中　文	英　文	页　码
分布估计算法	Estimation of Distribution Algorithm	156
基于概率模型的遗传算法	Probabilistic Model Building Genetic Algorithm	156
连锁学习遗传算法	Linkage Learning Genetic Algorithm	156
PBIL 算法	Population Based Incremental Learning Algorithm	157

续表

中文	英文	页码
MIMIC 算法	Mutual Information Maximizing Input Clustering	157
COMIT 算法	Combining Optimizers with Mutual Information Trees	157
FDA 算法	Factorized Distribution Algorithm	157
BOA 算法	Bayesian Optimization Algorithm	157
OneMax 问题	OneMax Problem	160
基于最大互信息的分布估计算法	Mutual Information Maximization for Input Untering	162
链式概率模型	Chain Probability Model	162
树状概率模型	Tree Probability Model	163
贝叶斯网络概率模型	Bayestan Network Probability Model	163
基于贝叶斯网络模型的分布估计算法	The Bayesian Optimization Algorithm	164
高斯概率模型	Guussian Probability Model	164
差分进化算法	Differential Evolution	166

第 9 章 Memetic 算法（Memetic Algorithm，MA）

中文	英文	页码
Memetic 算法	Memetic Algorithm	178
文化基因	Meme	178
拉马克	Lamarckian	181
Baldwinian	Baldwinian	181
单纯型交叉	simplex crossover	182
基于交叉的局部搜索	crossover-based local search	182
高斯变异	Gaussian mutation	182
柯西变异	Cauchy mutation	182
边重组交叉	edge assembly crossover，EAX	182
Meta-Lamarckian 学习	Meta-Lamarckian Learning	184
超启发式	hyperheuristic	186
协同进化 Memetic 算法	Coevolving memetic algorithm	187
基于智能体的 Memetic 算法	Agent-based memetic algorithm	190

第 10 章　模拟退火（Simulated Annealing，SA）与禁忌搜索（Tabu Search，TS）

中　文	英　文	页　码
模拟退火	Simulated Annealing	196
Metropolis 准则	Metropolis Rule	197
禁忌搜索	Tabu Search	201
禁忌表	Tabu List	203
禁忌对象	Tabu Object	203
禁忌期限	Tabu Tenure	203
渴望准则	Aspiration Criteria	203

读者意见反馈

亲爱的读者：

  感谢您一直以来对清华版计算机教材的支持和爱护。为了今后为您提供更优秀的教材，请您抽出宝贵的时间来填写下面的意见反馈表，以便我们更好地对本教材做进一步改进。同时如果您在使用本教材的过程中遇到了什么问题，或者有什么好的建议，也请您来信告诉我们。

  地址：北京市海淀区双清路学研大厦 A 座 602 室 计算机与信息分社营销室 收
  邮编：100084　　　　　　　　　电子邮件：jsjjc@tup.tsinghua.edu.cn
  电话：010-62770175-4608/4409　　邮购电话：010-62786544

教材名称：计算智能
ISBN：978-7-302-20844-0
个人资料
姓名：_____　　年龄：_____　　所在院校/专业：_____
文化程度：_____　　通信地址：_____
联系电话：_____　　电子信箱：_____
您使用本书是作为： □指定教材　□选用教材　□辅导教材　□自学教材
您对本书封面设计的满意度：
□很满意　□满意　□一般　□不满意　改进建议_____
您对本书印刷质量的满意度：
□很满意　□满意　□一般　□不满意　改进建议_____
您对本书的总体满意度：
从语言质量角度看　□很满意　□满意　□一般　□不满意
从科技含量角度看　□很满意　□满意　□一般　□不满意
本书最令您满意的是：
□指导明确　□内容充实　□讲解详尽　□实例丰富
您认为本书在哪些地方应进行修改？（可附页）
_____
_____

您希望本书在哪些方面进行改进？（可附页）
_____
_____
_____

电子教案支持

敬爱的教师：

  为了配合本课程的教学需要，本教材配有配套的电子教案（素材），有需求的教师可以与我们联系，我们将向使用本教材进行教学的教师免费赠送电子教案（素材），希望有助于教学活动的开展。相关信息请拨打电话 010-62776969 或发送电子邮件至 jsjjc@tup.tsinghua.edu.cn 咨询，也可以到清华大学出版社主页（http://www.tup.com.cn 或 http://www.tup.tsinghua.edu.cn）上查询。